EUL VERLAG

Rechnungslegung und Wirtschaftsprüfung

Herausgegeben von Prof. (em.) Dr. Dr. h. c. Jörg Baetge, Münster, Prof. Dr. Hans-Jürgen Kirsch, Münster, und Prof. Dr. Stefan Thiele, Wuppertal

Band 23
Christoph Berentzen
Die Bilanzierung von finanziellen Vermögenswerten im IFRS-Abschluss nach IAS 39 und nach IFRS 9 – Eine vergleichende Untersuchung der Entscheidungsnützlichkeit unter besonderer Berücksichtigung des Komplexitätsgrads
Lohmar – Köln 2010 • 284 S. • € 58,- (D) • ISBN 978-3-89936-950-2

Band 24
Eva Brandt
Bilanzierung pharmazeutischer FuE-Projekte nach IFRS
Lohmar – Köln 2010 • 432 S. • € 68,- (D) • ISBN 978-3-89936-951-9

Band 25
Oliver Tinz
Die Abbildung von Wachstum in der Unternehmensbewertung – Eine theoretische und empirische Analyse der Möglichkeiten und Grenzen einer objektivierten und transparenten Abbildung von Wachstum nach IDW S 1
Lohmar – Köln 2010 • 324 S. • € 62,- (D) • ISBN 978-3-89936-952-6

Band 26
Frank M. Hülsberg
Sorgfaltspflichten bei Unternehmenserwerben – Haftungsvermeidung für Vorstände, Geschäftsführer und Aufsichtsräte
Lohmar – Köln 2010 • 340 S. • € 63,- (D) • ISBN 978-3-89936-965-6

Band 27
Tim Eckert
Ausschüttungsrestriktionen als Instrument der Kapitalerhaltung – Eine vergleichende Analyse von Nennkapitalsystem und Solvenztest unter Einbezug einer Monte-Carlo-Simulation
Lohmar – Köln 2010 • 268 S. • € 57,- (D) • ISBN 978-3-89936-989-2

JOSEF EUL VERLAG

Reihe: Rechnungslegung und Wirtschaftsprüfung · Band 27

Herausgegeben von Prof. (em.) Dr. Dr. h. c. Jörg Baetge, Münster, Prof. Dr. Hans-Jürgen Kirsch, Münster, und Prof. Dr. Stefan Thiele, Wuppertal

Dr. Tim Eckert

Ausschüttungsrestriktionen als Instrument der Kapitalerhaltung

Eine vergleichende Analyse von Nennkapitalsystem und Solvenztest unter Einbezug einer Monte-Carlo-Simulation

EUL VERLAG

Bibliografische Information der Deutschen Nationalbibliothek

Die Deutsche Nationalbibliothek verzeichnet diese Publikation in der Deutschen Nationalbibliografie; detaillierte bibliografische Daten sind im Internet über <http://dnb.d-nb.de> abrufbar.

Dissertation, Bergische Universität Wuppertal, 2010

ISBN 978-3-89936-989-2
1. Auflage Dezember 2010

JOSEF EUL VERLAG GmbH
Brandsberg 6
53797 Lohmar
Tel.: 0 22 05 / 90 10 6-6
Fax: 0 22 05 / 90 10 6-88
E-Mail: info@eul-verlag.de
http://www.eul-verlag.de

Bei der Herstellung unserer Bücher möchten wir die Umwelt schonen. Dieses Buch ist daher auf säurefreiem, 100% chlorfrei gebleichtem, alterungsbeständigem Papier nach DIN 6738 gedruckt.

Geleitwort

Kapitalgesellschaften sind grundsätzlich durch eine Haftungstrennung gekennzeichnet, so dass die Unternehmenseigentümer für die Schulden des Unternehmens nicht haften. Da die Gläubiger nur auf das Unternehmensvermögen, nicht aber auf das Privatvermögen der Unternehmenseigentümer zugreifen können, folgt aus dieser Haftungstrennung notwendigerweise, dass Vermögensverlagerungen aus dem Unternehmen in die Sphäre der Gesellschafter begrenzt werden müssen. Ein Instrument dieser Begrenzung ist das sogenannte Nennkapitalsystem, das zur Begrenzung der Ausschüttungshöhe an das in der Bilanz ausgewiesene Eigenkapital anknüpft. Aufgrund von Initiativen, die vor allem vom Vereinigten Königreich ausgingen, ist das Nennkapitalsystem seit einigen Jahren unter politischen und fachlichen Druck geraten. Diskutiert wird, ob das Nennkapitalsystem durch einen liquiditätsorientierten Solvenztest ersetzt oder zumindest ergänzt werden sollte.

Die bisher dem Vergleich von Nennkapitalsystem und Solvenztest gewidmeten Untersuchungen sind vorwiegend juristisch geprägt. Mit der vorliegenden Arbeit wird ein neuer Weg beschritten. Der Verfasser untersucht die Effektivität von Nennkapitalsystem und Solvenztest mit Hilfe einer Monte-Carlo-Simulation.

Zur vergleichenden Beurteilung der beiden Systeme formuliert der Verfasser zunächst Anforderungen, welche an die Effektivität von Ausschüttungsrestriktionen zu stellen sind, wobei die Restriktionen in Randbedingungen und Zielbedingungen unterschieden werden. Als Randbedingungen müssen Ausschüttungsrestriktionen die zwischen Eigentümer und Gläubiger bestehende Informationsasymmetrie sowie die Prognosen inhärente Unsicherheit kompensieren. Als Zielbedingungen müssen Ausschüttungsrestriktionen sowohl zur Sicherung der Schulddendeckung als auch zur Sicherung der Zahlungsfähigkeit des Unternehmens beitragen.

Aufbauend auf diesen Anforderungen vergleicht der Verfasser die Effektivität von Nennkapitalsystem und Solvenztest. Hierzu stellt er zunächst die konzeptionellen Unterschiede zwischen Nennkapitalsystem und Solvenztest sowie deren Auswirkung auf die Schutzwirkung beider Instrumente heraus. Unter Idealbedingungen ist die Schutzwirkung beider Instrumente identisch. Unter Realbedingungen und bei Annahme unsicherer Erwartungen sind beide Instrumente zu objektiveren, sollen die zuvor formulierten Randbedingungen erfüllt werden. Infolgedessen wiederum kann die Schutzwirkung beider Instrumente manipulativ untergraben werden. Die formulierten Zielbedingungen erfüllt unter diesen Prämissen nur eine Kombination beider Instrumente. Auf Basis einer detailliert modellierten Monte-Carlo-Simulation prüft der Verfasser schließlich, ob und in welchem Maße das Nennkapitalsystem und ein vereinfacht simulierter objektivierter Solvenztest die formulierten Zielbedingungen unter Vernachlässigung einer möglichen Manipulation erfüllen. Als Ergebnis stellt sich heraus, dass der simulierte Solvenztest im Rahmen der Monte-Carlo-Simulation eine signifikant und wesentlich höhere Effektivität als das Nennkapitalsystem aufweist. Aufgrund der Manipulationsanfälligkeit besonders des Solvenztests allerdings zieht der Verfasser daraus die Schlussfolgerung, dass eine kombinierte Ausschüttungsrestriktion aus Nennkapitalsystem und Solvenztest als wünschenswert anzusehen ist.

Der Verfasser behandelt eine wichtige, sowohl praktisch relevante als auch theoretisch interessante Fragestellung. Die besondere Innovation der vorliegenden Arbeit besteht darin, dass auf der Basis einer breiten Literaturauswertung dieses Problem erstmals mit Einsatz der Monte-Carlo-Simulation untersucht wird, wodurch der Verfasser zu eigenständigen Forschungsergebnissen gelangt. Die vorliegende Untersuchung bereichert die Diskussion über Nennkapitalsystem und Solvenztest um einen entscheidenden Baustein. Ich wünsche der Arbeit, dass sie die nachdrückliche Beachtung erfährt, die sie zweifellos verdient.

Wuppertal, im November 2010 Prof. Dr. Stefan Thiele

Vorwort des Verfassers

Die vorliegende Arbeit entstand während meiner Tätigkeit am Lehrstuhl für Wirtschaftsprüfung und Rechnungslegung an der Bergischen Universität Wuppertal. Sie wurde im April 2010 vom Fachbereich B, Wirtschaftswissenschaft – Schumpeter School of Business and Economics – der Bergischen Universität Wuppertal als Dissertation angenommen.

Meinem Doktorvater Herrn Prof. Dr. Stefan Thiele danke ich für die Möglichkeit zur Promotion sowie für seine jederzeitige Diskussionsbereitschaft. Er gab mir wertvolle Hinweise, welche wesentlich zum erfolgreichen Abschluss dieser Arbeit beigetragen haben. Herrn Prof. Dr. Nils Crasselt danke ich für die Übernahme des Zweitgutachtens sowie für seine zahlreichen wertvollen Anregungen während der Doktorandenseminare. Frau Prof. Dr. Kerstin Schneider sowie den Herren Prof. Dr. Michael Fallgatter und Prof. Dr. Tobias Langner danke ich für ihre Mitwirkung in der Promotionskommission.

Meinen ehemaligen Kollegen am Lehrstuhl für Wirtschaftsprüfung und Rechnungslegung danke ich für ihre wertvollen Anregungen zu meiner Arbeit und ihre stete Diskussionsbereitschaft. Ein besonderer Dank gebührt dabei meinem ehemaligen Kollegen Herrn Dipl.-Kfm. Ulf Kühle. Er war zu jeder Zeit ein kompetenter Ansprechpartner für spontane fachliche Diskussionen und übernahm freundlicherweise die kritische Durchsicht meines Manuskripts. Den studentischen Hilfskräften am Lehrstuhl für Wirtschaftsprüfung und Rechnungslegung danke ich für ihre stete Unterstützung bei der Literaturrecherche.

Der größte Dank gilt meiner Familie. Meine Eltern haben mich auf meinem bisherigen Lebensweg zu jeder Zeit auf wunderbare Weise unterstützt und in meinem Tun bestärkt. Meinem Bruder Kai danke ich für seine stete Hilfsbereitschaft, insbesondere bei technischen Fragen zum Textsatz. Meiner Freundin Nadine danke ich für ihre liebevolle und selbstlose Unterstützung, mit welcher sie mir den notwendigen Freiraum zum Schreiben schuf, ihre Ermunterungen sowie ihr Verständnis für die vielen Stunden am Schreibtisch. Ihnen sei diese Arbeit gewidmet.

Wuppertal, im November 2010 Tim Eckert

Inhaltsübersicht

Inhaltsverzeichnis

Abbildungsverzeichnis

Tabellenverzeichnis

Abkürzungsverzeichnis

ABl.	Amtsblatt
Abs.	Absatz
ADHGB	Allgemeines Deutsches Handelsgesetzbuch
AER	American Economic Review (Zeitschrift)
a. F.	alte Fassung
AG	Aktiengesellschaft, auch: Die Aktiengesellschaft (Zeitschrift)
AK	Arbeitskreis
AktG	Aktiengesetz
Art.	Artikel
AV	Anlagevermögen
BB	Betriebs-Berater (Zeitschrift)
BFuP	Betriebswirtschaftliche Forschung und Praxis (Zeitschrift)
BGBl.	Bundesgesetzblatt
BGH	Bundesgerichtshof
BGHZ	Entscheidungen des Bundesgerichtshofs in Zivilsachen
BilMoG	Gesetz zur Modernisierung des Bilanzrechts (Bilanzrechtsmodernisierungsgesetz)
BilReG	Bilanzrechtsreformgesetz
BiRiLiG	Bilanzrichtlinien-Gesetz
BT	Deutscher Bundestag (bei Drucksachen)
ca.	circa
Cal. Corp. Act	California Corporation Act
c. p.	ceteris paribus
DB	Der Betrieb (Zeitschrift)
df	degrees of freedom (Freiheitsgrade)
d. h.	das heißt
DRS	Deutscher Rechnungslegungs-Standard
EBOR	European Business Organization Law Review (Zeitschrift)
EG	Europäische Gemeinschaft
EGInsO	Einführungsgesetz zur Insolvenzordnung
EGV	EG-Vertrag (alte Fassung)

EU	Europäische Union
EuGH	Europäischer Gerichtshof
EUR	Euro (Währung)
e. V.	eingetragener Verein
f.	folgende (Seite)
FMStG	Finanzmarktstabilisierungsgesetz
Fn.	Fußnote
FN-IDW	IDW Fachnachrichten
FR	Finanz-Rundschau (Zeitschrift)
GE	Geldeinheit(en)
GmbH	Gesellschaft mit beschränkter Haftung
GmbHG	Gesetz betreffend die Gesellschaften mit beschränkter Haftung
GuV	Gewinn- und Verlustrechnung
HGB	Handelsgesetzbuch
Hrsg.	Herausgeber
IAS	International Accounting Standard
i. d. F.	in der Fassung
IDW	Institut der Wirtschaftsprüfer in Deutschland e. V.
IFRS	International Financial Reporting Standard
InsO	Insolvenzordnung
InsER	Insolvenzeintrittsrisiko
InsVR	Insolvenzverlustrisiko
IT	Informationstechnik
i. V. m.	in Verbindung mit
KoR	Zeitschrift für internationale und kapitalmarktorientierte Rechnungslegung
KWG	Gesetz über das Kreditwesen
lit.	Buchstabe (bei Gesetzesstellen)
LuL	Lieferungen und Leistungen
MüKo	Münchener Kommentar
m. w. N.	mit weiteren Nachweisen
NKS	Nennkapitalsystem
NKS-Modell	Nennkapitalsystem-Modell
Nr.	Nummer
OHG	Offene Handelsgesellschaft
o. O.	ohne Ort
PS	Prüfungsstandard

RAP	Rechnungsabgrenzungsposten
RG	Reichsgericht
RGZ	Entscheidungen des Reichsgericht in Zivilsachen
RL	Richtlinie
RMBCA	Revised Model Business Corporation Act
Rn.	Randnummer
Rs.	Rechtssache
S.	Seite
SE	Societas Europaea – Europäische Aktiengesellschaft
SG	Schmalenbach-Gesellschaft für Betriebswirtschaft e. V.
SLIM	Simpler Legislation for the Internal Market
Slg.	Sammlung
Sp.	Spalte
ST	Solvenztest
TEUR	Tausend Euro
UV	Umlaufvermögen
VG	Vermögensgegenstand / Vermögensgegenstände
vgl.	vergleiche
WPg	Die Wirtschaftsprüfung (Zeitschrift)
z. B.	zum Beispiel
ZfB	Zeitschrift für Betriebswirtschaft
zfbf	Zeitschrift für betriebswirtschaftliche Forschung
ZGR	Zeitschrift für Unternehmens- und Gesellschaftsrecht
ZHR	Zeitschrift für das gesamte Handelsrecht und Wirtschaftsrecht
ZIP	Zeitschrift für Wirtschaftsrecht
ZPO	Zivilprozessordnung

1 Einführung

11 Der Begriff der Kapitalerhaltung und der Ausschüttungsrestriktion

In der vorliegenden Arbeit werden Ausschüttungsrestriktionen als Instrument der Kapitalerhaltung untersucht. Zur Erläuterung dieses Untersuchungsobjektes werden zunächst die Begriffe der Kapitalerhaltung und der Ausschüttungsrestriktion eingeführt.

Zunächst zur Kapitalerhaltung: Der Begriff „Kapital" wird innerhalb der Betriebswirtschaftslehre – abhängig vom Untersuchungszusammenhang – unterschiedlich definiert. Im hier interessierenden bilanz- und gesellschaftsrechtlichen Sinne ist das Kapital die Summe aller Passiva eines Unternehmens, d. h. der Gegenwert allen nach bilanzrechtlichen Vorschriften in der Bilanz eines Unternehmens angesetzten und bewerteten materiellen und immateriellen Vermögens, systematisiert nach Kapitalgebern.[1] Wie diese Definition zum Ausdruck bringt, sind die Begriffe „Kapital" und „Vermögen" im bilanzrechtlichen Sinne nur „zwei Seiten einer Medaille"[2]. Kapital und Vermögen stimmen betragsmäßig stets überein. Das auf der Passivseite der Bilanz ausgewiesene Kapital zeigt die Herkunft des auf der Aktivseite der Bilanz nach seiner Verwendung gegliederten Vermögens. Nach der Kapitalherkunft wird das Kapital unterteilt in Eigenkapital und Fremdkapital.

Das Eigenkapital ist das von den Anteilseignern (den Eigentümern) auf Dauer in das Unternehmen eingebrachte Vermögen zuzüglich im Laufe der Geschäftstätigkeit einbehaltener Gewinne abzüglich entstandener Verluste. Als Residualgröße repräsentiert das Eigenkapital folglich den Teil des Vermögens, über den die Eigentümer nach Begleichung sämtlicher Gläubigeransprüche verfügen könnten. Das Eigenkapital wird entsprechend auch als Reinvermögen oder Nettovermögen

---

1 Vgl. OSBAHR (1923), zitiert nach BAETGE (1975), Sp. 2090; ähnlich THIELE (1998), S. 9.

2 THIELE (1998), S. 9.

bezeichnet.[3] Im Falle der Liquidation oder Insolvenz des Unternehmens wird das Eigenkapital erst nachrangig nach Ausgleich der Gläubigeransprüche bedient.[4]

Das Fremdkapital dagegen ist das Kapital, welches Gläubiger dem Unternehmen als Schuldner (im Folgenden als Schuldnerunternehmen bezeichnet) – meist als Geldvermögen – für einen begrenzten Zeitraum zur Verfügung stellen. Im Gegenzug erhalten die Gläubiger einen festen, unabhängig vom erwirtschafteten Erfolg des Schuldnerunternehmens bestehenden Anspruch auf Rückzahlung des überlassenen Geldbetrages, ggf. zuzüglich vereinbarter Zinsen.

Nach dem Ursprung des Gläubigeranspruchs werden Vertragsgläubiger und Deliktsgläubiger unterschieden.[5] Vertragsgläubiger sind Gläubiger, deren Anspruch infolge einer vertraglichen Beziehung zum Schuldnerunternehmen entstanden ist. Im Mittelpunkt der folgenden Betrachtungen stehen Darlehensgläubiger als eine spezielle Form des Vertragsgläubigers. Darlehensgläubiger überlassen dem Unternehmen Kapital für eine bestimmte Zeit und haben Anspruch auf Rückzahlung des überlassenen Kapitals zuzüglich Zinsen. Weitere Vertragsgläubiger sind etwa die Arbeitnehmer und Lieferanten eines Unternehmens.[6] Deliktsgläubiger dagegen stehen in keiner vertraglichen Beziehung zum Schuldnerunternehmen. Sie geraten unfreiwillig in die Gläubigerposition, beispielsweise durch Schadenzufügung oder eine Straftat des Schuldners. Sie können sich der Gläubigerposition nicht ex ante entziehen und können ihren Anspruch nicht vertraglich absichern.

Klarstellend sei angemerkt, dass die Abgrenzung zwischen Eigen- und Fremdkapital nicht mit der Abgrenzung zwischen Innen- und Außenfinanzierung gleichzusetzen ist. Die Aufnahme zusätzlichen Fremdkapitals ist stets Außenfinanzierung.[7] Die Eigenfinanzierung dagegen kann Innen- oder Außenfinanzierung sein: Die Aufnahme eines neuen Gesellschafters in eine Offene Handelsgesellschaft (OHG) und die damit verbundene Einzahlung der entsprechenden Einlage beispielsweise stellt eine Außenfinanzierung von Eigenkapital dar. Der Einbehalt erwirtschafteter Gewinne ist dagegen eine Form der Innenfinanzierung.[8]

---

3 Vgl. BEZZENBERGER (2005), S. 14.

4 Vgl. HIRTE (2006), Rn. 5.1.

5 Vgl. zu dieser Unterscheidung etwa ESCHER-WEINGART (2001), S. 138-173 sowie MÜLHENS (2006), S. 53.

6 Soweit nicht explizit angegeben, bezieht sich die weitere Betrachtung ausschließlich auf Darlehensgläubiger.

7 Vgl. WIEDEMANN (1980), S. 554.

8 Vgl. WIEDEMANN (1980), S. 554. Zur Unterscheidung von Innen- und Außenfinanzierung vgl. etwa SCHMIDT/TERBERGER (1999), S. 18-25 und PERRIDON/STEINER (2007), S. 347-479.

Eigentümer und Gläubiger eines Unternehmens stehen im Wettbewerb um die aus der Unternehmenstätigkeit resultierenden Cashflows. Während die Gläubiger einen Festanspruch auf Rückzahlung des dem Schuldnerunternehmen gewährten Kapitals haben, steht den Eigentümern des Unternehmens lediglich das nach Befriedigung der Gläubiger verbleibende Reinvermögen zu. Im Folgenden werden ausschließlich Schuldnerunternehmen in der Rechtsform der Aktiengesellschaft (AG) betrachtet. Die AG ist eine Kapitalgesellschaft. Als solche haftet sie den Gläubigeransprüchen nur mit dem Gesellschaftsvermögen. Der Eigentümer einer AG kann Gesellschaftsvermögen in sein Privatvermögen verlagern und so dem Haftungszugriff des Gläubigers entziehen. Auf diese Weise können Anteilseigner einer Aktiengesellschaft Risiken auf deren Gläubiger abwälzen.[9]

Regelungen der Kapitalerhaltung sollen vor diesem Hintergrund gewährleisten, „dass die Gläubiger kein unangemessen hohes Risiko der Nichterfüllung ihrer Forderungen tragen“[10]. Das Risiko der Nichterfüllung wird im Schrifttum[11] als unangemessen hoch angesehen, soweit es darauf zurückzuführen ist, dass das Haftungsprivileg der Kapitalgesellschaft dem Eigentümer Reichtumsverlagerungen vom Gesellschaftsvermögen in sein Privatvermögen ermöglicht.[12] Unter welchen Umständen Kapitalentnahmen des Eigentümers demnach zu unterbinden sind, wird später in Abschnitt 414. eingehend erörtert. Vorerst sei der Begriff der Kapitalerhaltung wie folgt definiert: Regelungen der Kapitalerhaltung sind sämtliche rechtliche Regelungen, die darauf zielen, einer Erhöhung des Forderungsausfallrisikos der Gläubiger infolge von Reichtumsverlagerungen der persönlich nicht haftenden Eigentümer einer Kapitalgesellschaft entgegenzuwirken.[13] Kapitalerhaltung wird dabei verstanden als Oberbegriff aller denkbaren gesellschaftsrechtlichen – und damit hoheitlich regulierten – Ansätze zur Sicherung des haftenden Vermögens gegen Reichtumsverlagerungen des Eigentümers.[14] Statt

9 Vgl. EWERT (1986), S. 12-20; WAGENHOFER/EWERT (2007), S. 191-198 sowie RAMMERT (2008), S. 429.

10 WIEDEMANN (1980), S. 516.

11 Vgl. ARMOUR (2000), S. 367; HERTIG/KANDA (2004), S. 71; JUNGMANN (2006), S. 644.

12 WIEDMANN spricht davon, dass „Fremdkapital [...] dem endgültigen Verlust mit einem wesentlich niedrigeren Wahrscheinlichkeitsgrad ausgesetzt sein [muss] als Eigenkapital“ (WIEDEMANN (1980), S. 516).

13 Vgl. SIEGEL (1997), S. 124; JUNGMANN (2006), S. 644; PELLENS/KEMPER/SCHMIDT (2008), S. 382; siehe dazu weiter unten Abschnitt 412.2.

14 Abweichend beispielsweise MARX (2006), der den Begriff der Kapitalerhaltung mit dem geltenden Kapitalschutzsystem des festen Nennkapitals gleichsetzt. Ein auf einem Solvenztest basierendes Kapitalschutzsystem stellt dann keine Ausprägung der Kapitalerhaltung, sondern eine Alternative zu dieser dar.

von Kapitalerhaltung sollte klarer von Eigenkapitalerhaltung oder – aufgrund des spiegelbildlichen Verhältnisses der Begriffe „Kapital" und Vermögen" – von Reinvermögenserhaltung gesprochen werden. Im Folgenden allerdings wird am gebräuchlichen Begriff der Kapitalerhaltung festgehalten.

Nun zum Begriff der Ausschüttungsrestriktion: Zur Definition der Ausschüttungsrestriktion wird zunächst der Begriff der Restriktion abgegrenzt: Unter einer Restriktion werden in Anlehnung an EWERT[15] in der Beziehung zwischen Eigentümer und Gläubiger allgemein sämtliche vertraglichen oder gesetzlichen Regelungen verstanden, welche den Handlungsfreiraum des Eigentümers bei Eintritt bestimmter festgelegter Bedingungen einschränken. Vor dem Hintergrund der genannten Ziele der Kapitalerhaltung umfasst der Begriff der Ausschüttungsrestriktionen entsprechend sämtliche vertraglichen oder gesetzlichen Regelungen, die dazu dienen, im Zuge jährlicher Ausschüttungen auftretende Vermögensverlagerungen vom Gesellschaftsvermögen in das Privatvermögen des Eigentümers mit dem Ziel zu begrenzen, einem infolge überhöhter Reichtumsverlagerungen erhöhten Insolvenzrisiko entgegenzuwirken. Ausschüttungsrestriktionen sind ein Instrument der Kapitalerhaltung. Die im Laufe dieser Abhandlung zu analysierenden Systeme des Nennkapitals und des Solvenztests sind Ausschüttungsrestriktionen, welche das beschriebene Ziel, Vermögensverlagerungen zulasten des Gesellschaftsvermögens zu vermeiden, auf unterschiedlichen Wegen zu erreichen versuchen.

Der Begriff der Ausschüttungsrestriktionen ist abzugrenzen von dem der Kreditsicherheiten. Kreditsicherheiten begrenzen indirekt ebenfalls die Höhe zulässiger Ausschüttungen: Verpflichtet ein Darlehensgläubiger das Schuldnerunternehmen, ihm zur Sicherung der Darlehensforderung Vermögenswerte zu verpfänden oder zu übereignen, so kann der Eigentümer die so gebundenen Vermögenswerte dem Haftungsvermögen nicht mehr entziehen und nicht mehr zur Besicherung anderer Kredite und Darlehen verwenden.[16] Ist der Wert der dem Darlehensgläubiger gewährten Sicherheiten mindestens so hoch wie seine Forderung, so trägt der Gläubiger lediglich das Risiko des Wertverlusts des Sicherungsgutes. Dennoch werden Kreditsicherheiten hier nicht unter den Begriff der Ausschüttungsrestriktionen subsumiert, da sich Kreditsicherheiten von diesen hinsichtlich ihrer

15 Vgl. EWERT (1986), S. 51.
16 Vgl. FRANKE/HAX (2004), S. 452.

Wirkungsweise und hinsichtlich der Anzahl der durch sie geschützten Gläubiger unterscheiden[17]:

- Kreditsicherheiten sichern nur den einzelnen jeweils begünstigten Vertragsgläubiger. Andere Vertragsgläubiger und Deliktsgläubiger werden durch Kreditsicherheiten schlechter gestellt, da der sicherungsberechtigte Vertragsgläubiger im Insolvenzfall an den als Kreditsicherheit übereigneten oder verpfändeten Vermögenswerten ein Aussonderungs- (§ 47 InsO) bzw. Absonderungsrecht (§§ 49, 50, 165-173 InsO) hat und diese Vermögenswerte folglich nicht als Insolvenzmasse (§ 35 InsO) zur Befriedigung der übrigen Gläubiger zur Verfügung stehen.[18] Ausschüttungsrestriktionen hingegen schützen alle Vertrags- und Deliktsgläubiger gleichermaßen – unabhängig davon, ob die Ausschüttungsrestriktionen mit einzelnen Gläubigern vertraglich vereinbart oder gesetzlich vorgeschrieben sind.
- Kreditsicherheiten schränken die Handlungsfreiheit des Eigentümers stärker ein als Ausschüttungsrestriktionen: Zum einen ist die Veräußerung der als Kreditsicherheit vergebenen Vermögenswerte ohne Zustimmung des sicherungsberechtigten Gläubigers ausgeschlossen. Somit können Kreditsicherheiten einer nachträglichen Erhöhung des Investitionsrisikos seitens des Eigentümers entgegenwirken, indem die als Kreditsicherheiten gegebenen Vermögenswerte an das Unternehmen gebunden werden.[19] Allerdings ist die Veräußerung der Kreditsicherheiten selbst dann ausgeschlossen, wenn sie aus Gesamtunternehmenssicht vorteilhaft wäre. Ausschüttungsrestriktionen dagegen binden keine einzelnen Vermögenswerte, sondern nur einen bestimmten wertmäßigen Anteil des Vermögens. Zum anderen erschweren Kreditsicherheiten die Aufnahme weiterer Schulden, da die bereits als Kreditsicherheit für Alt-Gläubiger vergebenen Vermögenswerte potentiellen Gläubigern nicht mehr zur Sicherung zur Verfügung stehen. Infolgedessen sind potentielle Gläubiger weniger bereit, einen Darlehensvertrag zu schließen.[20] Ausschüttungsrestriktionen hingegen schützen Alt- und Neugläubiger gleichermaßen.

17 Die ebenfalls mögliche Unterscheidung zwischen gesetzlicher und einzelvertraglicher Regulierung wird hier nicht betrachtet. Sowohl Ausschüttungsrestriktionen im hier verstandenen Sinne als auch Kreditsicherheiten können gesetzlich vorgeschrieben und/oder einzelvertraglich vereinbart sein.

18 Vgl. OEHLER/UNSER (2002), S. 335; ENGERT (2006), S. 308.

19 Vgl. OEHLER/UNSER (2002), S. 335; FRANKE/HAX (2004), S. 452; siehe auch Abschnitt 414.

20 Vgl. OEHLER/UNSER (2002), S. 335.

12 Problemstellung und Zielsetzung der Arbeit

Das bisher in Europa zum Zwecke der Kapitalerhaltung etablierte Nennkapitalsystem basiert auf der Zweiten EG-Richtlinie (Kapitalrichtlinie)[21]. Gemäß dem Nennkapitalsystem sind Ausschüttungen nur zugelassen, wenn der Wert des nach Ausschüttung noch im Unternehmen verbleibenden Vermögens abzüglich Schulden mindestens dem Nennkapital zuzüglich gesetzlich gebundener Rücklagen entspricht.[22]

Bereits vor einigen Jahren bestand Anlass zur Diskussion, ob und auf welche Weise das in der Kapitalrichtlinie verankerte Nennkapitalsystem reformiert werden sollte:

Zum einen vollzog sich mit der Verabschiedung der Verordnung der EG betreffend die Anwendung internationaler Rechnungslegungsstandards (IAS-Verordnung)[23] die Hinwendung zu den IFRS (International Financial Reporting Standards) als Rechtsgrundlage der Abschlusserstellung. Danach sind Gesellschaften mit Sitz in der EU, deren Wertpapiere auf einem geregelten Markt eines Mitgliedstaates zugelassen sind (kapitalmarktorientierte Gesellschaften), seit dem 01.01.2005[24] verpflichtet, ihren Konzernabschluss nach IFRS aufzustellen (Art. 4 der IAS-Verordnung). Zudem haben die Mitgliedstaaten das Wahlrecht, die Anwendung der IFRS auch für den Konzernabschluss nicht kapitalmarktorientierter Gesellschaften und/oder für den Jahresabschluss aller Unternehmen zu gestatten oder vorzuschreiben (Art. 5 der IAS-Verordnung). In Deutschland wurden die in der IAS-Verordnung enthaltenen Mitgliedstaatenwahlrechte mit Verabschiedung des Bilanzrechtsreformgesetzes (BilReG)[25] umgesetzt. Danach sind kapitalmarktorientierte Gesellschaften spätestens seit 2007 verpflichtet, den Konzernabschluss nach den IFRS aufzustellen und zu veröffentlichen.[26] Für nicht-kapitalmarktorientierte Unternehmen besteht ein Wahlrecht, den Konzern-

---

21 Zweite Richtlinie des Rates vom 13.12.1976 (77/91/EWG), ABl. EG Nr. L26/1 vom 31.01.1977.

22 Vgl. Art. 15 der Kapitalrichtlinie.

23 Verordnung (EG) Nr. 1606/2002 des Europäischen Parlaments und des Rates vom 19.07.2002, ABl. EG L243/1 vom 11.09.2002.

24 Als Übergangsregelung durften die Mitgliedstaaten unter bestimmten Voraussetzungen gestatten, den Konzernabschluss erstmals ab dem 01.01.2007 verpflichtend nach IFRS aufzustellen (Art. 9 der IAS-Verordnung).

25 Gesetz zur Einführung internationaler Rechnungslegungsstandards und zur Sicherung der Qualität der Abschlussprüfung (Bilanzrechtsreformgesetz – BilReG) vom 04.12.2004, BGBl. I 2004, S. 3166–3182.

26 Vgl. Art. 4 der IAS-Verordnung und § 315a Abs. 2 HGB.

abschluss nach IFRS aufzustellen und zu veröffentlichen.[27] Der für den Kapitalschutz relevante Jahresabschluss hingegen ist weiterhin nach den Vorschriften des HGB aufzustellen. Nur zu Offenlegungszwecken darf der Jahresabschluss auch nach IFRS aufgestellt werden.[28] Während der handelsrechtliche Jahresabschluss damit für deutsche Unternehmen weiterhin die Grundlage der Ausschüttungsbegrenzung bildet, führten andere Mitgliedstaaten der EU bereits die Pflicht oder das Wahlrecht ein, auch den Jahresabschluss nach IFRS aufzustellen. Diese Diskrepanz führte zur Diskussion darüber, ob das Nennkapitalsystem mit einem IFRS-Jahresabschluss als Basis vereinbar sei und ob das Nennkapitalsystem bei Anwendung der IFRS im Jahresabschluss durch einen Solvenztest ergänzt oder ersetzt werden solle.[29]

Zum anderen hat der Europäische Gerichtshof (EuGH) mit seinen Urteilen in Sachen Centros[30] und Inspire Art[31] entschieden, dass ein Unternehmen auch in der alleinigen Absicht, das Kapitalerhaltungsrecht eines anderen Mitgliedstaates zu umgehen, in einem bestimmten Mitgliedstaat der EU gegründet werden darf. Dem Mitgliedstaat, in welchem das im Ausland gegründete Unternehmen seine Geschäftstätigkeit ausübt, ist es dann nicht gestattet, dem Unternehmen das eigene Kapitalerhaltungsrecht aufzuerlegen.[32] Infolge der damit auch für Zwecke der Kapitalerhaltung klargestellten Niederlassungsfreiheit steht das nationale Gesellschaftsrecht nun in Konkurrenz zum Gesellschaftsrecht anderer Mitgliedstaaten.

Die ersten Überlegungen zur Reform der Kapitalrichtlinie gehen auf die sogenannte SLIM[33]-Initiative der EU-Kommission aus dem Jahre 1996 zurück. Die im Rahmen der SLIM-Initiative entstandenen Vorschläge zur Reform der Kapitalrichtlinie lagen der EU-Kommission bereits 1999 vor.[34] Im Herbst 2001 schließlich setzte die Europäische Kommission eine Gruppe hochrangiger Experten des Gesellschaftsrechts (High Level Group) mit dem Auftrag ein, die Vorschläge zur Reform der Kapitalrichtlinie zu prüfen und ggf. anzupassen. Die High Level Group modifizierte die Vorschläge der SLIM-Gruppe (SLIM-Plus) und plädierte in ihrem Abschlussbericht dafür, langfristig über ein alternatives Ka-

27 Vgl. § 315a Abs. 3 HGB.

28 Vgl. § 325 Abs. 2a und 2b HGB.

29 Vgl. etwa die Stellungnahme des IDW zur IAS-Verordnung (IDW (2002), S. 986 f.); RICKFORD (2004), S. 924 f.; KUHNER (2005), S. 755.

30 EuGH, Urteil vom 09.03.1999, Rs. C-212/97, Slg. 1999, I-1459 – Centros.

31 EuGH, Urteil vom 30.09.2003, Rs. C-167/01, Slg. 2003, I-10155 – Inspire Art.

32 Vgl. RICHARD (2007), S. 5.

33 Die Abkürzung „SLIM" steht für „Simpler Legislation for the Internal Market".

34 Vgl. SLIM (1999).

pitalschutzsystem nachzudenken, welches die geltende Kapitalrichtlinie ersetzen könne.[35] Als alternatives Kapitalschutzsystem wurde ein zweistufiger Solvenztest vorgeschlagen. Demnach sollte eine dem Nennkapitalsystem vergleichbare „Bilanzprüfung"[36], in welcher zu prüfen sein soll, ob das Vermögen auch nach Ausschüttung noch die Schulden abdeckt oder übersteigt, um eine auf die künftige Zahlungsfähigkeit des Unternehmens blickende Liquiditätsprüfung ergänzt werden.[37]

In Reaktion auf den Abschlussbericht wurde zunächst eine auf SLIM-Plus beruhende Richtlinie[38] zur Änderung der Kapitalrichtlinie verabschiedet. Darin blieb das System des gesetzlichen Nennkapitals zunächst unangetastet. Allerdings beauftragte die Europäische Kommission die Wirtschaftsprüfungsgesellschaft KPMG, die durch das bestehende System des gesetzlichen Nennkapitals entstehenden Verwaltungskosten zu untersuchen und zu beurteilen, inwieweit verschiedene Alternativen zum bestehenden System des gesetzlichen Nennkapitals, insbesondere die Verwendung eines liquiditätsbezogenen Solvenztests als (ergänzende) Ausschüttungsrestriktion, umsetzbar seien. Die Ergebnisse dieser Machbarkeitsstudie wurden im Januar 2008 veröffentlicht.[39]

In der Studie wurde festgestellt, dass das bestehende Nennkapitalsystem keine für die Unternehmen relevanten Mehrkosten verursache und dass das Mindestnennkapital keine nennenswerte Ausschüttungsrestriktion darstelle[40]. Der in den Stellungnahmen zum Abschlussbericht der High Level Group diskutierte und in nicht-europäischen Ländern bereits etablierte Solvenztest könne hinsichtlich der mit diesem entstehenden Kosten noch nicht abschließend beurteilt werden, da noch zu viele Fragen zu dessen Gestaltung offen seien.[41] Dennoch wird der Solvenztest als ergänzende Ausschüttungsrestriktion befürwortet, sollten künftig IFRS-Jahresabschlüsse die Basis der Ausschüttungsbegrenzung sein.[42]

35 Vgl. HIGH LEVEL GROUP (2002), S. 13-16, 88-101.

36 HIGH LEVEL GROUP (2002), S. 16.

37 Vgl. HIGH LEVEL GROUP (2002), S. 16, 94-96.

38 Richtlinie des Europäischen Parlaments und des Rates vom 06.09.2006 (2006/68/EG) zur Änderung der Richtlinie 77/91/EWG des Rates in Bezug auf die Gründung von Aktiengesellschaften und die Erhaltung und Änderung ihres Kapitals, ABl. EU L264/32 vom 25.09.2006.

39 Vgl. KPMG (2008a).

40 Vgl. KPMG (2008a), S. 145.

41 Vgl. KPMG (2008a), S. 306, 309 f.

42 Vgl. KPMG (2008b), S. 1. Vgl. zu den Ergebnissen der Machbarkeitsstudie auch VELTE/KÖSTER (2008), S. 444 f. Siehe außerdem unten Abschnitt 31.

In Reaktion auf die Ergebnisse der Machbarkeitsstudie wiederum gab die Europäische Kommission bekannt, dass in der näheren Zukunft keine weiteren Änderungen der Kapitalrichtlinie geplant seien.[43] Damit ist die Diskussion um eine Reform des Systems des gesetzlichen Nennkapitals zumindest von Seiten der Europäischen Kommission vorläufig beendet worden. Ob der Solvenztest – das Kernelement in der Diskussion der Reform des Kapitalschutzes – und insbesondere die darin eingeschlossene liquiditätsbezogene Ausschüttungsrestriktion eine gleichwertige oder gar dem bisherigen System überlegene Alternative darstellt und wie dieser ggf. in die gesetzlichen Kapitalschutzregeln zu integrieren wäre, ist weiterhin offen.

Mit der vorliegenden Arbeit soll nun die Effektivität des Nennkapitalsystems deutscher Prägung und des Solvenztests als ergänzende oder alternative Ausschüttungsrestriktion untersucht werden. Die untersuchungsleitende Fragestellung lautet:

Wie sind das auf der Kapitalrichtlinie basierende Nennkapitalsystem des deutschen Aktienrechts und der Solvenztest ökonomisch zu beurteilen, insbesondere hinsichtlich der mit diesen Ausschüttungsrestriktionen jeweils zu erzielenden Effektivität der Kapitalerhaltung?

Die folgende Abhandlung beschränkt sich auf die Analyse gesetzlicher Ansätze der Kapitalerhaltung und die Frage, welchen Beitrag diese zur Kapitalerhaltung leisten. Die Untersuchung steht damit unter der Prämisse, dass es einer hoheitlichen Regulierung der Kapitalerhaltung bedarf. Der Bedarf einer hoheitlichen Regulierung der Kapitalerhaltung resultiert aus der Existenz vertraglich nicht gesicherter oder schlecht informierter Gläubiger. Diese können ihr Forderungsausfallrisiko nur unzureichend beurteilen und nicht durch vertragliche Vereinbarungen, z. B. über die risikoangepasste Höhe des Kreditzinses oder der Sicherheiten, reduzieren.[44] Deliktsgläubiger wären ohne gesellschaftsrechtliche Kapitalerhaltung dem Risiko des Forderungsausfalls schutzlos ausgesetzt.[45] Selbst wenn Gläubiger ausreichend informiert sind und/oder in vertraglicher Beziehung zum Schuldner stehen, ist eine einzelvertragliche Risikokompensation (z. B. über den Zinssatz) nur eingeschränkt möglich. Zum einen ist ein zur Risikokompensation erforderlicher Zinssatz nicht durchsetzbar, wenn er prohibitiv hoch ist, das Schuldverhältnis also aus Sicht des Eigentümers nachteilig wäre. Zum anderen

---

43 Vgl. EUROPÄISCHE KOMMISSION (2008), S. 2.

44 Vgl. ROTH (1986), S. 374; dazu auch BAUER (1995), S. 104-106.

45 Vgl. ADAMS (1991), S. 57 f.; ENGERT (2006), S. 306-307 sowie PELLENS/CRASSELT/SELLHORN (2007), S. 267 f.

steigt mit zunehmendem Zinssatz das Risiko, dass der Schuldner fällige Zins- und Tilgungszahlungen nicht wie vertraglich vereinbart leisten kann.[46]

Hinsichtlich der zu betrachtenden Rechtsformen bleibe die Betrachtung auf die AG beschränkt.

Zur Beantwortung der untersuchungsleitenden Fragestellung werden zunächst Anforderungen hinsichtlich der Effektivität von Ausschüttungsrestriktionen hergeleitet. Darauf aufbauend wird die Effektivität von Nennkapitalsystem und Solvenztest unter Einbezug einer Monte-Carlo-Simulation[47] beurteilt. Entsprechend dieser Vorgehensweise wird die untersuchungsleitende Fragestellung in die folgenden vier Fragenkomplexe zerlegt:

Fragenkomplex 1:

1a) Welche Ausschüttungsrestriktionen bestehen für deutsche Aktiengesellschaften derzeit?

1b) Welche Bedeutung spielen dabei das Insolvenzrecht und die Rechnungslegung?

Fragenkomplex 2:

2a) Welche Kritikpunkte werden gegen die bestehenden für Aktiengesellschaften relevanten Ausschüttungsrestriktionen vorgebracht?

2b) Wie soll ein zukunftsgerichteter, liquiditätsbasierter Solvenztest diesen Kritikpunkten nach Ansicht der bisher geäußerten Vorschläge zur Reform der Kapitalrichtlinie begegnen?

2c) Welche Anforderungen an die Gestaltung des Solvenztests wurden bislang formuliert?

Fragenkomplex 3:

3a) Wie sind Ausschüttungsrestriktionen im Hinblick auf die Beziehung zwischen Eigentümer und Gläubiger eines Unternehmens ökonomisch zu begründen?

3b) Welche an Ausschüttungsrestriktionen zu stellenden Anforderungen können aus der ökonomischen Begründung abgeleitet werden?

---

46 Vgl. ROGUSCH (1979), S. 225 f.

47 Zum Begriff der Monte-Carlo-Simulation und den Beweggründen, diese Methode in der vorliegenden Untersuchung zu verwenden, siehe Abschnitt 14.

des Mindestkapitals seit Inkrafttreten der 2. EG-Richtlinie nicht geändert.[74] Unter Berücksichtigung einer durchschnittlichen jährlichen Inflationsrate von angenommen 3 % in den Jahren 1977 bis 2009 wäre 2009 ein Mindestkapital von 66.308,28 EUR zu fordern.[75] Umgekehrt formuliert ist 2009 ein Mindestkapital von 25.000 EUR soviel wert wie 1977 ein Mindestkapital von 9.425,66 EUR. Das deutsche Aktienrecht geht über die Anforderungen der Kapitalrichtlinie hinaus und schreibt für Aktiengesellschaften einen Mindestnennbetrag des Grundkapitals (im Folgenden als Mindestnennkapital bezeichnet) von 50.000 EUR vor (§ 7 AktG), doch auch dieser Betrag wurde bisher nicht entsprechend der Inflation angepasst.

Dieses so definierte Mindestnennkapital soll zugleich als „Seriositätsschwelle" und als Puffer künftig gegebenfalls eintretender Verluste dienen, um die Insolvenzwahrscheinlichkeit der AG zu reduzieren.[76] Die Relevanz des Mindestnennkapitals als Säule des Kapitalschutzsystems ist jedoch gering im Vergleich zur in den folgenden Abschnitten noch zu beschreibenden Kapitalaufbringung und -erhaltung: Zum einen ist die gesetzliche Vorgabe eines Mindestnennkapitals keine Voraussetzung für das Erfordernis der Kapitalaufbringung und -erhaltung. Diese würden ihre kapitalschützende Wirkung auch entfalten, wäre die Höhe des Grundkapital der AG lediglich in der Satzung der AG festzulegen. Umgekehrt allerdings geben erst Vorschriften zur Kapitalaufbringung und -erhaltung der gesetzlichen Vorgabe eines Mindestnennkapitals ihren Sinn, da diese andernfalls bereits kurz nach Gründung der AG unterlaufen werden könnte.[77] Zum anderen spielt das Mindestkapitalerfordernis von 25.000 EUR überhaupt nur dann eine Rolle, wenn der individuelle Eigenkapitalbedarf des Unternehmens diesen Betrag nicht übersteigt. Der Eigenkapitalbedarf steigt mit zunehmender Unternehmensgröße und ist überdies abhängig von den Anforderungen potentieller Fremdkapitalgeber, welche ihrerseits neben der Unternehmensgröße von der Art der Unternehmenstätigkeit und dem damit verbundenen Geschäftsrisiko abhängen.[78] Damit ist die Vorgabe eines Mindestnennkapitals nur bei kleinen Aktiengesellschaften mit geringem Eigenkapitalbedarf überhaupt relevant. Große, insbesondere kapitalmarktorientierte, Aktiengesellschaften hingegen verfügen regelmäßig über ein weit höheres Nennkapital. Das Mindestnennkapitalerfordernis von

74 Vgl. MÜLBERT/BIRKE (2002), S. 702; RICHARD (2007), S. 81.

75 Vgl. RICHARD (2007), S. 81, Fn. 500.

76 Vgl. PENTZ/PRIESTER/SCHWANNA (2006), S. 51 f.; PELLENS/KEMPER/SCHMIDT (2008), S. 385 m. w. N. Zur Kritik dieser Zielsetzung siehe unten Abschnitt 32.

77 Vgl. EIDENMÜLLER/GRUNEWALD/NOACK (2006), S. 20.

78 Vgl. EIDENMÜLLER/ENGERT (2005), S. 105.

25.000 EUR stellt für diese folglich offensichtlich keine relevante Restriktion dar.[79]

212.2 Kapitalaufbringung

Als zweite Säule enthält die Kapitalrichtlinie Regelungen zur Kapitalaufbringung. Diese sollen gewährleisten, dass zum Zeitpunkt der Gründung der AG Vermögen in Höhe des (gesetzlich geforderten oder per Satzung mit einem höheren Betrag festgelegten) Nennkapitals in die AG eingebracht wird und den Gläubigern dann als Haftungsmasse zur Verfügung steht.

Die Kapitalaufbringung geschieht in zwei Schritten[80]:

1. Vollständige Übernahme (Zeichnung) des Nennkapitals durch die Gesellschafter und die damit für jeden Gesellschafter verbundene Verpflichtung, Vermögen im Wert des jeweils gezeichneten Kapitalanteils in die Gesellschaft einzubringen.
2. Erfüllung der mit der Kapitalzeichnung übernommenen Verpflichtung durch Einbringung werthaltigen Vermögens.

Im ersten Schritt ist bei Gründung der AG zu gewährleisten, dass das festgelegte Nennkapital in voller Höhe von den Gründungsgesellschaftern übernommen wird, d. h. die Summe der Nennbeträge aller übernommenen Aktien a_i muss dem Nennkapital N der Gesellschaft entsprechen, welches seinerseits – wie im vorhergehenden Abschnitt erläutert – gemäß Art. 6 Abs. 1 der Kapitalrichtlinie mindestens 25.000 EUR betragen muss.[81] Es gilt also:

$$\sum a_i = N \geq 25.000 \text{ EUR} \tag{2.1}$$

Mit der Übernahme der Aktien gehen die Gründungsgesellschafter die Verpflichtung ein, Vermögen entsprechend dem Ausgabebetrag ihres Kapitalanteils in die Gesellschaft einzubringen.

79 Vgl. EIDENMÜLLER/GRUNEWALD/NOACK (2006), S. 21, insbesondere Fn. 16.

80 Vgl. BITZ/HEMMERDE/RAUSCH (1986), S. 164.

81 Vgl. BITZ/HEMMERDE/RAUSCH (1986), S. 164.

Voraussetzung für die Einlagefähigkeit eines Gutes[82] ist, dass dessen „wirtschaftlicher Wert feststellbar ist“[83]. Neben Bareinlagen, bei welchen die Feststellung des wirtschaftlichen Wertes unproblematisch ist, sind auch Sacheinlagen zulässig. Einlagefähig sind dabei nicht nur bewegliche oder unbewegliche Gegenstände, sondern auch bewertbare Nutzungsrechte.[84] Die Einlage darf auch als Kombination aus Bar- und Sacheinlage erbracht werden („Mischeinlage“). Überschreitet der Wert des zur Einbringung vorgesehenen Gegenstands oder Nutzungsrechts den zu leistenden Einlagebetrag, ist der den zu leistenden Einlagebetrag übersteigende Wertanteil in Form von Barmitteln zurückzuvergüten („gemischte Sacheinlage“).[85] Verpflichtungen zu Arbeits- oder Dienstleistungen sind nicht einlagefähig.[86]

Aufgrund der bei einer Sacheinlage auftretenden Bewertungsprobleme ist die Werthaltigkeit von Sacheinlagen gemäß Art. 10 der Kapitalrichtlinie durch einen oder mehrere unabhängige Sachverständige in einem Bericht zu bestätigen. Mit Inkrafttreten der Richtlinie 2006/68/EG vom 06.09.2006 wurden der Kapitalrichtlinie die Art. 10a und 10b hinzugefügt. Diese sehen entsprechend dem Aktionsplan „Modernisierung des Gesellschaftsrechts und Verbesserung der Corporate Governance in der Europäischen Union“ vor, dass im Sinne eines Mitgliedstaatenwahlrechtes auf den vorgenannten Sachverständigenbericht verzichtet werden darf, wenn es einen klaren Anhaltspunkt für die Bewertung einer Sacheinlage gibt.[87] Ein solcher Anhaltspunkt ist gegeben, wenn

1. als Sacheinlage übertragbare Wertpapiere eingebracht werden, welche zu ihrem über einen bestimmten Zeitraum zu bestimmenden Durchschnittspreis bewertet werden (Art. 10a Abs. 1 der Kapitalrichtlinie),
2. für die eingebrachten Wertpapiere bereits ein Wertgutachten vorliegt und der in diesem bestätigte Wert zum Zeitpunkt der Einbringung der Sacheinlage nicht älter als sechs Monate ist (Art. 10a Abs. 2 der Kapitalrichtlinie), oder

82 In Art. 7 Satz 1 der Kapitalrichtlinie wird an dieser Stelle der Begriff „Vermögensgegenstand“ gebraucht. Der Begriff „Vermögensgegenstand“ wird hier vermieden, um zu verdeutlichen, dass der Vermögensgegenstandsbegriff der Kapitalrichtlinie nicht mit dem handelsrechtlich belegten Begriff des Vermögensgegenstands gleichgesetzt werden kann.

83 Art. 7 Satz 1 der Kapitalrichtlinie.

84 Vgl. PENTZ/PRIESTER/SCHWANNA (2006), S. 58 f.

85 Vgl. PENTZ/PRIESTER/SCHWANNA (2006), S. 59.

86 Vgl. Art. 7 Satz 2 der Kapitalrichtlinie.

87 Vgl. RL 2006/68/EG, 2. und 3. Erwägungsgrund.

3. wenn der Wert der eingebrachten Wertpapiere bereits aus einem ordnungsgemäß aufgestellten und geprüften Abschluss des vorhergehenden Jahres hervorgeht (Art. 10a Abs. 3 der Kapitalrichtlinie).

Als „eines der Herzstücke der Kapitalaufbringung“[88] ist das Verbot der Unterpari-Emission zu sehen, welches europarechtlich in Art. 8 Abs. 1 der Kapitalrichtlinie geregelt ist. Das Verbot der Unterpari-Emission besagt, dass der Ausgabebetrag der Aktien mindestens deren Nennbetrag oder – bei Stückaktien – deren anteiligen Betrag des Grundkapitals entsprechen muss.[89] Das Verbot der Unterpari-Emission unterbindet damit, dass die vollständige Aufbringung des Kapitals bereits an einem zu geringen Ausgabebetrag scheitert. Mit der gleichen Zielsetzung darf die Gesellschaft gemäß Art. 18 Abs. 1 der Kapitalrichtlinie keine eigenen Aktien zeichnen.[90]

Haben die Gründungsgesellschafter das Nennkapital vollständig übernommen, so haben diese im zweiten Schritt entsprechend der mit der Übernahme der Aktien eingegangenen Verpflichtung Vermögensgegenstände in die Gesellschaft einzubringen, deren Wert mindestens dem Ausgabebetrag der gezeichneten Anteile entspricht. Eine Befreiung der Aktionäre von ihrer Leistungspflicht ist gemäß Art. 12 der Kapitalrichtlinie ausgeschlossen.[91] Hinsichtlich des geforderten Zeitpunkts der Erfüllung der Einlageverpflichtung ist gemäß Art. 9 der Kapitalrichtlinie zwischen Bar- und Sacheinlagen zu unterscheiden: Sowohl Bareinlagen als auch Sacheinlagen sind zum Zeitpunkt der Gründung der AG zu mindestens 25 % des auf sie entfallenden Nennbetrages oder rechnerischen Wertes zur endgültigen freien Verfügung des Vorstands[92] zu leisten.[93] Für Sacheinlagen gilt überdies, dass die verbleibenden 75 % des auf diese entfallenden Nennbetrages innerhalb von fünf Jahren vollständig zu leisten sind.[94]

Mit § 36a AktG wurde der Art. 9 der Kapitalrichtlinie in deutsches Aktienrecht umgesetzt. Dabei gehen die Anforderungen des § 36a AktG über die Anforderungen der Kapitalrichtlinie hinaus: Die Erleichterung des Art. 9 Abs. 1 der Kapitalrichtlinie, wonach zum Zeitpunkt der Gründung lediglich 25 % des auf die Einlage entfallenden Nennbetrages zu leisten sind, gilt gemäß § 36a Abs. 1 AktG

88 ZIEMONS in SCHMIDT/LUTTER (2008), § 9 AktG, Rn. 1.

89 Vgl. entsprechend § 9 Abs. 1 AktG.

90 Vgl. entsprechend § 56 Abs. 1 AktG.

91 Vgl. entsprechend § 66 Abs. 1 AktG i. V. m. § 54 Abs. 1 AktG.

92 Vgl. dazu HÜFFER (2008), § 36 AktG, Rn. 7 f.

93 Vgl. Art. 9 Abs. 1 der Kapitalrichtlinie.

94 Vgl. Art. 9 Abs. 2 der Kapitalrichtlinie.

nur für Bareinlagen.[95] Werden Aktien allerdings für einen höheren Betrag als den Nennbetrag ausgegeben, ist der Mehrbetrag (Agio) sofort in voller Höhe zu leisten.[96] Sacheinlagen hingegen sind dem Grundsatz des § 36a Abs. 2 Satz 1 AktG folgend vollständig zu leisten. Praktisch allerdings gilt die unmittelbare vollständige Leistung nur bei Sacheinlagen in Form von Gebrauchs- oder Nutzungsüberlassungen.[97] Ist die mit einer Sacheinlage eingegangene Verpflichtung durch Übertragung eines Vermögensgegenstandes zu erfüllen, so ist dies gemäß § 36a Abs. 2 Satz 2 AktG erst innerhalb von fünf Jahren nach der Eintragung der Gesellschaft in das Handelsregister zu bewirken.[98]

212.3 Kapitalerhaltung

Ist das mit der Gründung einer AG aufzubringende Mindestnennkapital von 25.000 EUR (gemäß Kapitalrichtlinie) bzw. 50.000 EUR (gemäß AktG) einmal aufgebracht, so ist in der Folgezeit zu gewährleisten, dass das Nennkapital nicht durch überhöhte Entnahmen wieder aufgezehrt wird. In diesem Sinne sollen Regelungen der Kapitalerhaltung als dritte Säule des Kapitalschutzsystems der Kapitalrichtlinie gewährleisten, dass dem Nennkapital langfristig Vermögen in mindestens gleicher Höhe gegenübersteht.[99]

Zu diesem Zweck enthält die Kapitalrichtlinie neben den hier zu betrachtenden Ausschüttungsrestriktionen[100] Regelungen zur späteren Kapitalerhöhung oder Kapitalherabsetzung sowie zum Erwerb eigener Aktien durch die Gesellschaft. Die folgende Betrachtung allerdings beschränkt sich entsprechend der Fokussierung der Problemstellung auf die in Art. 15 der Kapitalrichtlinie vorgeschriebenen Ausschüttungsrestriktionen.

Mit Art. 15 Abs. 1 der Kapitalrichtlinie soll die Höhe der zulässigen Ausschüttungen an die Anteilseigner begrenzt werden. Damit soll unterbunden werden,

95 Vgl. HÜFFER (2008), § 36a AktG, Rn. 5.

96 Vgl. PENTZ in GOETTE/HABERSACK (2008), MüKo AktG, § 36a AktG, Rn. 6; KLEINDIEK in SCHMIDT/LUTTER (2008), § 36a AktG, Rn. 2; HÜFFER (2008), § 36a AktG, Rn. 2.

97 Vgl. GOETTE/HABERSACK (2008), MüKo AktG, § 36a AktG, Rn. 10-17; HÜFFER (2008), § 36a AktG, Rn. 4.

98 Vgl. HÜFFER (2008), § 36a AktG, Rn. 4 m. w. N.; KLEINDIEK in SCHMIDT/LUTTER (2008), § 36a AktG, Rn. 5; vgl. dazu auch die Begründung zum Entwurf eines Gesetzes zur Durchführung der Zweiten Richtlinie des Rates der Europäischen Gemeinschaften zur Koordinierung des Gesellschaftsrechts, BT-Drucksache 8/1678, S. 12 f. sowie MÜLLER (1978), S. 568.

99 Vgl. MÜLBERT (2004), S. 154-161; JUNGMANN (2006), S. 640; PELLENS/KEMPER/SCHMIDT (2008), S. 384 f.

100 Zum Begriff der Ausschüttungsrestriktionen siehe oben Abschnitt 11.

dass der Eigentümer der Gesellschaft Vermögen zum Nachteil der Gläubiger entzieht.[101] Art. 15 Abs. 1 lit. a und lit. c begrenzen die Höhe der maximal zulässigen jährlichen Ausschüttungen dabei auf zweifache Weise:

Gemäß Art. 15 Abs. 1 lit. a der Kapitalrichtlinie darf – außer bei einer Kapitalherabsetzung – „keine Ausschüttung an die Aktionäre erfolgen, wenn bei Abschluß des letzten Geschäftsjahres das Nettoaktivvermögen, wie es der Jahresabschluß ausweist, den Betrag des gezeichneten Kapitals zuzüglich der Rücklagen, deren Ausschüttung das Gesetz oder die Satzung nicht gestattet, durch eine solche Ausschüttung unterschreitet oder unterschreiten würde."[102] Art. 15 Abs. 1 lit. a bestimmt damit mit Blick auf die Bilanz, dass das gezeichnete Kapital sowie die gebundenen Rücklagen nicht ausgeschüttet werden dürfen. Art. 15 Abs. 1 lit. c der Kapitalrichtlinie bestimmt im Unterschied zu lit. a nicht, wann eine Ausschüttung unzulässig ist, sondern definiert die maximale zulässige Ausschüttungshöhe unter Bezugnahme auf die Gewinn- und Verlustrechnung als „den Betrag des Ergebnisses des letzten abgeschlossenen Geschäftsjahres, zuzüglich des Gewinnvortrags und der Entnahmen aus hierfür verfügbaren Rücklagen, jedoch vermindert um die Verluste aus früheren Geschäftsjahren sowie um die Beträge, die nach Gesetz oder Satzung in Rücklagen eingestellt worden sind"[103].[104]

Auf unterschiedliche Weise regeln Art. 15 Abs. 1 lit. a einerseits und lit. c andererseits damit, dass die maximal zulässige Ausschüttungshöhe unabhängig vom im vergangenen Geschäftsjahr erzielten Jahresergebnis ist: Nach Art. 15 Abs. 1 lit. a bemisst sich die maximale Ausschüttungshöhe nach der Höhe des Reinvermögens, unabhängig davon, wie sich das Reinvermögen in der Vergangenheit entwickelt hat, und damit auch unabhängig vom Jahresergebnis des vergangenen Geschäftsjahres. Art. 15 Abs. 1 lit. c dagegen berücksichtigt explizit die freiwillige Bildung von Gewinnrücklagen sowie die Auflösung dafür verfügbarer, d. h.

---

101 Vgl. DRINKUTH (1998), S. 184; NIENHAUS (2002), S. 110; HABERSACK (2003), Rn. 164; SCHÖN (2004), S. 168; VEIL (2006), S. 93.

102 Art. 15 Abs. 1 lit. a der Kapitalrichtlinie. BEZZENBERGER weist zurecht darauf hin, dass die deutsche Übersetzung an zwei Stellen unglücklich gewählt ist (vgl. BEZZENBERGER (2005), S. 26, Fn. 33): Mit dem unglücklich gewählten Begriff des Nettoaktivvermögen ist der Betrag gemeint, um welchen das Vermögen die Schulden übersteigt, also das Nettovermögen oder das Reinvermögen (in der englischen Fassung der Kapitalrichtlinie „net assets"). Falsch ist die Formulierung „(...), durch eine solche Ausschüttung unterschreitet oder unterschreiten würde". Richtig und sinnvoller heißt es „(...), unterschreitet oder durch eine solche Ausschüttung unterschreiten würde" (in der englischen Fassung der Kapitalrichtlinie *„when (...) the net assets (...) are, or following such a distribution would become, lower than [the undistributable capital]"*).

103 Art. 15 Abs. 1 lit. c der Kapitalrichtlinie.

104 Vgl. BEZZENBERGER (2005), S. 27.

nicht nach Gesetz oder Satzung gebundener, Rücklagen.[105] Letztlich formulieren Art. 15 Abs. 1 lit. a und lit c damit die gleiche maximal zulässige Ausschüttungshöhe: Ausgeschüttet werden darf das zuletzt erzielte Jahresergebnis zuzüglich zur Ausschüttung verfügbarer Rücklagen. Eine Ausschüttung ist folglich selbst bei Vorliegen eines Jahresfehlbetrages zulässig, wenn die verfügbaren Rücklagen den Jahresfehlbetrag übersteigen.[106]

Art. 15 Abs. 1 lit. a schützt zwar formal über das gezeichnete Kapital hinaus auch die gesetzlich oder satzungsmäßig gebundenen Rücklagen, überlässt es jedoch den Mitgliedstaaten, bestimmte Teile der Rücklagen gesetzlich zu binden. Im Ergebnis schützt Art. 15 Abs. 1 lit. a zunächst nur das gezeichnete Kapital vor einer Ausschüttung und stellt damit lediglich ein Mindestmaß an Kapitalerhaltung sicher, welches von den Mitgliedstaaten individuell erweitert werden kann.[107]

Ergänzt werden die Ausschüttungsrestriktionen des Art. 15 der Kapitalrichtlinie durch eine diese stützende Haftungsnorm (Art. 16) sowie eine kapitalbezogene Informationspflicht (Art. 17): Gemäß Art. 16 der Kapitalrichtlinie haben Aktionäre erhaltene Ausschüttungen zurückzugewähren, wenn die Ausschüttungen nicht mit Art. 15 der Kapitalrichtlinie vereinbar waren und die Gesellschaft beweist, dass die Aktionäre die Ausschüttung nicht in gutem Glauben erhalten haben. Gemäß Art. 17 ist bei schweren Verlusten des gezeichneten Kapitals die Hauptversammlung zur Beratung über erforderliche Maßnahmen einzuberufen. Diese europarechtliche Vorgabe ist jedoch schwach ausgeprägt, da Art. 17 nicht regelt, innerhalb welcher Frist die Hauptversammlung einzuberufen ist (diese legen die Mitgliedstaaten gemäß Art. 17 Abs. 1 selbst fest), ab welchem Schwellenwert von „schweren Verlusten" zu sprechen ist (auch dies legen die Mitgliedstaaten gemäß Art. 17 Abs. 2 selbst fest) und wie der in Art. 17 genannte Verlust zu ermitteln ist. Art. 17 Abs. 2 bestimmt lediglich, dass als Schwellenwert des die Einberufung auslösenden Verlustes maximal die Hälfte des gezeichneten Kapitals festgelegt werden darf.[108]

105 Vgl. LEINEKUGEL (2001), S. 21.

106 Vgl. BEZZENBERGER (2005), S. 28.

107 Vgl. HABERSACK (2003), Rn. 166; BEZZENBERGER (2005), S. 27.

108 Vgl. HABERSACK (2003), Rn. 174.

22 Umsetzung der Kapitalerhaltungsvorschriften der Kapitalrichtlinie im deutschen Aktienrecht

221. Vorbemerkung

Die Kapitalerhaltungsvorschriften des deutschen Aktienrechts, in welchen die Vorgaben der Kapitalrichtlinie umgesetzt sind, entfalten ihre Wirkung erst in Zusammenhang mit den verschiedenen Bestandteilen des aktienrechtlichen Eigenkapitals und deren Bindungswirkungen. Aus diesem Grund werden im Folgenden zunächst die Bestandteile des aktienrechtlichen Eigenkapitals eingehend beschrieben, um darauf aufbauend die an diese anknüpfenden Kapitalerhaltungsvorschriften zu erläutern.

Das Eigenkapital der AG besteht gemäß § 272 HGB aus dem als gezeichnetes Kapital auszuweisenden Grundkapital[109], der Kapitalrücklage und den Gewinnrücklagen. Die Bestandteile des Eigenkapitals unterscheiden sich hinsichtlich der Herkunft und der Bindungswirkung des in ihnen ausgewiesenen Kapitals.[110]

222. Die Bestandteile des Eigenkapitals von Aktiengesellschaften und ihre Bindungswirkung

222.1 Das Grundkapital

Das gezeichnete Kapital der AG heißt „Grundkapital" (§ 6 AktG). Das Grundkapital ist der Teil des Eigenkapitals einer AG, der von den Gesellschaftern in die AG einzubringen ist, um von der persönlichen Haftung befreit zu werden. Die Formulierung des § 272 Abs. 1 Satz 1 HGB, das gezeichnete Kapital sei „das Kapital, auf das die Haftung der Gesellschafter für die Verbindlichkeiten der Kapitalgesellschaft gegenüber den Gläubigern beschränkt ist", ist insofern unpräzise, als die Haftung der Gesellschafter mit der Leistung ihrer Kapitaleinlage vollständig erlischt. Tatsächlich haftet den Gläubigern der AG nur die Gesellschaft selbst, diese allerdings gemäß § 1 Abs. 1 Satz 2 AktG mit dem gesamten Gesellschaftsvermögen und nicht nur in Höhe des Grundkapitals.[111]

---

109 Der Begriff „gezeichnetes Kapital" bringt zum Ausdruck, dass dieses nicht in jedem Fall bereits eingezahlt ist (vgl. BT-Drucksache 10/317, S. 82).

110 Vgl. ausführlich THIELE (1998), S. 167-210; BAETGE/KIRSCH/THIELE (2009a), S. 464 f.

111 Vgl. BAETGE/KIRSCH/THIELE (2009a), S. 468.

Das Grundkapital stellt ein bedingt festes Eigenkapitalkonto dar[112]: Das Grundkapital ist grundsätzlich in Höhe des gesetzlichen Mindestnennbetrages oder eines in der Satzung höher festgelegten Betrages gebunden und wird nur angegriffen, falls die übrigen Eigenkapitalbestandteile nicht mehr zur Deckung eines Jahresfehlbetrages ausreichen. Der Mindestnennbetrag des Grundkapitals einer AG beträgt gemäß § 7 AktG 50.000 EUR. Damit geht das deutsche Aktienrecht über die Mindestvorgabe des Art. 6 Abs. 1 der Kapitalrichtlinie von lediglich 25.000 EUR hinaus.[113] Die feste Bindung des Grundkapitals wird nur bei einer Kapitalerhöhung oder Kapitalherabsetzung durchbrochen.[114]

Das Grundkapital ist in Aktien zerlegt (§ 1 Abs. 2 AktG), welche entweder Nennbetragsaktien oder Stückaktien sind (§ 8 Abs. 1 AktG). Nennbetragsaktien müssen auf einen Nennbetrag von mindestens 1 EUR lauten (§ 8 Abs. 2 AktG). Ist das Grundkapital in Stückaktien zerlegt, so ist jede Stückaktie zum gleichen Anteil am Grundkapital beteiligt. Dabei darf der auf eine einzelne Stückaktie entfallende Betrag des Grundkapitals 1 EUR nicht unterschreiten (§ 8 Abs. 3 AktG).

Zur Sicherung der Kapitalaufbringung[115] dürfen Aktien deutscher Aktiengesellschaften entsprechend dem in Art. 8 Abs. 1 der Kapitalrichtlinie[116] vorgegebenen Verbot der Unterpari-Emission nicht für einen geringeren als ihren Nennbetrag bzw. ihren anteiligen Betrag des Grundkapitals ausgegeben werden (§ 9 Abs. 1 AktG).[117] Die Ausgabe der Aktien zu einem höheren Betrag (Überpari-Emission) ist hingegen zulässig.[118]

Jegliche Form der Kapitalerhöhung oder der Kapitalherabsetzung stellt eine Satzungsänderung dar. Zu dieser bedarf es eines Beschlusses der Hauptversammlung, welcher seinerseits einer Mehrheit von mindestens 75 % des bei der Beschlussfassung vertretenen Grundkapitals bedarf, sofern die Satzung keine andere im Einzelfall zulässige Kapitalmehrheit vorsieht.[119]

---

112 Vgl. BAETGE/KIRSCH/THIELE (2009a), S. 459 f.

113 Vgl. oben Abschnitt 212.1

114 Wenngleich dem Wortlaut nach nicht eindeutig, beziehen sich die Begriffe Kapitalerhöhung und Kapitalherabsetzung nur auf die Erhöhung bzw. Herabsetzung des gezeichneten Kapitals bzw. des Grundkapitals (vgl. BAETGE/KIRSCH/THIELE (2009a), S. 475, 480).

115 Vgl. HÜFFER (2008), § 9 AktG, Rn. 1.

116 Vgl. oben Abschnitt 212.2.

117 Vgl. HIRTE (2006), Rn. 5.46.

118 Klarstellend § 9 Abs. 2 AktG.

119 Vgl. zu Satzungsänderungen generell § 179 Abs. 1 und Abs. 2 Satz 1 und 2 AktG. Siehe bzgl. der Kapitalerhöhung § 182 Abs. 1 Satz 1 und 2 AktG für die Kapitalerhöhung gegen Einlagen, § 193 Abs. 1 Satz 1 und 2 AktG für die bedingte Kapitalerhöhung, § 207 Abs. 2 Satz 1 AktG für die

Erhöht werden darf das Grundkapital nur im Rahmen einer Kapitalerhöhung gegen Einlagen (§§ 182-191 AktG), einer bedingten Kapitalerhöhung (§§ 192-201 AktG), einer Kapitalerhöhung aus genehmigtem Kapital (§§ 202-206 AktG) oder einer Kapitalerhöhung aus Gesellschaftsmitteln (§§ 207-220 AktG). Bei den drei erstgenannten Arten der Kapitalerhöhung wird der Gesellschaft Vermögen von außen zugeführt.[120] Bei einer Kapitalerhöhung aus Gesellschaftsmitteln hingegen fließt der Gesellschaft kein Vermögen zu; vielmehr wird lediglich ein Teil der Kapitalrücklage[121] oder der Gewinnrücklagen[122] in das gezeichnete Kapital umgebucht.[123]

Hinsichtlich der Kapitalherabsetzung ist zwischen der ordentlichen Kapitalherabsetzung (§§ 222-228 AktG), der vereinfachten Kapitalherabsetzung (§§ 229-236 AktG) und der Kapitalherabsetzung durch Einziehung von Aktien (§§ 237-239 AktG) zu unterscheiden. Fließt dabei – wie im Falle der ordentlichen Kapitalherabsetzung und der Kapitalherabsetzung durch Einziehung von Aktien – Vermögen ab, so ist den Gläubigern, deren Forderungen vor der Eintragung des Kapitalherabsetzungsbeschlusses begründet wurden, Sicherheit zu leisten, wenn diese sich binnen sechs Monaten nach der Bekanntgabe der Kapitalherabsetzung zur Geltendmachung ihrer Ansprüche melden und soweit sie nicht Befriedigung auf andere Weise verlangen können (§ 225 Abs. 1 AktG).

Erwirbt die AG unter Maßgabe des § 71 AktG eigene Aktien, sind diese seit Inkrafttreten des Gesetz zur Modernisierung des Bilanzrechts (Bilanzrechtsmodernisierungsgesetz) (BilMoG) mittels Korrektur des Eigenkapitals in der Bilanz abzubilden. Wurden eigene Aktien erworben, ist somit der Nennbetrag oder (im Falle von nennwertlosen Stückaktien) der rechnerische Wert der erworbenen Aktien in der Vorspalte offen von dem Posten „Gezeichnetes Kapital" abzusetzen (§ 272 Abs. 1a Satz 1 HGB). Der Unterschiedsbetrag zwischen dem Nennbetrag oder dem rechnerischen Wert und den Anschaffungskosten der eigenen Anteile ist mit den frei verfügbaren Rücklagen zu verrechnen (§ 272 Abs. 1a Satz 2 HGB).

Kapitalerhöhung aus Gesellschaftsmitteln sowie § 221 Abs. 1 AktG für die Ausgabe von Wandel- und Gewinnschuldverschreibungen. Siehe bzgl. der Kapitalherabsetzung § 222 Abs. 1 AktG für die ordentliche Kapitalherabsetzung, § 229 Abs. 3 AktG für die vereinfachte Kapitalherabsetzung und § 237 Abs. 2 Satz 1 und Abs. 3 AktG für die Kapitalherabsetzung durch Einziehung von Aktien.

120 Vgl. HÜFFER (2008), § 182 AktG, Rn. 2.

121 Siehe Abschnitt 222.2.

122 Siehe Abschnitt 222.3.

123 Vgl. HÜFFER (2008), § 207 AktG, Rn. 3; VEIL in SCHMIDT/LUTTER (2008), § 207 AktG, Rn. 1.

222.2 Die Kapitalrücklage

In die Kapitalrücklage (§§ 266 Abs. 3 A.II., 272 Abs. 2 HGB) fließen sämtliche Beträge ein, welche der AG als Eigenkapital über das Grundkapital hinaus von außen zugeführt werden. In § 272 Abs. 2 HGB sind die insgesamt als Kapitalrücklage auszuweisenden Beträge abschließend aufgeführt. Danach sind in die Kapitalrücklage einzustellen

1. der als „Agio" oder Aufgeld bezeichnete Betrag, welcher bei der Ausgabe von Anteilen über deren Nennbetrag bzw. anteiligen Betrag des Grundkapitals hinaus (Überpari-Emission) erzielt wird (§ 272 Abs. 2 Nr. 1 HGB),
2. der Betrag, der bei der Ausgabe von Schuldverschreibungen für Wandlungsrechte und Optionsrechte zum Erwerb von Anteilen erzielt wird (§ 272 Abs. 2 Nr. 2 HGB);
3. der Betrag von Zuzahlungen, die Gesellschafter gegen Gewährung eines Vorzugs für ihre Anteile leisten (§ 272 Abs. 2 Nr. 3 HGB) und
4. der Betrag von anderen Zuzahlungen, die Gesellschafter in das Eigenkapital leisten (§ 272 Abs. 2 Nr. 4 HGB).[124]

Hinsichtlich der Bindungswirkung ist zwischen Beträgen gemäß § 272 Abs. 2 Nr. 1-3 HGB einerseits und Beträgen gemäß § 272 Abs. 2 Nr. 4 HGB zu unterscheiden: Während die Beträge unter Nr. 1-3 zwingend zu leisten sind, sind die unter Nr. 4 genannten Zuzahlungen von Gesellschaftern freiwillig. Entsprechend dürfen die nach § 272 Abs. 2 Nr. 1-3 HGB geleisteten Beträge zum Zwecke der Kapitalerhaltung nur unter Beachtung der Beschränkungen des § 150 Abs. 3 und 4 AktG aufgelöst werden. Die gemäß § 272 Abs. 2 Nr. 4 HGB freiwillig geleisteten Beträge hingegen können uneingeschränkt wieder aufgelöst werden.[125]

222.3 Die Gewinnrücklagen

222.31 Vorbemerkung

Die Gewinnrücklagen werden im Gegensatz zur Kapitalrücklage nicht im Wege der Außenfinanzierung, sondern im Wege der Innenfinanzierung durch die Ein-

124 Vgl. zu den genannten in die Kapitalrücklage einzustellenden Beträgen ausführlich THIELE in BAETGE/KIRSCH/THIELE (2002 ff.), § 272 HGB, Rn. 105-125 (Stand: September 2002).

125 Vgl. THIELE in BAETGE/KIRSCH/THIELE (2002 ff.), § 272 HGB, Rn. 129 (Stand: September 2002); IDW (Hrsg.), WP-Handbuch 2006, Bd. I, Rn. F 288; BAETGE/KIRSCH/THIELE (2009a), S. 489.

behaltung von Gewinnen gespeist (§ 272 Abs. 3 Satz 1 HGB). Als Arten von Gewinnrücklagen sind die gesetzliche Rücklage, die Rücklage für Anteile an einem herrschenden oder mehrheitlich beteiligten Unternehmen, die satzungsmäßigen Rücklagen sowie andere Gewinnrücklagen zu unterscheiden (§ 272 Abs. 3 Satz 2 HGB). In den folgenden Abschnitten werden diese hinsichtlich ihrer Vermögensbindungswirkung und hinsichtlich der Kompetenzabgrenzung zwischen dem Vorstand und Aufsichtsrat sowie der Hauptversammlung dargestellt.

222.32 Die gesetzliche Rücklage

Die gesetzliche Rücklage (§ 266 Abs. 3 A. III. Nr. 1 HGB) ist gemäß § 150 Abs. 1 AktG verpflichtend zu bilden. Sie bildet gemeinsam mit der Kapitalrücklage einen dem Grundkapital vorgelagerten Puffer, welcher nicht ausgeschüttet werden darf und dazu dient, auftretende Verluste aufzufangen, bevor sie zu einer Reduktion des Grundkapitals führen würden.[126]

In welcher Höhe Beträge in die gesetzliche Rücklage einzustellen sind, ist in § 150 Abs. 2 AktG geregelt: Der Vorstand einer AG hat bei Aufstellung des Jahresabschlusses 5 % des um einen Verlustvortrag aus dem Vorjahr geminderten Jahresüberschusses in die gesetzliche Rücklage einzustellen, solange die gesetzliche Rücklage gemeinsam mit den Kapitalrücklagen gemäß § 272 Abs. 2 Nr. 1-3 HGB[127] den Mindestbetrag in Höhe von 10 % oder des gemäß Satzung höher festgelegten Teils des Grundkapitals[128] noch nicht erreicht hat.[129] Die Dotierung

126 Vgl. KROPFF in KROPFF/SEMLER (2003), MüKo AktG, § 150 AktG, Rn. 3; KLEINDIEK in SCHMIDT/LUTTER (2008), § 150 AktG, Rn. 3; HÜFFER (2008), § 150 AktG, Rn. 1;

127 Die gemäß § 272 Abs. 2 Nr. 4 HGB freiwillig der Kapitalrücklage zugeführten Beträge sind damit nicht einzubeziehen.

128 Aus der Formulierung „Teil des Grundkapitals" ist zu schließen, dass der Mindestbetrag per Satzung auf maximal 100 % des Grundkapitals festgelegt werden darf (vgl. ADLER/DÜRING/SCHMALTZ (1997), § 150 AktG, Rn. 31; KROPFF in KROPFF/SEMLER (2003), MüKo AktG, § 150 AktG, Rn. 19; KLEINDIEK in SCHMIDT/LUTTER (2008), § 150 AktG, Rn. 9).

129 Diese für Fragen der Zuführungspflicht gemeinschaftliche Betrachtung von Kapitalrücklage und gesetzlicher Rücklage ist darauf zurückzuführen, dass die in Kapitalrücklage und gesetzliche Rücklage einzustellenden Beträge vor Inkrafttreten des Gesetzes zur Durchführung der Vierten, Siebenten und Achten Richtlinie des Rates der Europäischen Gemeinschaften zur Koordinierung des Gesellschaftsrechts (Bilanzrichtlinien-Gesetz – BiRiLiG) vom 19.12.1985, BGBl. I 1985, S. 2355-2433 gemäß § 150 AktG a. F. einheitlich als gesetzliche Rücklage auszuweisen waren. Seit Inkrafttreten des Bilanzrichtlinien-Gesetzes sind Kapitalrücklage und gesetzliche Rücklage zwar getrennt auszuweisen, werden im Übrigen jedoch weiterhin als Einheit betrachtet (vgl. die Begründung zu Art. 2 Nr. 21 BiRiLiG, zitiert nach BIENER/BERNEKE (1986), S. 499; HALLER (1987), S. 645).

der gesetzlichen Rücklage ist integraler Bestandteil der Jahresabschlussaufstellung und somit der Feststellung des Jahresabschlusses noch der Gewinnverwendung zeitlich vorgelagert. Sie obliegt gemäß § 264 Abs. 1 Satz 1 HGB dem Vorstand – selbst dann, wenn der Jahresabschluss gemäß § 173 AktG von der Hauptversammlung festgestellt wird.[130]

Entsprechend der gesetzlichen Regelungen zur Dotierung der gesetzlichen Rücklage sind auch deren Verwendung enge Grenzen gesetzt, wobei zwischen dem genannten Mindestbetrag und dem den Mindestbetrag übersteigenden Betrag zu unterscheiden ist:

Bis zur Höhe des Mindestbetrages in Höhe von 10 % oder des gemäß Satzung höher festgelegten Teils des Grundkapitals darf die gesetzliche Rücklage nur zum Ausgleich eines nicht durch einen Gewinnvortrag aus dem Vorjahr gedeckten Jahresfehlbetrages oder eines nicht durch einen Jahresüberschuss gedeckten Verlustvortrages aus dem Vorjahr verwendet werden. Zusätzlich zu erfüllende Voraussetzung hierfür ist, dass der auszugleichende Jahresfehlbetrag oder Verlustvortrag nicht durch Auflösung anderer Gewinnrücklagen[131] ausgeglichen werden kann (§ 150 Abs. 3 AktG). Folglich ist der als gesetzliche Rücklage zu haltende Mindestbetrag solange gebunden, bis sämtliche anderen Gewinnrücklagen durch Verluste aufgezehrt sind.

Auch der den Mindestbetrag übersteigende Betrag der gesetzlichen Rücklage darf zum Ausgleich eines nicht durch einen Gewinnvortrag aus dem Vorjahr gedeckten Jahresfehlbetrages oder eines nicht durch einen Jahresüberschuss gedeckten Verlustvortrages aus dem Vorjahr verwendet werden (§ 150 Abs. 4 Satz 1 AktG). Dies gilt allerdings bereits, wenn noch andere Gewinnrücklagen vorhanden sind, welche ebenfalls zum Ausgleich des Jahresfehlbetrages bzw. des Verlustvortrages aus dem Vorjahr genutzt werden könnten. Einzige Voraussetzung zu dieser Verwendung des übersteigenden Betrages der gesetzlichen Rücklage ist, dass nicht gleichzeitig Gewinnrücklagen zur Ausschüttung aufgelöst werden (§ 150 Abs. 4 Satz 2 AktG), da diese Ausschüttung indirekt zulasten der gesetzli-

130 Vgl. KLEINDIEK in SCHMIDT/LUTTER (2008), § 150 AktG, Rn. 4; HÜFFER (2008), § 150 AktG, Rn. 4.

131 Der Begriff „andere Gewinnrücklagen" meint hier nicht den Bilanzposten gemäß § 266 Abs. 3 A.III. Nr. 4 HGB, sondern sämtliche freien Rücklagen. Zu diesen gehören auch die satzungsmäßigen Rücklagen (vgl. ADLER/DÜRING/SCHMALTZ (1997), § 150 AktG, Rn. 55; KROPFF in KROPFF/SEMLER (2003), MüKo AktG, § 150 AktG, Rn. 22 f.; KLEINDIEK in SCHMIDT/LUTTER (2008), § 150 AktG, Rn. 12).

chen Rücklage ginge.[132] Der übersteigende Betrag der gesetzlichen Rücklage ist somit schwächer gebunden als der Mindestbetrag.[133] Außerdem darf der übersteigende Betrag auch im Zuge einer Kapitalerhöhung aus Gesellschaftsmitteln in Grundkapital umgewandelt werden (§ 150 Abs. 4 Satz 1 Nr. 3 AktG). Mit dem dadurch steigenden Grundkapital steigt auch die Bemessungsgrundlage zur Dotierung des Mindestbetrages. Erreicht die gesetzliche Rücklage infolge der Kapitalerhöhung nicht mehr den dann zu fordernden Mindestbetrag, lebt die Pflicht zur Zuführung zur gesetzlichen Rücklage wieder auf.[134]

222.33 Die Rücklage für Anteile an einem herrschenden oder mehrheitlich beteiligten Unternehmen

Erwirbt ein Unternehmen Anteile an einem herrschenden oder mehrheitlich beteiligten Unternehmen, entspricht dies wirtschaftlich einem Erwerb eigener Aktien durch das herrschende oder mehrheitlich beteiligte Unternehmen. Da allerdings die Anteile in der Bilanz des erwerbenden Unternehmens als Vermögensgegenstände anzusetzen sind – der Buchwert der erworbenen Anteile folglich nicht mit dem Eigenkapital saldiert werden darf –, ist eine Rücklage in Höhe des Buchwertes der erworbenen Anteile zu bilden. Damit wird verhindert, dass Vermögen in Höhe der auf der Aktivseite ausgewiesenen Anteile ausgeschüttet werden darf.[135]

Die Rücklage für Anteile an einem herrschenden oder mehrheitlich beteiligten Unternehmen (§ 266 Abs. 3 A. III. Nr. 2 HGB) dient somit dem bilanziellen Ausgleich der entsprechenden auf der Aktivseite der Bilanz ausgewiesenen Anteile (§ 272 Abs. 4 Satz 1 HGB) und ist bereits bei Aufstellung des Jahresabschlusses zu bilden. Die Mittel zur Dotierung der Rücklage dürfen einerseits gemäß § 272 Abs. 4 Satz 3 HGB vorhandenen frei verfügbaren Rücklagen entnommen werden. Im Falle der AG sind dies die nicht gebundenen Gewinnrücklagen sowie die Kapitalrücklage gemäß § 272 Abs. 2 Nr. 4 HGB. Andererseits darf die Rücklage auch aus dem erwirtschafteten Jahresergebnis oder einem Gewinnvortrag aus dem Vorjahr gebildet werden.[136]

132 Vgl. KLEINDIEK in SCHMIDT/LUTTER (2008), § 150 AktG, Rn. 16; dazu auch die Begründung des Regierungsentwurfs bei KROPFF (1965), S. 222; ADLER/DÜRING/SCHMALTZ (1997), § 150 AktG, Rn. 63; KROPFF in KROPFF/SEMLER (2003), MüKo AktG, § 150 AktG, Rn. 33.

133 Vgl. HÜFFER (2008), § 150 AktG, Rn. 11.

134 Vgl. KROPFF in KROPFF/SEMLER (2003), MüKo AktG, § 150 AktG, Rn. 34.

135 Vgl. ALTMEPPEN (1995), S. 1678; BAETGE/KIRSCH/THIELE (2009a), S. 493; COENENBERG/HALLER/SCHULTZE (2009), S. 332 f.

136 Vgl. BAETGE/KIRSCH/THIELE (2009a), S. 494.

Die Rücklage für Anteile an einem herrschenden oder mehrheitlich beteiligten Unternehmen ist zwingend in dem Umfang aufzulösen, in welchem Anteile an einem herrschenden oder mehrheitlich beteiligten Unternehmen ausgegeben, veräußert oder eingezogen werden oder in welchem die Anteile in ihrem Wert gemäß § 253 Abs. 3 oder 4 HGB gemindert werden (§ 272 Abs. 4 Satz 4 HGB).[137]

222.34 Die satzungsmäßigen Rücklagen

In die satzungsmäßigen Rücklagen (§ 266 Abs. 3 A. III. Nr. 3 HGB) ist jährlich der Betrag einzustellen, der gemäß Satzung der AG verpflichtend in die Gewinnrücklagen einzustellen ist mit Ausnahme des gemäß Satzung über die Obergrenze des § 150 Abs. 2 AktG hinaus in die gesetzliche Rücklage einzustellenden Betrags.[138] Nicht als satzungsmäßige Rücklagen auszuweisen sind damit zum einen Beträge, die gemäß Satzung in die gesetzliche Rücklage einzustellen sind (§ 150 Abs. 2 AktG), und zum anderen Rücklagen, für deren Bildung die Satzung lediglich ein Wahlrecht vorsieht. Letzter Fall führt bei Wahrnehmung des Wahlrechts zu einer Dotierung der anderen Gewinnrücklagen.[139]

Die Auflösung der satzungsmäßigen Rücklagen richtet sich ebenfalls ausschließlich nach den in der Satzung enthaltenen Bestimmungen. Gesetzliche Regelungen hierzu bestehen nicht.[140]

222.35 Die anderen Gewinnrücklagen

222.351. Vorbemerkung

In den Posten „andere Gewinnrücklagen“ (§ 266 Abs. 3 A. III. Nr. 4 HGB) gehen schließlich die durch die Unternehmenstätigkeit erwirtschafteten und nicht ausgeschütteten Gewinne ein, welche nicht verpflichtend der gesetzlichen Rücklage, der Rücklage für Anteile an einem herrschenden oder mehrheitlich betei-

137 Vgl. BAETGE/KIRSCH/THIELE (2009a), S. 494.

138 Vgl. BAETGE/KIRSCH/THIELE (2009a), S. 494; COENENBERG/HALLER/SCHULTZE (2009), S. 333.

139 Vgl. ADLER/DÜRING/SCHMALTZ (1997), § 58 AktG, Rn. 29; ADLER/DÜRING/SCHMALTZ (1997), § 272 HGB, Rn. 151; THIELE in BAETGE/KIRSCH/THIELE (2002 ff.), § 272 HGB, Rn. 147 (Stand: September 2002); HÜFFER (2008), § 58 AktG, Rn. 5; COENENBERG/HALLER/SCHULTZE (2009), S. 333.

140 Vgl. BAETGE/KIRSCH/THIELE (2009a), S. 495; COENENBERG/HALLER/SCHULTZE (2009), S. 334.

ligten Unternehmen oder den satzungsmäßigen Rücklagen zuzuführen sind.[141] Kurz gesagt sind in den Posten „andere Gewinnrücklagen" sämtliche Gewinnrücklagen auszuweisen, welche auf Beschluss des Vorstands und Aufsichtsrates oder der Hauptversammlung, jedoch nicht verpflichtend aufgrund einer Gesetzes- oder Satzungsbestimmung zu bilden sind. Die Kompetenzen des Vorstands und Aufsichtsrates einerseits und der Hauptversammlung andererseits, Teile des Jahresüberschusses in „andere Gewinnrücklagen" einzustellen, sind in § 58 AktG geregelt. Dabei ist zwischen der Verwendung des Jahresüberschusses im Rahmen der Feststellung des Jahresabschlusses (§ 58 Abs. 1 bis 2a AktG) und der Verwendung des sich nach Feststellung des Jahresabschlusses ergebenden Bilanzgewinns im Gewinnverwendungsbeschluss (§ 58 Abs. 3 AktG) zu unterscheiden.

222.352. Bildung und Auflösung anderer Gewinnrücklagen bei Feststellung des Jahresabschlusses

Bei der Dotierung der „anderen Gewinnrücklagen" im Rahmen der Feststellung des Jahresabschlusses ist zu differenzieren, ob der Jahresabschluss von der Hauptversammlung (§ 173 AktG) oder von Vorstand und Aufsichtsrat (§ 172 AktG) festgestellt wird.

Der Jahresabschluss ist (ausnahmsweise) von der Hauptversammlung festzustellen, wenn der Aufsichtsrat den vom Vorstand vorgelegten Jahresabschluss nicht billigt oder wenn Vorstand und Aufsichtsrat gemeinsam die Feststellung des Jahresabschlusses der Hauptversammlung übertragen (§ 172 Satz 1, § 173 Abs. 1 Satz 1 AktG). Stellt die Hauptversammlung den Jahresabschluss fest, darf die Satzung vorsehen, dass ein bestimmter Teil – maximal jedoch die Hälfte – des um Einstellungen in die gesetzliche Rücklage[142] und einen Verlustvortrag aus dem Vorjahr reduzierten Jahresüberschusses[143] von der Hauptversammlung in „andere Gewinnrücklagen" einzustellen ist (§ 58 Abs. 1 AktG). Der Hauptversammlung kommt somit bei Feststellung des Jahresabschlusses hinsichtlich der Gewinnrücklagenzuführung keine Entscheidungsfreiheit zu. Sie vollzieht lediglich die in der Satzung bereits festgelegte Rücklagendotierung. Bei Feststellung des

---

141 Vgl. BAETGE/KIRSCH/THIELE (2009a), S. 495; HÜFFER (2008), § 58 AktG, Rn. 4; COENENBERG/HALLER/SCHULTZE (2009), S. 334.

142 Siehe Abschnitt 222.32.

143 Ein Gewinnvortrag aus dem Vorjahr ist hingegen nicht hinzuzurechnen (vgl. ADLER/DÜRING/SCHMALTZ (1997), § 58 AktG, Rn. 18; CAHN/SENGER in SPINDLER/STILZ (2007), § 58 AktG, Rn. 28; BAYER in GOETTE/HABERSACK (2008), MüKo AktG, § 58 AktG, Rn. 31; FLEISCHER in SCHMIDT/LUTTER (2008), § 58 Rn. 17).

Jahresabschlusses durch die Hauptversammlung darf der laut Satzung in „andere Gewinnrücklagen“ einzustellende Betrag nicht überschritten werden.[144] Diese Beschränkung auf den Satzungsvollzug soll ein „Aushungern“ von Minderheitsaktionären durch die Hauptversammlungsmehrheit unterbinden[145], zumal die überstimmten Aktionäre bezüglich der Rücklagendotierung im Rahmen der Feststellung des Jahresabschlusses kein dem § 254 Abs. 1 AktG entsprechendes Anfechtungsrecht haben.[146]

Stellen Vorstand und Aufsichtsrat den Jahresabschluss gemäß § 172 AktG fest, so dürfen diese im Zuge der Feststellung zunächst maximal die Hälfte des um Einstellungen in die gesetzliche Rücklage[147] und einen Verlustvortrag aus dem Vorjahr reduzierten Jahresüberschusses in „andere Gewinnrücklagen“ einstellen (§ 58 Abs. 2 Satz 1 und 4 i. V. m. Abs. 1 Satz 3 AktG). Im Unterschied zu dem Fall, in dem der Jahresabschluss von der Hauptversammlung festgestellt wird, bleibt Vorstand und Aufsichtsrat die Entscheidungsfreiheit, ob und in welchem Umfang sie von diesem Recht Gebrauch machen.[148] Per Satzung können Vorstand und Aufsichtsrat dazu ermächtigt werden, einen größeren oder kleineren[149] Teil des um Einstellungen in die gesetzliche Rücklage und einen Verlustvortrag aus dem Vorjahr reduzierten Jahresüberschusses in „andere Gewinnrücklagen“ einzustellen (§ 58 Abs. 2 Satz 2 AktG). § 58 Abs 2 Satz 2 AktG sieht hierfür weder eine Höchst- noch eine Mindestgrenze vor. Damit kann die Satzung auch bestimmen, dass Vorstand und Aufsichtsrat bei Feststellung des Jahresabschlusses den vollen Jahresüberschuss in „andere Gewinnrücklagen“ einstellen dürfen oder dass Vorstand und Aufsichtsrat zugunsten der Entscheidungskompetenz der

144 Vgl. ADLER/DÜRING/SCHMALTZ (1997), § 58 AktG, Rn. 35; BAYER in GOETTE/HABERSACK (2008), MüKo AktG, § 58 AktG, Rn. 35 f.; HÜFFER (2008), § 58 AktG, Rn. 6.

145 Vgl. BAYER in GOETTE/HABERSACK (2008), MüKo AktG, § 58 AktG, Rn. 25; HÜFFER (2008), § 58 AktG, Rn. 6.

146 Vgl. ADLER/DÜRING/SCHMALTZ (1997), § 58 AktG, Rn. 35; CAHN/SENGER in SPINDLER/STILZ (2007), § 58 AktG, Rn. 24; BAYER in GOETTE/HABERSACK (2008), MüKo AktG, § 58 AktG, Rn. 25. Zum Recht, den Gewinnverwendungsbeschluss gemäß § 254 AktG anzufecht, siehe Abschnitt 222.353.

147 Siehe Abschnitt 222.32.

148 Vgl. ADLER/DÜRING/SCHMALTZ (1997), § 58 AktG, Rn. 61; CAHN/SENGER in SPINDLER/STILZ (2007), § 58 AktG, Rn. 34; HÜFFER (2008), § 58 AktG, Rn. 9; BAYER in GOETTE/HABERSACK (2008), MüKo AktG, § 58 AktG, Rn. 37; FLEISCHER in SCHMIDT/LUTTER (2008), § 58 Rn. 18.

149 Dass auch ein kleinerer Teil als satzungsmäßige Obergrenze zulässig ist, geht für nichtbörsennotierte Gesellschaften auf das Gesetz für kleine Aktiengesellschaften und zur Deregulierung des Aktienrechts (vgl. BT-Drucksache 12/6721, S. 8), für börsennotierte Gesellschaften auf das Gesetz zur weiteren Reform des Aktien- und Bilanzrechts, zu Transparenz und Publizität (vgl. BT-Drucksache 14/8769, S. 12) zurück.

Hauptversammlung keinerlei Befugnis zur Bildung „anderer Gewinnrücklagen" erhalten.[150] Einen höheren Teil, d. h. mehr als 50 %, des reduzierten Jahresüberschusses dürfen Vorstand und Aufsichtsrat allerdings auch bei entsprechender Satzungsermächtigung nur dann in „andere Gewinnrücklagen" einstellen, wenn der Posten „andere Gewinnrücklagen" 50 % des Grundkapitals nicht übersteigt und auch infolge der Einstellung nicht übersteigen wird (§ 58 Abs. 2 Satz 3 AktG). Das Recht zur Rücklagendotierung gemäß § 58 Abs. 2 Satz 1 AktG in Höhe von maximal 50 % des reduzierten Jahresüberschusses bleibt – davon unberührt – auch dann bestehen, wenn die „anderen Gewinnrücklagen" das Grundkapital um mehr als 50 % übersteigen.[151]

Unabhängig davon, ob der Jahresabschluss von der Hauptversammlung oder von Vorstand und Aufsichtsrat festgestellt wird, dürfen Vorstand und Aufsichtsrat außerdem den Eigenkapitalanteil von Wertaufholungen[152] bei Vermögensgegenständen des Anlage- und Umlaufvermögens sowie den Eigenkapitalanteil von bei der steuerrechtlichen Gewinnermittlung gebildeten Passivposten (§ 58 Abs. 2a AktG) aus dem erwirtschafteten Jahresergebnis in die „anderen Gewinnrücklagen" einstellen. Mit dieser Regelung soll dem Vorstand und Aufsichtsrat die Möglichkeit eingeräumt werden, eine Ausschüttung im Buchwert bereits realisierter stiller Reserven zu unterbinden.[153] Ob dieses Wahlrecht der Rücklagendotierung auch im Falle eines in der Gewinn- und Verlustrechnung ausgewiesenen Jahresfehlbetrages besteht, ist umstritten.[154]

Bestehende „andere Gewinnrücklagen" dürfen zum Zwecke der Ausschüttung nur bei Feststellung des Jahresabschlusses aufgelöst werden – wiederum unabhängig davon, ob der Jahresabschluss von der Hauptversammlung oder von Vorstand und Aufsichtsrat festgestellt wird. Der Betrag der so aufgelösten Gewinn-

---

150 Vgl. LUTTER (1994), S. 436; HÜFFER (2008), § 58 AktG, Rn. 12.

151 Vgl. ADLER/DÜRING/SCHMALTZ (1997), § 58 AktG, Rn. 65; CAHN/SENGER in SPINDLER/STILZ (2007), § 58 AktG, Rn. 36; HÜFFER (2008), § 58 AktG, Rn. 13; BAYER in GOETTE/HABERSACK (2008), MüKo AktG, § 58 AktG, Rn. 42, 47; FLEISCHER in SCHMIDT/LUTTER (2008), § 58 Rn. 25.

152 Der Eigenkapitalanteil von Wertaufholungen ist der Aufholungsbetrag abzüglich der auf diesen entfallenden Steuerbelastung (vgl. BAETGE/KIRSCH/THIELE (2009a), S. 496; HÜFFER (2008), § 58 AktG, Rn. 18).

153 Vgl. BT-Drucks. 10/4268, S. 123 f.

154 Vgl. ADLER/DÜRING/SCHMALTZ (1997), § 58 AktG, Rn. 95-98 und 104 und HÜFFER (2008), § 58 AktG, Rn. 18 für Nachholung der Rücklagenbildung bei Erzielung des nächsten Jahresüberschusses. CAHN/SENGER in SPINDLER/STILZ (2007), § 58 AktG, Rn. 55 und BAYER in GOETTE/HABERSACK (2008), MüKo AktG, § 58 AktG, Rn. 80 für Rücklagenbildung auch bei fehlendem Jahresüberschuss.

rücklagen fließt in den Bilanzgewinn ein, über dessen Verwendung die Hauptversammlung schließlich im Gewinnverwendungsbeschluss gemäß § 174 AktG entscheidet.[155]

222.353. Einstellungen in andere Gewinnrücklagen bei Gewinnverwendungsbeschluss

Mit dem Gewinnverwendungsbeschluss beschließt die Hauptversammlung über die Verwendung des nach der Dotierung und gegebenfalls Auflösung der Gewinnrücklagen im Rahmen der Feststellung des Jahresabschlusses verbleibenden und im festgestellten Jahresabschluss ausgewiesenen Bilanzgewinns (§§ 58 Abs. 3, 174 Abs. 1 AktG). Die Hauptversammlung ist dabei zwar an den festgestellten Jahresabschluss und den darin ausgewiesenen Bilanzgewinn, nicht hingegen an den Gewinnverwendungsvorschlag von Vorstand und Aufsichtsrat gebunden.[156] Die Hauptversammlung kann beschließen, den verbleibenden Bilanzgewinn

- in die Gewinnrücklagen[157] einzustellen (§ 58 Abs. 3 Satz 1 Fall 1 AktG),
- als Gewinnvortrag auf das folgende Geschäftsjahr vorzutragen (§ 58 Abs. 3 Satz 1 Fall 2 AktG) oder
- Dritten zuzuwenden, sofern dies gemäß Satzung zulässig ist (§ 58 Abs. 3 Satz 2 AktG), oder
- an die Aktionäre auszuschütten (§ 58 Abs. 4 AktG).

Weder für die Einstellung in die Gewinnrücklagen noch für den Gewinnvortrag besteht eine betragliche Obergrenze. Damit kann mangels anderslautender Regelung gemäß den §§ 58 Abs. 3, 174 Abs. 2 Nr. 3 und 4 AktG der gesamte Bilanzgewinn in die „anderen Gewinnrücklagen" eingestellt oder als Gewinnvortrag vorgetragen werden, wenngleich in den Gewinnvortrag in der Regel nur

155 Vgl. RICHARD (2007), S. 68; COENENBERG/HALLER/SCHULTZE (2009), S. 336.

156 Vgl. BGH, Urteil vom 28.10.1993 – IX ZR 21/93, BGHZ 124, S. 31 f., AG 1994, S. 82; CAHN/SENGER in SPINDLER/STILZ (2007), § 58 AktG, Rn. 80; BAYER in GOETTE/HABERSACK (2008), MüKo AktG, § 58 AktG, Rn. 81; FLEISCHER in SCHMIDT/LUTTER (2008), § 58 AktG, Rn. 37.

157 § 58 Abs. 3 Satz 1 AktG spricht allgemein von Gewinnrücklagen. Ob damit neben der Dotierung der „anderen Gewinnrücklagen" auch die Dotierung der gesetzlichen Rücklage in Frage kommt, ist umstritten (der Dotierung der gesetzlichen Rücklage zustimmend ADLER/DÜRING/SCHMALTZ (1997), § 58 AktG, Rn. 117; HÜFFER (2008), § 58 AktG, Rn. 23; BAYER in GOETTE/HABERSACK (2008), MüKo AktG, § 58 AktG, Rn. 88 mit Verweis auf BGH, Urteil vom 28.10.1993 – IX ZR 21/93, AG 1994, S. 82; die Zulässigkeit der Dotierung der gesetzlichen Rücklage ablehnend CAHN/SENGER in SPINDLER/STILZ (2007), § 58 AktG, Rn. 83.

Spitzenbeträge eingestellt werden.[158] Überstimmte Aktionäre sind in beiden Fällen des „Aushungerns“ durch die Hauptversammlungsmehrheit – der Einstellung unverhältnismäßig hoher Beträge in die Gewinnrücklagen und eines unverhältnismäßig hohen Gewinnvortrags – nur durch ihr Anfechtungsrecht gemäß § 254 AktG geschützt. Voraussetzung hierfür ist im Sinne der Unverhältnismäßigkeit, dass die Hauptversammlung beabsichtigt, über Gesetz und Satzung hinaus Beträge in Gewinnrücklagen einzustellen oder als Gewinnvortrag vorzutragen, „obwohl die Einstellung oder der Gewinnvortrag bei vernünftiger kaufmännischer Beurteilung nicht notwendig ist, um die Lebens- und Widerstandsfähigkeit der Gesellschaft für einen hinsichtlich der wirtschaftlichen und finanziellen Notwendigkeiten übersehbaren Zeitraum zu sichern und dadurch unter die Aktionäre kein Gewinn in Höhe von mindestens vier vom Hundert des Grundkapitals [...] verteilt werden kann.“[159] Sind diese Voraussetzung und die ergänzenden Voraussetzungen des § 254 Abs. 2 AktG erfüllt, dürfen überstimmte Aktionäre gemäß § 58 Abs. 4 AktG i. V. m. § 254 Abs. 1 AktG eine Mindestausschüttung von 4 % des Grundkapitals abzüglich noch nicht eingeforderter Einlagen fordern.[160]

223. Mit der Bindungswirkung der Eigenkapitalbestandteile korrespondierende Ausschüttungsrestriktionen

Nachdem die Eigenkapitalbestandteile der AG, deren Bindungswirkung sowie die Kompetenzabgrenzung zwischen Vorstand und Aufsichtsrat einerseits und der Hauptversammlung andererseits erörtert wurden, ist nun zu fragen, welche Ausschüttungsgrenzen aus den beschriebenen gesetzlichen Grenzen der Zuführung und des Entzugs von Eigenkapital resultieren, wie viel Kapitalerhaltung also durch die unterschiedliche Bindung der Eigenkapitalbestandteile erzielt wird. Von zentraler Bedeutung ist dabei das Verbot der Einlagenrückgewähr (§ 57 AktG), mit welchem die Kapitalerhaltungsvorschriften des Art. 15 der Kapitalrichtlinie in deutsches Aktienrecht umgesetzt wurden. In den folgenden Absätzen wird daher der Zusammenhang der in § 57 AktG formulierten Regelungen verdeutlicht.

---

158 Vgl. BGH, Urteil vom 28.10.1993 – IX ZR 21/93, BGHZ 124, S. 31 f., AG 1994, S. 82; BAYER in GOETTE/HABERSACK (2008), MüKo AktG, § 58 AktG, Rn. 90; CAHN/SENGER in SPINDLER/STILZ (2007), § 58 AktG, Rn. 85; HÜFFER (2008), § 58 AktG, Rn. 23, 24; FLEISCHER in SCHMIDT/LUTTER (2008), § 58 AktG, Rn. 38, 40.

159 § 254 Abs. 1 AktG. Vgl. dazu HÜFFER (2008), § 58 AktG, Rn. 23 f.

160 Vgl. oben Abschnitt 222.353.

§ 57 Abs. 1 Satz 1 AktG bestimmt dem Wortlaut nach, dass „den Aktionären die Einlagen nicht zurückgewährt werden" dürfen. Bei wörtlicher Auslegung dessen wäre nur das gezeichnete Kapital zuzüglich eines bei der Ausgabe der Aktien erzielten und in die Kapitalrücklage eingestellten Agios vor Ausschüttung geschützt. Nach in Rechtsprechung und Schrifttum ganz überwiegend vertretener Meinung allerdings greift dieses wörtliche Verständnis zu kurz. Zum einen soll § 57 Abs. 1 Satz 1 AktG nicht die gegenständliche Sicherung des Einlagegutes, sondern lediglich die wertmäßige Erhaltung des Gesellschaftsvermögens bewirken.[161] Zum anderen verbietet § 57 Abs. 1 Satz 1 AktG jegliche Vermögenszuwendungen der AG an die Aktionäre, welche nicht Ausschüttung von Bilanzgewinn sind oder ausnahmsweise[162] gesetzlich gestattet sind.[163] Damit schützt § 57 Abs. 1 Satz 1 AktG das Gesellschaftsvermögen insgesamt und nicht nur in Höhe der Einlagen.

Gemäß § 57 Abs. 2 AktG dürfen den Aktionären „Zinsen weder zugesagt noch ausgezahlt werden". Zinsen auf die geleisteten Einlagen wären unabhängig von der Höhe des ausschüttbaren Bilanzgewinns zu zahlen. § 57 Abs. 2 AktG gewährleistet entsprechend, dass die Vermögensbindung des § 57 Abs. 1 Satz 1 AktG nicht durch Zahlung ergebnisunabhängiger Zinsen an die Anteilseigner umgangen wird, und dient somit ebenfalls der Kapitalerhaltung.[164] Das Zinsverbot folgt auch bereits aus § 57 Abs. 1 AktG, denn die ergebnisunabhängige Verzinsung der geleisteten Einlagen käme stets dann einer Einlagenrückgewähr gleich, wenn die zu zahlenden Zinsen den anteiligen ausschüttbaren Bilanzgewinn übersteigen. Somit konkretisiert Abs. 2 lediglich Abs. 1, geht jedoch nicht über dessen Schutzwirkung hinaus.[165]

---

161 Vgl. HÜFFER (2008), § 57 AktG, Rn. 2; FLEISCHER in SCHMIDT/LUTTER (2008), § 57 AktG, Rn. 9.

162 So z. B. beim Erwerb eigener Aktien gemäß § 71 AktG oder der Kapitalherabsetzung gemäß § 222 ff. AktG.

163 Vgl. RG, Urteil vom 19.10.1934 – II 85/34, RGZ Bd. 146, S. 94; BGH, Urteil vom 26.03.1984 – II ZR 171/83 („Beton- und Monierbau"), NJW 1984, S. 1894; OLG Frankfurt/M., Urteil vom 30.01.1992 – 16 U 120/90 („Hornblower Fischer AG"), AG 1992, S. 196; OLG Frankfurt/M., Urteil vom 30.11.1995 – 6 U 192/91 („Küppersbusch/AEG"), AG 1996, S. 325; CAHN/SENGER in SPINDLER/STILZ (2007), § 57 AktG, Rn. 14; HÜFFER (2008), § 57 AktG, Rn. 2; BAYER in GOETTE/HABERSACK (2008), MüKo AktG, § 57 AktG, Rn. 7; FLEISCHER in SCHMIDT/LUTTER (2008), § 57 AktG, Rn. 9. Anderer Ansicht BEZZENBERGER (2002), Rn. 8: BEZZENBERGER fordert, § 57 Abs. 1 Satz 1 AktG wörtlich auszulegen: Dessen Bindungswirkung umfasse nur die Einlagen, d. h. das Grundkapital zuzüglich der in die Kapitalrücklage einzustellenden bei der Ausgabe der Aktien über den Nennbetrag hinaus erzielten Beträge.

164 Vgl. FLEISCHER in SCHMIDT/LUTTER (2008), § 57 AktG, Rn. 2.

165 Vgl. BAYER in GOETTE/HABERSACK (2008), MüKo AktG, § 57 AktG, Rn. 113.

Gemäß § 57 Abs. 3 AktG darf an die Aktionäre vor der Auflösung der Gesellschaft nur der Bilanzgewinn ausgeschüttet werden.[166] § 57 Abs. 3 AktG wiederholt und bestätigt damit die bereits mit § 57 Abs. 1 Satz 1 AktG intendierte umfassende Vermögensbindung[167].

Der Bilanzgewinn bildet somit gemäß § 57 AktG im geltenden deutschen Kapitalerhaltungssystem die Ausschüttungsobergrenze. Er ergibt sich als Ergebnis der in § 158 Abs. 1 Satz 1 AktG dargestellten Staffelrechnung (siehe Abbildung 2.1) nach Berücksichtigung der Rücklagenzuführungen und -auflösungen im Rahmen der Feststellung des Jahresabschlusses.[168]

Das Recht zur Rücklagenzuführung und -auflösung bei Feststellung des Jahresabschlusses steht dem Gesellschaftsorgan (dem Vorstand und Aufsichtsrat einerseits oder der Hauptversammlung andererseits) zu, welches den Jahresabschluss feststellt.[169]

Bei Feststellung des Jahresabschlusses dürfen auf der einen Seite bestimmte Beträge aus der Kapitalrücklage sowie den Gewinnrücklagen zur Ausschüttung entnommen werden. Aus der Kapitalrücklage darf zu Ausschüttungszwecken nur der gemäß § 272 Abs. 2 Nr. 4 HGB eingestellte Betrag entnommen werden. Die Beträge gemäß § 272 Abs. 2 Nr. 1-3 HGB sind dagegen den Verwendungsbeschränkungen des § 150 Abs. 3 und 4 AktG unterworfen und dürfen somit nicht zur Erhöhung des Bilanzgewinns entnommen werden. Weiter darf der Bilanzgewinn bei Feststellung des Jahresabschlusses durch Entnahmen aus den „anderen Gewinnrücklagen“ und den dafür verfügbaren satzungsmäßigen Rücklagen erhöht werden. Die gesetzliche Rücklage dagegen unterliegt analog der Kapitalrücklage nach § 272 Abs. 2 Nr. 1-3 HGB den Verwendungsbeschränkungen des § 150 Abs. 3 und 4 AktG und darf somit nicht zur Erhöhung des Bilanzgewinns entnommen werden. Auf der anderen Seite sind aus dem Jahresergebnis Beträge den verpflichtend zu bildenden Gewinnrücklagen – d. h. der gesetzlichen

166 Vgl. CAHN/SENGER in SPINDLER/STILZ (2007), § 57 AktG, Rn. 14; HÜFFER (2008), § 57 AktG, Rn. 2; BAYER in GOETTE/HABERSACK (2008), MüKo AktG, § 57 AktG, Rn. 131; FLEISCHER in SCHMIDT/LUTTER (2008), § 57 AktG, Rn. 9.

167 Vgl. FLEISCHER in SCHMIDT/LUTTER (2008), § 57 AktG, Rn. 44; BAYER in GOETTE/HABERSACK (2008), MüKo AktG, § 57 AktG, Rn. 131; HÜFFER (2008), § 57 AktG, Rn. 22. Bei wörtlicher Auslegung des § 57 Abs. 1 Satz 1 AktG geht die Bindungswirkung des § 57 Abs. 3 AktG über die des § 57 Abs. 1 AktG hinaus (vgl. BEZZENBERGER (2002), Rn. 8-21; BEZZENBERGER (2005), S. 201-207).

168 Vgl. BAYER in KROPFF/SEMLER (2003), MüKo AktG, § 174 AktG, Rn. 6; DRYGALA in SCHMIDT/LUTTER (2008), § 174 AktG, Rn. 6; HÜFFER (2008), § 174 AktG, Rn. 2.

169 Vgl. THIELE in BAETGE/KIRSCH/THIELE (2002 ff.), § 272 HGB, Rn. 129, 150. Siehe auch oben Abschnitt 222.352.

	Jahresüberschuss/Jahresfehlbetrag
+/–	Gewinnvortrag/Verlustvortrag aus dem Vorjahr
+	Entnahmen aus der Kapitalrücklage
+	Entnahmen aus Gewinnrücklagen
	a) aus der gesetzlichen Rücklage
	b) aus der Rücklage für Anteile an einem herrschenden oder mehrheitlich beteiligten Unternehmen
	c) aus satzungsmäßigen Rücklagen
	d) aus anderen Gewinnrücklagen
–	Einstellungen in Gewinnrücklagen
	a) in die gesetzliche Rücklage
	b) in die Rücklage für Anteile an einem herrschenden oder mehrheitlich beteiligten Unternehmen
	c) in satzungsmäßige Rücklagen
	d) in andere Gewinnrücklagen
=	Bilanzgewinn/Bilanzverlust

Abbildung 2.1: Staffelrechnung zur Überleitung vom Jahresüberschuss/Jahresfehlbetrag zum Bilanzgewinn oder Bilanzverlust

Rücklage sowie den verpflichtend zu bildenden satzungsmäßigen Rücklagen – zuzuführen. Außerdem darf der maximal ausschüttungsfähige Betrag unter Berücksichtigung der Beschränkungen des § 58 AktG durch Zuführungen zu den anderen Gewinnrücklagen reduziert werden.

Unter der Annahme, dass sowohl Vorstand und Aufsichtsrat als auch die Hauptversammlung eine möglichst hohe Ausschüttung anstreben, ist folglich nur das Grundkapital, die Kapitalrücklage nach § 272 Abs. 2 Nr. 1-3 HGB, die gesetzliche Rücklage sowie die gemäß Satzung nicht zum Zwecke der Ausschüttung auflösbaren satzungsmäßigen Rücklagen vor Ausschüttung geschützt.

Zur Ausschüttung des sich aus der Staffelrechnung gemäß § 158 Abs. 1 AktG ergebenden Bilanzgewinns bedarf es weiter des wirksamen Gewinnverwendungsbeschlusses der Hauptversammlung gemäß § 174 Abs. 1 Satz 1 AktG, in welchem diese gemäß § 174 Abs. 2 Nr. 1 AktG über die Verwendung des Bilanzgewinns beschließt.

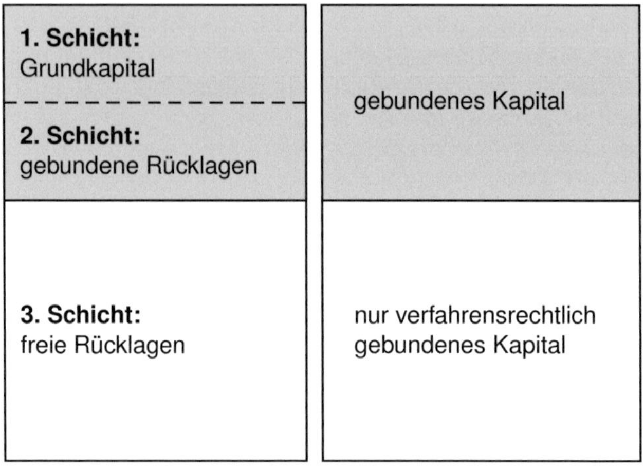

Abbildung 2.2: Drei Schichten des aktienrechtlichen Kapitalschutzes

Zusammenfassend ist festzuhalten: § 57 AktG sowie § 174 AktG i. V. m. § 150 AktG bilden – wie Abbildung 2.2 verdeutlicht – einen aus drei Schichten bestehenden Kapital- bzw. Vermögensschutz. Als erste Schicht ist stets Vermögen in Höhe des Grundkapitals vor Ausschüttung geschützt. Falls das Grundkapital das Mindestnennkapital von 50.000 EUR übersteigt, kann allerdings der Differenzbetrag zwischen Grundkapital und Mindestnennkapital durch eine Kapitalherabsetzung[170] ausgeschüttet werden. Als zweite Schicht sind die Kapitalrücklage gemäß § 272 Abs. 2 Nr. 1-3 HGB, die gesetzliche Rücklage sowie die satzungsmäßigen Rücklagen, welche gemäß Satzung nicht zum Zwecke der Ausschüttung aufgelöst werden dürfen, vor Ausschüttung geschützt. Die Kapitalrücklage gemäß § 272 Abs. 2 Nr. 4 HGB, die nicht ausschüttungsgesperrten satzungsmäßigen Rücklagen sowie die „anderen Gewinnrücklagen" dürfen zusätzlich zum erzielten Jahresergebnis ausgeschüttet werden. Voraussetzung jeglicher Ausschüttung ist lediglich ein wirksamer Gewinnverwendungsbeschluss gemäß § 174 Abs. 1 Satz 1 AktG. Die zum Zwecke der Ausschüttung auflösbaren Rücklagen sind damit als dritte Schicht nur verfahrensrechtlich gebunden.[171]

170 Siehe dazu oben Abschnitt 222.1.

171 Vgl. CAHN (1998), S. 15 sowie CAHN/SENGER in SPINDLER/STILZ (2007), § 57 AktG, Rn. 10, welche Grundkapital und gebundene Rücklagen zu einer Schicht gebundenen Kapitals zusammenfassen und somit nur zwei Schichten des Kapitalschutzes unterscheiden. BEZZENBERGER dagegen unterscheidet vier Kapitalschichten zunehmender Bindungswirkung: die freien Rückla-

224. Haftungsrechtliche Sanktionen bei Verstoß gegen die Ausschüttungsrestriktionen

Zur Durchsetzung der beschriebenen Ausschüttungsrestriktionen bestehen haftungsrechtliche Sanktionen für den Fall, dass sich der Vorstand oder der Aufsichtsrat einer AG rechtswidrig über die bestehenden Vorschriften hinwegsetzt.

Setzt sich der Vorstand einer AG über die dargestellten Vorschriften der Kapitalerhaltung hinweg, so ist er dieser gegenüber zum Ersatz verpflichtet. Dies ergibt sich aus den Sorgfaltspflichten des Vorstands gemäß § 93 AktG.[172] Zunächst ist der Vorstand gegenüber der AG immer dann schadenersatzpflichtig, wenn er seine Geschäftsführungspflichten schuldhaft verletzt (die Beweislast trifft hierbei den Vorstand) und der AG hieraus ein Schaden entstanden ist (§ 93 Abs. 2 AktG).[173] § 93 Abs. 3 AktG nennt namentlich verschiedene Sondertatbestände, die zur Ersatzpflicht gemäß § 93 Abs. 2 AktG führen. Auch dabei setzt die Ersatzpflicht schuldhaftes Handeln des Vorstands sowie einen der AG hieraus entstandenen Schaden voraus.[174] Im Bezug auf das Verbot der Einlagenrückgewähr gemäß § 57 Abs. 1 AktG sind dies

- die Einlagenrückgewähr (§ 93 Abs. 3 Nr. 1 AktG),
- die Zahlung von Zinsen oder Gewinnanteilen an die Aktionäre (§ 93 Abs. 3 Nr. 2 AktG) sowie
- die Verteilung von Gesellschaftsvermögen (§ 93 Abs. 3 Nr. 5 AktG).

Ob der Vorstand schuldhaft seine Pflichten verletzt hat, ist im Einzelfall schwierig zu beurteilen. Beispielsweise könnte der Vorstand durch Aufdeckung stiller Reserven den im Einklang mit den Kapitalerhaltungsvorschriften stehenden Ausschüttungsbetrag kurzfristig zu steigern versuchen, damit jedoch den langfristigen Fortbestand der AG gefährden. Die Position der Gläubiger würde so auch ohne einen Verstoß gegen die Vorschriften des Nennkapitalsystems geschwächt.[175]

---

gen, die gebundenen Rücklagen, das Grundkapital sowie das Fremdkapital (vgl. BEZZENBERGER (2005), S. 18-25).

172 Vgl. KÜBLER/ASSMANN (2006), S. 208.

173 Vgl. zu diesen Haftungsvoraussetzungen ausführlich HÜFFER (2008), § 93 AktG, Rn. 12-15; KRIEGER/SAILER in SCHMIDT/LUTTER (2008), § 93 AktG, Rn. 25-30; Spindler in GOETTE/HABERSACK (2008), MüKo AktG, § 93 AktG, Rn. 128-161.

174 Vgl. Krieger/Sailer in SCHMIDT/LUTTER (2008), § 93 AktG, Rn. 37; HÜFFER (2008), § 93 AktG, Rn. 22.

175 Vgl. DRYGALA (2006), S. 278, S. 285 f.

Gemäß höchstrichterlicher Rechtsprechung dürfen aus der in § 93 AktG kodifizierten Sorgfaltspflicht des Vorstands jedenfalls keine übertriebenen Haftungsansprüche abgeleitet werden. Schließlich muss „dem Vorstand für die Leitung der Geschäfte der AG ein weiter Handlungsspielraum zugebilligt werden [...], ohne den unternehmerisches Handeln schlechterdings nicht denkbar ist. Dazu gehört neben dem bewußten [sic] Eingehen geschäftlicher Risiken grundsätzlich auch die Gefahr von Fehlbeurteilungen und Fehleinschätzungen, der jeder Unternehmensleiter, mag er auch noch so verantwortungsbewußt [sic] handeln, ausgesetzt ist“[176] Der Aufsichtsrat einer AG haftet sinngemäß in gleicher Weise wie deren Vorstand. § 116 Satz 1 AktG verweist hierzu direkt auf § 93 AktG.

Den genannten Haftungsvorschriften ist gemein, dass lediglich die AG anspruchsberechtigt ist. Es stellt sich daher die Frage, wie die Gläubiger bei pflichtwidrigem Verhalten des Vorstands oder Aufsichtsrates geschützt werden. Ein direkter vertraglicher Haftungsanspruch der Gläubiger gegenüber Vorstand und Aufsichtsrat resultiert aus § 93 AktG nicht, da selbst Vertragsgläubiger nur mit der Gesellschaft, nicht jedoch mit dem Vorstand oder dem Aufsichtsrat in einem Vertragsverhältnis stehen. Vorstand und Aufsichtsrat unterliegen nur einer Innenhaftung.[177] Der Gläubiger ist damit zunächst nur mittelbar insoweit geschützt, als die Durchsetzung eines Ersatzanspruches der AG gegen den Vorstand das als Haftungsmasse verfügbare Gesellschaftsvermögen erhöht. Der Gläubiger muss zur eigenen Durchsetzung eines Ersatzanspruches grundsätzlich zunächst einen Titel gegen die AG erwirken, um basierend darauf Schadenersatzansprüche der AG gegen den Vorstand im Wege der Zwangsvollstreckung pfänden (§ 829 ZPO) und einen Überweisungsbeschluss (§ 835 ZPO) herbeiführen zu können.[178]

Mit dem Ziel, dem Gläubiger den aufwändigen Weg der Zwangsvollstreckung zu ersparen[179], ist diesem gemäß § 93 Abs. 5 AktG ebenfalls gestattet, den Ersatzanspruch der Gesellschaft gegenüber dem Vorstand selbst geltend zu machen. Voraussetzung hier ist, dass der Gläubiger von der Gesellschaft keine Befriedigung erzielen kann, die Gesellschaft also aufgrund Zahlungsunfähigkeit oder Überschuldung nicht in der Lage ist, die fällige Verbindlichkeit gegenüber dem

176 BGH, Urteil vom 21.04.1997 – II ZR 175/95 („ARAG/Garmenbeck“), DB 1997, S. 1068.

177 Vgl. DRYGALA (2006), S. 286.

178 Vgl. HÜFFER (2008), § 93 AktG, Rn. 31; SPINDLER in GOETTE/HABERSACK (2008), MüKo AktG, § 93 AktG, Rn. 234.

179 Vgl. HÜFFER (2008), § 93 AktG, Rn. 31; SPINDLER in GOETTE/HABERSACK (2008), MüKo AktG, § 93 AktG, Rn. 234.

Gläubiger zu begleichen.[180] Der aus § 93 Abs. 5 AktG resultierende Ersatzanspruch des Gläubigers gegenüber dem Vorstand ist auf Zahlung an sich selbst, nicht an die Gesellschaft, gerichtet.[181] Er erstreckt sich nur auf die in § 93 Abs. 3 AktG genannten Tatbestände sowie auf Fälle, in welchen dem Vorstand eine grobe Pflichtverletzung nachgewiesen werden kann (§ 93 Abs. 5 Satz 2 AktG).[182]

Mit der Eröffnung des Insolvenzverfahrens geht das Anspruchsrecht des Gläubigers aus § 93 Abs. 5 Satz 1 AktG auf den Insolvenzverwalter über (§ 93 Abs. 5 Satz 4 AktG). Ein einzelner Gläubiger kann seinen Ersatzanspruch ab diesem Zeitpunkt somit nicht mehr verfolgen. Hat der Gläubiger vor Eröffnung des Insolvenzverfahrens weder Sicherheiten für seine Forderung erhalten noch rechtzeitig einen Zwangsvollstreckungstitel gegen die Gesellschaft erwirkt, so ist er nach Eröffnung des Insolvenzverfahrens auf die Befriedigung aus der Insolvenzmasse angewiesen. Die praktische Relevanz des §§ 93 Abs. 5 AktG ist somit recht gering.[183]

23 Das Insolvenzrecht als Spiegelbild der Kapitalerhaltung

Das Insolvenzrecht ergänzt – gleichsam als „Spiegelbild von Kapitalaufbringung und -erhaltung“[184] – die beschriebenen aktienrechtlichen Ausschüttungsrestriktionen. Die bestehenden Ausschüttungsrestriktionen bieten einen Präventivschutz.[185] Sie sollen dazu beitragen, dass die Kapitalbasis nicht durch überhöhte Ausschüttungen oder sonstige Kapitalentnahmen aufgezehrt wird. Dennoch unterliegt das Eigenkapital unternehmerischen Risiken.[186] Übersteigen die kumulierten Verluste einer Gesellschaft die Summe der in die Kapitalrücklage und Gewinnrücklagen eingestellten Beträge, können auch Ausschüttungsrestrik-

---

180 Vgl. SPINDLER in GOETTE/HABERSACK (2008), MüKo AktG, § 93 AktG, Rn. 238; KRIEGER/SAILER in SCHMIDT/LUTTER (2008), § 93 AktG, Rn. 58; HÜFFER (2008), § 93 AktG, Rn. 33.

181 Vgl. FLEISCHER in SPINDLER/STILZ (2007), § 93 AktG, Rn. 251; KRIEGER/SAILER in SCHMIDT/LUTTER (2008), § 93 AktG, Rn. 57; HÜFFER (2008), § 93 AktG, Rn. 34; SPINDLER in GOETTE/HABERSACK (2008), MüKo AktG, § 93 AktG, Rn. 239.

182 Vgl. KRIEGER/SAILER in SCHMIDT/LUTTER (2008), § 93 AktG, Rn. 59; HÜFFER (2008), § 93 AktG, Rn. 33; SPINDLER in GOETTE/HABERSACK (2008), MüKo AktG, § 93 AktG, Rn. 236; SCHMIDT/LUTTER (2008), § 93 AktG, Rn. 57.

183 Vgl. DRYGALA (2006), S. 286.

184 HIRTE (2006), Rn. 5.28.

185 Vgl. NIKOLEYCZIK (2007), S. 64.

186 Vgl. LUTTER (2006), S. 3; SCHMIDT (2006a), S. 189.

tionen die dadurch bedingte Minderung des Grundkapitals bis hin zur Überschuldung nicht verhindern. Auch sind die beschriebenen aktienrechtlichen Ausschüttungsrestriktionen unabhängig von der Liquidität der Gesellschaft. Damit besteht die Gefahr, dass die Gesellschaft infolge einer Ausschüttung zahlungsunfähig wird.

Die kapitalerhaltende Wirkung des Insolvenzrechts setzt bei Eintritt der Insolvenz ein, wenn also der Präventivschutz der Ausschüttungsrestriktionen offensichtlich versagt hat.[187] RÖHRICHT verdeutlicht die gemeinsame kapitalerhaltende Wirkung von gesellschaftsrechtlichen Ausschüttungsrestriktionen und Insolvenzrecht anhand einer Waage. Würden Ausschüttungsrestriktionen reduziert, seien insolvenzrechtliche Restriktionen zum Erhalt gleicher Kapitalerhaltungswirkung zu verschärfen.[188]

Eine Gesellschaft ist insolvent im Sinne des Insolvenzrechts, wenn einer der in den §§ 17-19 InsO genannten Gründe zur Eröffnung des Insolvenzverfahrens gegeben ist. Ist die Gesellschaft zahlungsunfähig im Sinne des § 17 InsO oder überschuldet im Sinne des § 19 InsO, ist der Vorstand gemäß § 15a Abs. 1 Satz 1 InsO verpflichtet, unverzüglich, spätestens jedoch drei Wochen nach Eintritt der Zahlungsunfähigkeit oder Überschuldung, Insolvenzantrag zu stellen. Bei drohender Zahlungsunfähigkeit im Sinne des § 18 InsO ist zwar die Eröffnung des Insolvenzverfahrens möglich, der Vorstand einer AG ist dazu indes im Umkehrschluss aus § 15a Abs. 1 InsO nicht verpflichtet.

Der Tatbestand der Zahlungsunfähigkeit ist gemäß § 17 Abs. 2 Satz 1 InsO gegeben, wenn eine Gesellschaft nicht in der Lage ist, die fälligen Zahlungspflichten zu erfüllen. In Abgrenzung zu bloßer Zahlungsstockung ist Zahlungsunfähigkeit laut BGH-Urteil vom 24.05.2005 regelmäßig dann anzunehmen, wenn eine Gesellschaft als Schuldner über einen Zeitraum von drei Wochen mindestens 10 % der fälligen Zahlungspflichten nicht erfüllen kann, „sofern nicht mit an Sicherheit grenzender Wahrscheinlichkeit zu erwarten ist, dass die Liquiditätslücke demnächst vollständig oder fast vollständig beseitigt werden wird und den Gläubigern ein Zuwarten nach den besonderen Umständen des Einzelfalls zuzumuten ist".[189]

187 Vgl. HIRTE (2006), Rn. 5.28; NIKOLEYCZIK (2007), S. 65.

188 Vgl. RÖHRICHT (2005), S. 505. Nicht zutreffend bezeichnet RÖHRICHT gesellschaftsrechtliche Ausschüttungsrestriktionen und Insolvenzrecht als „die beiden Schalen einer Waage".

189 Vgl. BGH, Urteil vom 24.05.2005 – IX ZR 123/04, DB 2005, S. 1787.

Der Tatbestand der Überschuldung ist seit Inkrafttreten der Insolvenzordnung zum 01.01.1999[190] – unabhängig vom Ergebnis Fortbestehensprognose – grundsätzlich bereits bei rechnerischer Überschuldung gegeben. Ist von der Fortführung des Unternehmens auszugehen, so sind der Überschuldungsprüfung zwar anstelle von Liquidationswerten Fortführungswerte zugrunde zu legen, die Überschuldung ist jedoch nicht von vorherein aufgrund positiver Fortbestehensprognose auszuschließen. Der Rückgriff der InsO auf den einstufigen Überschuldungsbegriff wurde damit begründet, dass zu häufig eine positive Fortbestehensprognose vorgelegt werde, welche sich nachträglich als nicht zutreffend erweise.[191]

Mit dem am 17.10.2008 verabschiedeten Finanzmarktstabilisierungsgesetz[192] wurde der mit Inkrafttreten der Insolvenzordnung aufgegebene zweistufige Überschuldungsbegriff[193] vor dem Hintergrund der Finanzkrise 2007/2008 zunächst befristet bis zum 31.12.2010 wieder eingeführt.[194] Damit ist der Tatbestand der Überschuldung gemäß der derzeit gültigen Fassung des § 19 Abs. 2 Satz 1 InsO gegeben, wenn das Vermögen des Schuldners die bestehenden Verbindlichkeiten nicht mehr deckt, es sei denn, die Fortführung des Unternehmens ist nach den Umständen überwiegend wahrscheinlich. Dieser Überschuldungsbegriff der bis zum 31.12.1998 geltenden Konkursordnung wurde bereits durch ein entsprechendes Urteil des BGH gestützt: Der Tatbestand der Überschuldung sei nur erfüllt, wenn „das Vermögen der Gesellschaft bei Ansatz von Liquidationswerten die bestehenden Verbindlichkeiten nicht decken würde (rechnerische Überschuldung) und die Finanzkraft der Gesellschaft mittelfristig nicht zur Fortführung des Unternehmens ausreicht (Überlebens- oder Fortbestehensprognose).“[195] Ist der Fortbestand einer Gesellschaft aufgrund ausreichender Liquidität hinreichend wahrscheinlich (positive Fortbestehensprognose), ist der Tatbestand der Überschuldung somit selbst bei auf Liquidationswerten ermittelter rechnerischer

190 § 359 InsO i. V. m. Art. 110 Abs. 1 EGInsO.

191 Vgl. BT-Drucksache 12/7302, S. 157; vgl dazu auch SPINDLER in GOETTE/HABERSACK (2008), MüKo AktG, § 92 AktG, Rn. 24, 29; KRIEGER/SAILER in SCHMIDT/LUTTER (2008), § 92 AktG, Rn. 14; HÜFFER (2008), § 92 AktG, Rn. 10.

192 Finanzmarktstabilisierungsgesetz (FMStG) vom 17.10.2008, BGBl. 2008 I 46, S. 1982.

193 Vgl. zum Nebeneinander von ein- und zweistufigem Überschuldungsbegriff bereits SCHMIDT (2006a), S. 197.

194 Vgl. Art. 5 und Art. 6 Abs. 3 i. V. m. Art. 7 Abs. 2 FMStG.

195 So der Wortlaut im das GmbH-Recht betreffenden einschlägigen Urteil des BGH (BGH, Urteil vom 13.07.1992 – II ZR 269/91, DB 1992, S. 2022).

Überschuldung nicht erfüllt.[196] Bei Zugrundelegung des zweistufigen Überschuldungsbegriffes wird der Eröffnungsgrund der Überschuldung folglich vom Eröffnungsgrund der Zahlungsunfähigkeit dominiert.

Laut dem Entwurf eines Gesetzes zur Erleichterung der Sanierung von Unternehmen vom 21.08.2009[197] soll der wieder eingeführte zweistufige Überschuldungsbegriff nun drei weitere Jahre, d. h. bis zum 31.12.2013, Bestand haben. Die Entwicklung der Finanzkrise lasse eine kurzfristige Rückkehr zum zweistufigen Überschuldungsbegriff nicht zu. Zudem habe sich der einstufige Überschuldungsbegriff in der Praxis bewährt.[198] Die Frage, welcher Überschuldungsbegriff langfristig Bestand haben soll, soll bis dahin geklärt werden[199] und bleibt somit abzuwarten.

Mit der Eröffnung des Insolvenzverfahrens geht das Verwaltungs- und Verfügungsrecht über die Gesellschaft auf den Insolvenzverwalter über (§ 80 Abs. 1 InsO). Ab diesem Zeitpunkt sind sämtliche Verfügungen des Schuldners über die Insolvenzmasse unwirksam (§ 81 Abs. 1 InsO). Zulässig sind dann lediglich noch Zahlungen, die zur Abwicklung des Insolvenzverfahrens und der noch laufenden Geschäfte erforderlich sind und – wie es im § 92 Abs. 2 Satz 2 AktG heißt – „auch nach diesem Zeitpunkt mit der Sorgfalt eines ordentlichen und gewissenhaften Geschäftsleiters vereinbar sind“. Das Insolvenzrecht gewährleistet damit, dass der Gesellschaft nach Insolvenzeintritt keine Haftungsmasse zum Nachteil der Gläubiger entzogen wird, und verhindert, dass das Unternehmen in dieser Situation zulasten der die Gläubigeransprüche sichernden Haftungsmasse fortgeführt wird.[200]

Nach teils vertretener Meinung begrenzt das Insolvenzrecht Ausschüttungen bereits vor dem Eintritt der Insolvenz insofern, „als aus den Anforderungen des Insolvenzrechts abgeleitet werden kann, dass Ausschüttungen (...) nicht zur (drohenden) Zahlungsunfähigkeit führen dürfen.“[201] Damit biete auch das Insolvenzrecht einen präventiven Schutz vor überhöhten Ausschüttungen und neben der vermögensbezogenen bestünde bereits de lege lata eine – wenn auch wenig konkretisierte und formalisierte – liquiditätsbezogene Begrenzung der Ausschüttun-

196 Dieses Verständnis der Überschuldungsprüfung wurde maßgeblich von KARSTEN SCHMIDT geprägt (vgl. SCHMIDT (1978), S. 338).

197 Vgl. BT-Drucksache 16/13927.

198 Vgl. BT-Drucksache 16/13927, S. 4.

199 Vgl. BT-Drucksache 16/13927, S. 5.

200 Vgl. NIKOLEYCZIK (2007), S. 65.

201 IDW (2006), S. 2; vgl. ebenso SCHMIDT (2006a), S. 193; HENNRICHS (2008b), S. 44.

gen.[202] Dabei ist allerdings fraglich, über welchen Zeitraum die Zahlungsfähigkeit des Unternehmens zur Gestattung von Ausschüttungen zu prognostizieren ist und wie im Falle der einer Ausschüttung folgenden Insolvenz nachgewiesen werden kann, dass die Ausschüttung ursächlich für den Eintritt der Zahlungsunfähigkeit war.

Zusammenfassend ist festzuhalten: Zwar bietet das Insolvenzrecht allein – weder liquiditäts- noch vermögensbezogen – einen ausreichenden Schutz vor überhöhten Ausschüttungen, denn es greift erst, wenn Liquidität und/oder Reinvermögen trotz bilanzieller Ausschüttungsrestriktionen bereits bedrohlich gesunken sind. In dieser Situation allerdings unterbindet das Insolvenzrecht, dass dem Unternehmen weitere Liquidität und/oder weiteres Vermögen entzogen wird. Es ergänzt somit die präventive Wirkung der Ausschüttungsrestriktionen.

24 Der Einfluss der Rechnungslegung auf die Wirkung der aktienrechtlichen Ausschüttungsrestriktionen

Ergänzend sei an dieser Stelle kurz auf den Einfluss der Rechnungslegung auf die Wirkung der aktienrechtlichen Ausschüttungsrestriktionen[203] eingegangen. Vorschriften zur Kapitalerhaltung können an der Ermittlung des Jahresergebnisses im Zuge der Rechnungslegung und/oder der Ergebnisverwendung ansetzen. Das beschriebene Nennkapitalsystem deutscher Prägung ist ein Kombinationsmodell: Es kombiniert die kapitalerhaltende Wirkung einer verlustantizipierenden und vorsichtigen Ermittlung des Jahresergebnisses mit den beschriebenen im Zuge der Ergebnisverwendung greifenden aktienrechtlichen Ausschüttungsgrenzen.[204]

Das Jahresergebnis wird determiniert durch den Ansatz und die Bewertung des Vermögens und der Schulden im Jahresabschluss und bildet die Ausgangsgröße zur Ermittlung des ausschüttungsfähigen Bilanzgewinns.[205] Der Jahresabschluss ist damit selbst ein Instrument der Kapitalerhaltung.[206] Die Kapitalerhaltungsfunktion des Jahresabschlusses wird wesentlich gestützt durch die in § 252 Abs. 1

202 Zu weiteren bereits de lege lata bestehenden Solvenzprüfungen vgl. ausführlich HENNRICHS (2008b), S. 44-46.

203 Vgl. dazu umfassend MERSCHMEYER (2005).

204 Vgl. BÖCKING/DUTZI (2007), S. 438.

205 Vgl. entsprechend die in Fortführung der Gewinn- und Verlustrechnung anzugebende Berechnungsstaffel in § 158 Abs. 1 AktG; vgl. oben Abschnitt 223.

206 Vgl. LEFFSON (1987), S. 91-98; BAETGE (1993), S. 116; SCHULZE-OSTERLOH (1995), S. 124.

Nr. 4 HGB verankerten Kapitalerhaltungsgrundsätze. Das Imparitätsprinzip verzögert den Gewinnausweis, indem „drohende“ Verluste zwar zu antizipieren sind, „drohende“ Gewinne hingegen nicht antizpiert werden dürfen.[207] Gemäß dem Vorsichtsprinzip sind bei unsicheren Erwartungen über künftige Sachverhalte das Vermögen eher zu niedrig und die Schulden eher zu hoch zu bewerten.[208] Diese zugunsten der Kapitalerhaltung verzerrte Darstellung des Reinvermögens beeinträchtigt allerdings die Rechenschaftsfunktion des Jahresabschlusses.[209]

Im Zuge der fortschreitenden Anwendung der IFRS auch für den Jahresabschluss stellt sich die Frage, ob die ausschließlich der Rechenschaft dienenden IFRS-Regelungen mit dem System der bilanziellen Kapitalerhaltung vereinbar sind. Eine eindeutige Aussage hierzu kann aus zwei Gründen kaum getroffen werden. Erstens stehen höheren Buchwerten auf der Aktivseite im IFRS-Abschluss mitunter höhere Buchwerte auf der Passivseite (z. B. bei den Pensionsrückstellungen) gegenüber. Somit ist fraglich, ob die Anwendung der IFRS tatsächlich zu einem höheren Eigenkapitalausweis und damit zu einem höheren Ausschüttungspotential führt. Zweitens schwächen das Vorsichts- und Imparitätsprinzip die Position der Gläubiger, da zuvor gebildete stille Rücklagen ebenso still wieder aufgelöst werden können und Krisensituationen infolgedessen erst spät offenbar werden.[210] Folglich ist nicht eindeutig begründbar, weshalb aus Sicht des Gläubigerschutzes eine vorsichtige Rechnungslegung, mit welcher stille Reserven gelegt werden, vorzuziehen sei. Der Anwendung der IFRS für den Jahresabschluss steht damit aus Sicht der Kapitalerhaltung zwingend nichts entgegen.[211] Der Erhöhung des Ausschüttungspotentials durch den Ausweis unrealisierter Buchgewinne könnte begegnet werden, indem unrealisierte Buchgewinne mit Ausschüttungssperren belegt würden, d. h. beim Ausweis unrealisierter Buchgewinne eine Rücklage in gleicher Höhe zu bilden wäre, welche nicht zum Zwecke der Ausschüttung aufgelöst werden dürfte.[212] Zudem könnte ein Solvenztest[213] als alternative oder ergänzende liquiditätsbezogene Ausschüttungsrestriktion eingeführt

207 Vgl. LEFFSON (1987), S. 339-426; KOCH (1957); BAETGE/KIRSCH/THIELE (2009a), S. 134-136.

208 Vgl. BAETGE/KIRSCH/THIELE (2009a), S. 137; BÖCKING/DUTZI (2007), S. 438. Zum Verhältnis von Imparitäts- und Vorsichtsprinzip siehe LEFFSON (1987), S. 468.

209 Vgl. BAETGE/KIRSCH/THIELE (2009a), S. 135, 137.

210 Vgl. BAETGE/KIRSCH/THIELE (2009a), S. 137.

211 Vgl. PELLENS/SELLHORN (2006), S. 465 sowie (auch aus agency-theoretischer Perspektive) WAGENHOFER/EWERT (2007), 220.

212 Vgl. HENNRICHS (2008a), S. 425-429.

213 Vgl. zu möglichen Gestaltungsmerkmalen des Solvenztests sowie zu dessen möglicher Einordnung in das bestehende Kapitalerhaltungssystem Abschnitt 34.

werden. In der weiteren Untersuchung wird der zweite Aspekt – die alternative oder ergänzende Einführung des Solvenztests als Ausschüttungsrestriktion – näher betrachtet. Der mögliche, an dieser Stelle jedoch nicht abschließend zu beurteilende Einfluss der Rechnungslegung auf die Wirkung von Ausschüttungsrestriktionen wird dabei vernachlässigt.

25 Zusammenfassung und weiteres Vorgehen

In diesem Kapitel wurden die bestehenden aktienrechtlichen Ausschüttungsrestriktionen des Nennkapitalsystems vorgestellt. Diese fokussieren auf das bilanziell ermittelte Reinvermögen als Restriktionskriterium. Neben dem Grundkapital, welches derzeit als Mindestnennkapital mindestens 50.000 EUR betragen muss, sind weitere Eigenkapitalbestandteile einer möglichen Ausschüttung entzogen. Die darüber hinaus angesammelten Gewinnrücklagen sind zwar verfahrensrechtlich gebunden, da deren Ausschüttung einen wirksamen Gewinnverwendungsbeschluss der Hauptversammlung erfordert, stehen jedoch grundsätzlich in voller Höhe zur Ausschüttung zur Verfügung. Die bestehenden Ausschüttungsrestriktionen sind dabei unabhängig von der Zahlungsfähigkeit des ausschüttenden Unternehmens. Zwar ergänzt das Insolvenzrecht den präventiven Kapitalschutz des Nennkapitalsystems, doch greift dieses erst, wenn das Unternehmen bereits in einer finanziellen Krise ist. Explizite liquiditätsbezogene Ausschüttungsrestriktionen enthalten bislang weder das Bilanz- noch das Insolvenzrecht.

Schließlich wurde erörtert, welchen Einfluss die Rechnungslegung auf die Wirkung der beschriebenen Ausschüttungsrestriktionen hat. Ob die IFRS-Rechnungslegung mit dem Nennkapitalsystem als Ausschüttungsrestriktion vereinbar ist, kann aufgrund der genannten gegenläufigen Wirkungen der Einführung der IFRS-Rechnungslegung auf die Höhe des ausgewiesenen Reinvermögens nicht eindeutig beantwortet werden. Der Ausschüttung unrealisierter Buchgewinne nach IFRS könnte mittels der Rechnungslegung nachgelagerter Ausschüttungssperren, insbesondere mittels eines das Nennkapitalsystem als liquiditätsbezogene Ausschüttungsrestriktion ergänzenden Solvenztests begegnet werden. Die Einführung des Solvenztests ist – auch und nicht zuletzt vor dem Hintergrund der zunehmenden Relevanz der IFRS auch für den Jahresabschluss[214] – das zentrale Objekt der Reformdiskussion. Im folgenden Kapitel 3 sollen daher die bislang bestehenden Überlegungen zur alternativen oder ergänzenden Einfüh-

214 Siehe dazu unten Abschnitt 32.

rung des Solvenztests dargestellt werden. Dabei werden die Fragen des Fragenkomplexes 2[215] beantwortet:

2a) Welche Kritikpunkte werden gegen die bestehenden für Aktiengesellschaften relevanten Ausschüttungsrestriktionen vorgebracht?

2b) Wie soll ein zukunftsgerichteter, liquiditätsbasierter Solvenztest diesen Kritikpunkten nach Ansicht der bisher geäußerten Vorschläge zur Reform der Kapitalrichtlinie begegnen?

2c) Welche Anforderungen an die Gestaltung des Solvenztests wurden bislang formuliert?

215 Siehe oben Abschnitt 12.

3 Der Solvenztest als Alternative oder Ergänzung zum bestehenden Kapitalerhaltungssystem

31 Entwicklung und aktueller Stand der Reformdiskussion

Das im vorhergehenden Kapitel beschriebene auf der Kapitalrichtlinie basierende Kapitalerhaltungssystem steht seit einiger Zeit europaweit in der Kritik. Kernpunkt dieser Kritik ist, das vermögensbezogene System der bilanziellen Kapitalerhaltung schenke der künftigen Zahlungsfähigkeit und damit der Sicherstellung des Schuldendienstes eines Unternehmens gegenüber den Gläubigern nicht hinreichend Beachtung. Der Solvenztest als zukunftsgerichtete, liquiditätsbezogene Ausschüttungsrestriktion, dessen Gestaltung und die Frage, ob dieser die bestehenden vermögensbezogenen Ausschüttungsrestriktionen ergänzen oder ersetzen sollte, ist damit das zentrale Thema der laufenden Reformdiskussion.[216]

Auf europäischer und nationaler Ebene wurde die Diskussion über die Reform des bestehenden Kapitalerhaltungssystems schließlich infolge der IAS-Verordnung[217], welche mit dem Bilanzrechtsreformgesetz (BilReG)[218] in deutsches Recht umgesetzt wurde, wesentlich beschleunigt und intensiviert.[219] Gemäß Art. 4 der IAS-Verordnung – entsprechend § 315a Abs. 1 und 2 HGB – sind kapitalmarktorientierte Mutterunternehmen seit 2005 verpflichtet, den Konzernabschluss nach IFRS aufzustellen. Für die Kapitalerhaltung allerdings ist in Deutschland weiterhin der Jahresabschluss nach HGB maßgeblich. Das in Art. 5 der IAS-Verordnung zusätzlich gewährte Mitgliedstaatenwahlrecht[220] wurde in

216 Vgl. NAUMANN (2007), S. 425.

217 EG-Verordnung Nr. 1606/2002 des Europäischen Parlamentes und des Rates vom 19.7.2002 betreffend die Anwendung internationaler Rechnungslegungsstandards, ABl. Nr. L 243 vom 11.9.2001, S. 1-4.

218 Gesetz zur Einführung internationaler Rechnungslegungsstandards und zur Sicherung der Qualität der Abschlussprüfung (Bilanzrechtsreformgesetz – BilReG) vom 4.12.2004, BGBl. I 2004 S. 3166.

219 Vgl. LANFERMANN/RÖHRICHT (2007), S. 8.

220 Den Mitgliedstaaten es gemäß Art. 5 der IAS-Verordnung freigestellt, die Anwendung der IFRS auch für den Konzernabschluss nicht kapitalmarktorientierter Gesellschaften und/oder für den

Deutschland bisher so ausgeübt, dass der Jahresabschluss nur zu Offenlegungszwecken nach IFRS aufgestellt werden darf (§ 325 Abs. 2a i. V. m. Abs. 2b HGB) und dass nicht-kapitalmarktorientierte Unternehmen einen befreienden IFRS-Konzernabschluss aufstellen dürfen (§ 315a Abs. 3 HGB). Die damit entstandene Abschlussvielfalt führte zu der Frage, ob die Kapitalerhaltungsfunktion des Jahresabschlusses auch für den IFRS-Jahresabschluss aufrecht erhalten werden und der handelsrechtliche Jahresabschluss damit entfallen könne und ob dann ein Solvenztest ergänzend oder alternativ zur bilanziellen Kapitalerhaltung zu fordern sei.

Im November 2002 veröffentlichte die von der Europäischen Kommission beauftragte Expertenkommission („High Level Group of Company Law Experts", kurz: High Level Group) ihren Abschlussbericht[221], welcher unter anderem Empfehlungen zur Reform der Kapitalaufbringung und -erhaltung enthält. Diesem Bericht folgten verschiedene nationale Stellungnahmen, insbesondere aus England[222], Deutschland[223] und den Niederlanden[224], sowie eine Stellungnahme der Fédération des Experts Comptables Européens[225]. Die die Restriktion von Ausschüttungen betreffenden Vorschläge des Abschlussberichts sowie der genannten nationalen Stellungnahmen werden in Abschnitt 33 erläutert.

In Reaktion auf die ersten Stellungnahmen zum Abschlussbericht der High Level Group beauftragte die Europäische Kommission 2006 die Wirtschaftsprüfungsgesellschaft KPMG mit der Erstellung einer Studie, inwieweit verschiedene Alternativen zum bestehenden System des gesetzlichen Nennkapitals umsetzbar seien. Die Ergebnisse dieser Machbarkeitsstudie wurden von der Europäischen Kommission im Februar 2008 veröffentlicht.[226] Die Studie kam zu zwei wesentlichen Ergebnissen[227]:

1. Nach Aussage der befragten Unternehmen sei das bestehende vermögensbezogene Kapitalerhaltungssystem aus Kostenaspekten dem in anderen Ländern verbreiteten liquiditätsbezogenen Kapitalerhaltungssystem nicht

---

Jahresabschluss aller Unternehmen zu gestatten oder vorzuschreiben (siehe bereits oben Abschnitt 12.

221 Siehe HIGH LEVEL GROUP (2002); vgl. zusammenfassend MAUL (2003), S. 27-31.

222 Vgl. RICKFORD (2004), S. 919-1027.

223 Vgl. den Bericht des Arbeitskreises „Kapital in Europa" (zusammenfassend LUTTER (2006), S. 1-14) sowie IDW (2006), S. 677-679.

224 Vgl. BOSCHMA/LENNARTS/SCHUTTE-VEENSTRA (2005), S. 1-84.

225 Vgl. FÉDÉRATION DES EXPERTS COMPTABLES EUROPÉENS (2007), S. 1-37.

226 Siehe KPMG (2008a).

227 Für einen Überblick über die Ergebnisse der Studie vgl. auch VELTE/KÖSTER (2008), S. 444-448.

überlegen. Die mit der Kapitalerhaltung verbundenen Kosten werden als marginal eingeschätzt.[228] Das gesetzliche Mindestnennkapital biete keinen nennenswerten Schutz vor zu hohen Ausschüttungen.[229] Entsprechend werde die Einführung eines ergänzenden Solvenztests befürwortet, welche auf Mitgliedstaatenebene bereits gemäß der geltenden Fassung der Kapitalrichtlinie zulässig sei.

2. Zur Vereinbarkeit der IFRS mit der bilanziellen Kapitalerhaltung stellt die Studie fest, dass bereits 18 der 27 Mitgliedstaaten vorschreiben oder gestatten, den Jahresabschluss nach IFRS aufzustellen, welcher damit auch Kapitalerhaltungszwecken dient.[230] Der Gefahr, dass dadurch unrealisierte Gewinne ausgeschüttet werden, begegneten acht dieser Mitgliedstaaten mit ergänzenden Ausschüttungssperren für im IFRS-Jahresabschluss ausgewiesene, noch unrealisierte Gewinne.[231]

In Folge der veröffentlichten Ergebnisse der Studie gab die Europäische Kommission bekannt, dass in der näheren Zukunft keine weiteren Änderungen der Zweiten EU-Richtlinie geplant seien.[232] Wenngleich die Diskussion einer möglichen weiterreichenden Reform der Kapitalrichtlinie damit zumindest von Seiten der Europäischen Kommission zu einem vorläufigen Ende gebracht wurde, ist weiterhin offen, ob der Solvenztest – das Kernelement der Reformdiskussion – als Alternative oder Ergänzung des bestehenden europäischen Kapitalschutzsystems verpflichtend eingeführt werden sollte und wie dieser zu gestalten wäre. Vor dem Hintergrund der fortschreitenden internationalen Harmonisierung des Gesellschaftsrechts und der Tatsache, dass der Solvenztest in einigen nichteuropäischen Ländern bereits Realität ist, ist damit zu rechnen, dass die Diskussion um Nennkapitalsystem und Solvenztest auch weiterhin intensiv geführt wird.

Vor diesem Hintergrund werden zunächst im folgenden Abschnitt 32 die gegen die bestehenden aktienrechtlichen Ausschüttungsrestriktionen vorgebrachten Kritikpunkte dargelegt. Sodann werden die wesentlichen vorliegenden Stellungnahmen zur Reform des bestehenden Kapitalerhaltungssystems einander gegenübergestellt (Abschnitt 33). In Abschnitt 34 schließlich werden die Grundidee des

228 Vgl. KPMG (2008a), S. 153 f., 259, 268 f.

229 Vgl. KPMG (2008a), S. 145.

230 Hierzu kritisch HENNRICHS (2008a), S. 423: „Aus dem *rechtstatsächlichen* Befund, daß [sic] bereits einige Mitgliedstaaten der EU IFRS-Abschlüsse ohne Modifikationen für die Ausschüttungsbemessung zulassen, läßt [sic] sich keine rechtspolitische Bewertung ableiten, ob dies auch *empfehlenswert* [Hervorhebungen im Original] ist."

231 Vgl. KPMG (2008a), S. 318-320.

232 Vgl. EUROPÄISCHE KOMMISSION (2008), S. 2.

Solvenztests als zentrales Objekt der Reformdiskussion sowie die im Schrifttum genannten Anforderungen an die Gestaltung des Solvenztests vorgestellt.

32 Wesentliche Kritikpunkte an den bestehenden aktienrechtlichen Ausschüttungsrestriktionen

Die Kritik an den bestehenden aktienrechtlichen Ausschüttungsrestriktionen richtet sich zunächst gegen die Mindestkapitalanforderung des § 7 AktG. Diese sei mit 50.000 EUR sehr gering. Eine darüber hinausgehende Pflicht, bei steigendem Geschäftsvolumen und -risiko ein höheres Nennkapital vorzuhalten, bestehe nicht.[233] Das bestehende Kapitalerhaltungssystem gewährleiste damit lediglich eine einmalige, sehr geringe „Seriositätsschwelle". Es biete allerdings keinen Schutz gegen Verluste und könne somit den fortlaufenden Erhalt dieser Seriositätsschwelle nicht gewährleisten.[234] Im Übrigen sei ökonomisch nicht begründbar, wie hoch das Mindestnennkapital anzusetzen sei, um das Insolvenzrisiko signifikant zu reduzieren.[235] Diese Kritik am Mindestnennkapital als Verlustpuffer allerdings trifft auf liquiditätsbasierte Ausschüttungsrestriktionen ebenso zu. Auch ein Solvenztest garantiert nicht den Erfolg des Unternehmens und kann nicht vermeiden, dass Verluste das Eigenkapital der Gesellschaft aufzehren. Ebenso kann auch ein Solvenztest das Risiko der Zahlungsunfähigkeit nicht vollständig vermeiden.

Weiter wird kritisiert, die bestehenden Ausschüttungsrestriktionen ließen die zum Zeitpunkt der Ausschüttung bestehende und künftige Liquidität des ausschüttenden Unternehmens außer Acht und böten damit keinen ausreichenden Schutz vor einem Insolvenzeintritt durch Zahlungsunfähigkeit.[236] Hierfür bedürfe es eines Solvenztests.[237]

Vermögensbezogene Ausschüttungsrestriktionen wie das bestehende Nennkapitalsystem begünstigten überdies Überinvestitionsprobleme, da überschüssige Liquidität nicht ausgeschüttet werden darf, wenn die Vermögensrestriktion infolge der Ausschüttung nicht mehr erfüllt wäre. Damit erhöhten vermögensbezogene

233 Vgl. KUHNER (2005), S. 774 f.; HIRTE (2006), Rn. 5.24.

234 Vgl. MÜLBERT/BIRKE (2002), S. 719; HIRTE (2006), Rn. 5.23 f.

235 Vgl. SCHNEIDER (1987), S. 98.

236 Vgl. MANNING/HANKS (1990), S. 91; RICKFORD (2004), S. 971; NAUMANN (2007), S. 425; CAHN/SENGER in SPINDLER/STILZ (2007), § 57 AktG, Rn. 11.

237 Vgl. SPINDLER/STILZ (2007), § 57 AktG, Rn. 13.

Ausschüttungsrestriktionen Anreize, überschüssige Liquidität in Projekte mit negativem Kapitalwert bei gleichzeitig erhöhtem Risiko zu investieren.[238]

Hinsichtlich des Bezugs des Nennkapitalsystems zur Rechnungslegung wird kritisiert, die Schutzwirkung der auf die Kapitalrichtlinie zurückgehenden Ausschüttungsrestriktionen sei abhängig von der Vermögensbindungswirkung des nationalen Bilanzrechts.[239] Damit leide die Effektivität vermögensbezogener Ausschüttungsrestriktionen auch unter bilanzrechtlichen Wahlrechten hinsichtlich des Ansatzes und der Bewertung von Vermögenswerten und Schulden sowie unter damit verbundenen Ermessensspielräumen.[240]

Insbesondere gegen die Übernahme der IFRS für den ausschüttungsrelevanten Jahresabschluss wird vorgebracht, ein IFRS-Jahresabschluss ermögliche die „Ausschüttung von Scheingewinnen“[241], indem er „ein größeres Aktivierungspotenzial bei gleichzeitiger Verminderung der Passivierungsmöglichkeiten [schaffe]“[242].[243] Dem ist allerdings entgegenzuhalten, dass einzelne Vermögens- und Schuldposten im IFRS-Jahresabschluss zu einem im Vergleich zum HGB-Jahresabschluss erheblich geringeren Eigenkapitalausweis führen würden, so z. B. bei der Bilanzierung der Pensionsrückstellungen.[244] Ob der Übergang von HGB auf IFRS als für die Ausschüttungsbegrenzung maßgebendes Bilanzrecht ein höheres oder zumindest zeitlich vorverlagertes Ausschüttungspotential zur Folge hätte, ist damit nicht eindeutig zu beantworten.[245]

Die genannten Kritikpunkte stehen im Zusammenhang mit der in den vergangenen Jahren europaweit intensiv geführten Diskussion über die Zweckmäßigkeit des bestehenden Nennkapitalsystems sowie möglicher Alternativkonzepte.[246] Insbesondere die (alleinige oder ergänzende) Einführung eines Solvenztests

---

238 Vgl. KUHNER (2005), S. 769 f.

239 Vgl. MERSCHMEYER (2005), S. 59.

240 Vgl. MANNING/HANKS (1990), S. 91; ENRIQUES/MACEY (2001), S. 1190, 1196; MÜLBERT/BIRKE (2002), S. 713; RICKFORD (2004), S. 938; CAHN/SENGER in SPINDLER/STILZ (2007), § 57 AktG, Rn. 11. Zum Einfluss der Rechnungslegung auf die bestehenden aktienrechtlichen Ausschüttungsrestriktionen siehe bereits oben Abschnitt 24.

241 SCHÖN (2001), S. S76.

242 AK BILANZRECHT DER HOCHSCHULLEHRER RECHTSWISSENSCHAFT (2002), S. 2373.

243 Vgl. dazu auch HENNRICHS (2008a), S. 421-424.

244 Vgl. PELLENS/SELLHORN (2006), S. 462; NAUMANN (2007), S. 426.

245 Siehe bereits oben Abschnitt 24.

246 Vgl. neben den in Abschnitt 33 zu betrachtenden Reformvorschlägen bereits früh ARMOUR (2000) und aus deutscher Perspektive insbesondere MARX (2006), PELLENS/JÖDICKE/SCHMIDT (2007), RICHARD (2007) sowie SCHOLZ (2008). Zur Notwendigkeit der gesetzlichen Regulierung des Gläubigerschutzes durch Kapitalerhaltung vgl. etwa ARNOLD (2007).

als zukunftsgerichtete liquiditätsbezogene Ausschüttungsrestriktion wird diskutiert. Im folgenden Abschnitt 33 werden die wesentlichen an die Europäische Kommission gerichteten Vorschläge zur Reform des bestehenden Nennkapitalsystems vorgestellt. Der Fokus der Darstellung liegt dabei auf der Frage, welche Optionen darin hinsichtlich der Einführung, der systematischen Einordnung und der Gestaltung des Solvenztests als Instrument der Kapitalerhaltung genannt werden.

33 Bisherige Vorschläge zur Reform des bestehenden Kapitalerhaltungssystems

331. Reformvorschlag der High Level Group

Die „Hochrangige Gruppe von Experten auf dem Gebiet des Gesellschaftsrechts" (High Level Group)[247] wurde im September 2001 von der Europäischen Kommission mit dem Auftrag eingesetzt, Empfehlungen für die Weiterentwicklung und Vereinfachung des bestehenden auf der Kapitalrichtlinie basierenden Kapitalerhaltungssystems zu erarbeiten. Der anschließende ausführliche Konsultationsprozess brachte zutage, dass zwar das bestehende Kapitalerhaltungssystem als inflexibel und kostspielig angesehen werde, dass jedoch keines der drei vorgeschlagenen Alternativmodelle zur Verbesserung des bestehenden Systems[248] eine klare Mehrheit habe.[249]

Vor diesem Hintergrund schlägt die High Level Group in ihrem Abschlussbericht ein zweistufiges Vorgehen[250] vor:

1. Kurzfristige Reform der Kapitalrichtlinie gemäß der Empfehlungen der High Level Group hinsichtlich der „Modernisierung des aktuellen Systems für den Mindestnennbetrag aus der Zweiten Gesellschaftsrechtsrichtlinie

247 Zur „High Level Group of Company Law Experts„ um den Vorsitzenden Jaap Winter gehörten José Maria Garrido Garcia, Klaus J. Hopt, Jonathan Rickford, Guido Rossi, Jan Schans Christensen und Joëlle Simon, vgl. HIGH LEVEL GROUP (2002), Vorspann.

248 Vgl. zu den drei vorgeschlagenen Modellen HIGH LEVEL GROUP (2002), S. 86.

249 Vgl. HIGH LEVEL GROUP (2002), S. 13.

250 Vgl. HIGH LEVEL GROUP (2002), S. 87.

(SLIM[251]-Plus)".[252] Darin sollte das System der bilanziellen Kapitalerhaltung zunächst unberührt bleiben. Insbesondere hinsichtlich der Beibehaltung oder Abschaffung des gesetzlichen Mindestnennkapitals plädiert die High Level Group dafür, dieses (zunächst) in unveränderter Höhe beizubehalten. Es schrecke lediglich „vor einer leichtfertigen Gründung von Aktiengesellschaften" ab, sei aber kein Hindernis für die Geschäftstätigkeit.[253]

2. Langfristige Erarbeitung eines ebenso wirksamen Alternativkonzeptes zum bestehenden System des Mindestnennbetrages.

Als langfristig zu erarbeitendes Alternativsystem schlägt die High Level Group eine zweistufige Solvenzprüfung vor, bestehend aus einem Bilanztest und einem zukunftsorientierten Liquiditätstest.[254] Eine Ausschüttung soll danach nur zulässig sein, wenn die Restriktionen des Bilanztests und des Liquiditätstests kumulativ erfüllt sind, wenn also die Solvenzprüfung insgesamt „bestanden" ist.

Gemäß dem Bilanztest soll nur das Nettovermögen, d. h. der Überschuss des Vermögens über die Schulden ggf. abzüglich eines Vermögenspuffers als Sicherheitsmarge, ausgeschüttet werden dürfen. Bei der Ermittlung des Nettovermögens ist zu berücksichtigen, ob zum Zeitpunkt der Ausschüttung mit hinreichender Wahrscheinlichkeit von der Fortführung des Unternehmens auszugehen ist. Ist die Fortführung wahrscheinlich, so soll das Vermögen entsprechend zu Fortführungswerten bewertet werden, andernfalls zu Liquidationswerten.[255] Die dem Bilanztest zugrundeliegende Bewertung muss dabei nicht zwingend der bilanziellen Bewertung entsprechen. Insbesondere lässt die High Level Group offen, ob der Bewertung der Jahres- oder Konzernabschluss nach IFRS oder HGB zugrundezulegen ist.

Im Liquiditätstest soll zu prüfen sein, ob das Umlaufvermögen voraussichtlich auch nach der Ausschüttung jederzeit innerhalb der nächsten zwölf Monate zur Bezahlung der fälligen Verbindlichkeiten ausreicht. Analog dem Bilanztest soll auch der Liquiditätstest einen noch zu bestimmenden Liquiditätspuffer als Sicherheitsmarge berücksichtigen.[256] Da mit diesem Liquiditätstest ausschließlich

251 SLIM steht für „Simpler Legislation for the Internal Market" (Vereinfachung der Rechtsvorschriften im Binnenmarkt).

252 Zu den SLIM-Plus-Empfehlungen der High Level Group vgl. HIGH LEVEL GROUP (2002), S. 88-93.

253 Vgl. HIGH LEVEL GROUP (2002), S. 88.

254 Vgl. HIGH LEVEL GROUP (2002), S. 95.

255 Vgl. HIGH LEVEL GROUP (2002), S. 95.

256 Vgl. HIGH LEVEL GROUP (2002), S. 95.

auf Posten des Jahresabschlusses zurückzugreifen wäre, bedürfte es keines prognosebasierten Finanzplans.[257]

Als weitere Voraussetzung einer Ausschüttung fordert die High Level Group eine Solvenzbescheinigung seitens des Vorstands, in welcher dieser bestätigt, dass die vorgeschlagene Ausschüttung gemäß Solvenzprüfung zulässig ist. Zur Frage, ob diese Solvenzbescheinigung von einem Wirtschaftsprüfer zu prüfen wäre, macht der Bericht der High Level Group keine Aussage, und verlangt diese Prüfung folglich zumindest nicht.[258]

Der Vorstand soll persönlich für die Richtigkeit der Solvenzbescheinigung haften. Insbesondere irreführende Angaben der Solvenzbescheinigung sollen sanktioniert werden.[259] Ergänzend soll eine Insolvenzverschleppungshaftung eingeführt werden.[260]

332. Reformvorschlag der Rickford-Gruppe

Die nach ihrem Vorsitzenden Jonathan Rickford[261] auch als Rickford-Gruppe bezeichnete „Interdisciplinary Group on Capital Maintenance“[262] wurde im Mai 2003 auf Initiative des Accounting Standards Board und des Company Law Centre des British Institute of International and Comparative Law gegründet. Diese

257 Vgl. LANFERMANN/RÖHRICHT (2007), S. 11.

258 Vgl. auch COENENBERG (2007), S. 276.

259 Vgl. HIGH LEVEL GROUP (2002), S. 95 f.; „Richtigkeit der Solvenzbescheinigung“ kann hier nur bedeuten, dass die Solvenzprüfung auf realistischen Prämissen basierte und die Ergebnisse der Solvenzprüfung schlüssig und nachvollziehbar sind. Insbesondere bei infolge der Ausschüttung eintretender Insolvenz haftet der Vorstand nur bei schuldhaft pflichtwidrigem Verhalten (vgl. dazu BGH, Urteil vom 21.04.1997 – II ZR 175/95, DB 1997, S. 106).

260 Vgl. HIGH LEVEL GROUP (2002), S. 96.

261 Jonathan Rickford war zuvor auch Mitglied der High Level Group, deren Reformvorschlag im vorgehenden Abschnitt 331. dargestellt wurde.

262 Zur „Interdisciplinary Group on Capital Maintenance“ um den Vorsitzenden Jonathan Rickford (Company Law Centre, British Institute of International and Comparative Law) gehörten Sir Bryan Carsberg (International Accounting Standards Committee), Professor Paul Davies (London School of Ecnonomcs and Political Sciences), Michael Edbury (Department of Trade and Industry, London), Clive Edrupt (Confederation of British Industry, London), Mary Keegan (Accounting Standards Board, London), Vanessa Knapp (Law Society Company Law Committee, London), David Lawton (Her Majesty's Treasury, London), Andrew Lennard (Accounting Standards Board), Professor Dan Prentice (Pembroke College, Oxford), Andrew Watchman (Department of Trade and Industry, London) and Malcom Woodford (Institute of Chartered Accountants in England and Wales – Company Law Committee, früher PricewaterhouseCoopers) (vgl. RICKFORD (2004), S. 996 f.).

Arbeitsgruppe hatte zum Ziel, der Anregung der High Level Group[263] folgend ein Alternativkonzept zum bestehenden Kapitalerhaltungssystem zu erarbeiten.

In dem im April 2004 veröffentlichten Abschlussbericht[264] kommt die Rickford-Gruppe zum Schluss, das bestehende Kapitalerhaltungssystem der Kapitalrichtlinie sei *„incomplete, dysfunctional, avoidable and unsuccessful as a harmonization measure"*[265]. Im Laufe des Abschlussberichtes[266] wird daher ein auf einem Solvenztest basierendes Alternativkonzept vorgestellt, welches gläubigerschädigende Vermögensverlagerungen zugunsten der Anteilseigner nach Auffassung der Rickford-Gruppe besser zu unterbinden vermag als das bestehende Kapitalerhaltungssystem.[267] Die Rickford-Gruppe plädiert entsprechend für die Aufhebung der Kapitalrichtlinie und – entgegen dem Vorschlag der High Level Group – insbesondere für die Abschaffung des Mindestnennkapitals.[268]

Hinsichtlich der Ausschüttungsbeschränkung unterscheidet die Rickford-Gruppe zwar wie bereits die High Level Group zwischen einem Bilanztest und einem Solvenztest, misst dem Bilanztest als Ausschüttungsrestriktionen allerdings kaum Bedeutung zu: Ein Bilanztest – d. h. die Prüfung, ob das Vermögen auch nach Ausschüttung noch die Schulden übersteige – entfalte keine hinreichende ausschüttungsbeschränkende Wirkung. Dieser sei daher als Ausschüttungsrestriktion ungeeignet. Basierte dieser auf diskontierten künftigen Cashflows, führte er zum gleichen Ergebnis wie ein Solvenztest.[269] Ein ausschließlich auf Daten der Rechnungslegung beruhender Bilanztest hingegen berge die Gefahr der Fehlbeurteilung, da die künftigen Zahlungsflüsse eines Unternehmens auf dessen Grundlage nicht zu beurteilen seien.[270] Der Solvenztest soll eine kurzfristige und eine langfristige Komponente enthalten. Zum einen muss das Unternehmen unmittelbar nach Ausschüttung noch zahlungsfähig sein, d. h. die Liquidität direkt nach Ausschüttung zuzüglich der in den nächsten zwölf Monaten zu erwartenden Einzahlungen muss voraussichtlich zur Bezahlung der in diesem Zeitraum fälligen Verbindlichkeiten ausreichen.[271] Zum anderen muss das Unternehmen auch nach der vorgesehenen Ausschüttung über einen längeren, noch voraussehbaren Zeitraum

263 Vgl. HIGH LEVEL GROUP (2002), S. 87.

264 Vgl. RICKFORD (2004), S. 919-1027.

265 RICKFORD (2004), S. 947.

266 Vgl. RICKFORD (2004), S. 966-995.

267 Vgl. RICKFORD (2004), S. 947.

268 Vgl. RICKFORD (2004), S. 931, 986.

269 Vgl. RICKFORD (2004), S. 980.

270 Vgl. RICKFORD (2004), S. 980, 988.

271 Vgl. RICKFORD (2004), S. 980.

voraussichtlich zahlungsfähig bleiben.[272] In den Solvenztest sollen auch Eventualverbindlichkeiten *(contingent liabilities)* und bereits begründete, erst künftig entstehende Verbindlichkeiten *(prospective liabilities)* einzubeziehen sein.[273]

Aus Sicht der Gläubiger sei allein der Erhalt der künftigen Zahlungsfähigkeit entscheidend, denn dem Risiko eines Forderungsausfalles seien die Gläubiger erst bei drohender Zahlungsunfähigkeit ausgesetzt.[274] Folglich soll eine Ausschüttung nach dem Vorschlag der Rickford-Gruppe bei positivem Solvenztest selbst dann gestattet sein, wenn der auf den Daten der Rechnungslegung basierende Bilanztest dieses verbieten würde. Soll allerdings aufgrund eines positiven Solvenztest-Ergebnisses ein Betrag ausgeschüttet werden, welcher den gemäß Bilanztest zulässigen Betrag übersteigt, so solle der Vorstand eine Erklärung abgeben müssen, weshalb er die Ausschüttung dennoch für gerechtfertigt hält. Diese Erklärungspflicht diene dazu, den Vorstand zu disziplinieren.[275] Letztlich würde der Bilanztest dann allerdings keine materielle Ausschüttungsrestriktion darstellen.[276]

Entsprechend dem Reformvorschlag der High Level Group soll der Vorstand eine Solvenzbescheinigung ausstellen müssen. Entgegen dem Vorschlag der High Level Group allerdings spricht sich die Rickford-Gruppe explizit gegen die Prüfung der Solvenzbescheinigung durch einen Wirtschaftsprüfer aus.[277]

Für schuldhafte Fehleinschätzungen in der Solvenzbescheinigung soll der Vorstand nicht nur zivilrechtlich *(civil liability)*, sondern auch strafrechtlich *(criminal liability)* haftbar sein.[278] Zudem plädiert auch die Rickford-Gruppe für die ergänzende Einführung einer Insolvenzverschleppungshaftung.[279]

Zusammenfassend ist festzuhalten: Bei Umsetzung des Reformvorschlages der Rickford-Gruppe verbliebe der Solvenztest als alleinige materielle Ausschüttungsrestriktion. Da die einem Solvenztest zugrundeliegenden Prämissen und

272 Vgl. RICKFORD (2004), S. 979 *(„... for the reasonably foreseeable future, taking account of the company's expected prospects in the ordinary course of business, it can be reasonably be expected to meet its liabilities.")*.

273 Vgl. RICKFORD (2004), S. 978 f.

274 Vgl. RICKFORD (2004), S. 967.

275 Vgl. RICKFORD (2004), S. 980; VEIL (2006), S. 106; LANFERMANN/RÖHRICHT (2007), S. 11.

276 Vgl. LANFERMANN/RÖHRICHT (2007), S. 11.

277 Vgl. RICKFORD (2004), S. 979-981.

278 Vgl. RICKFORD (2004), S. 980.

279 Vgl. RICKFORD (2004), S. 984 *(„... the solvency test should be supported by properly sanctioned general behavioural standards covering wrongful trading and non-commercial or unfair transactions in conditions of insolvency or anticipated insolvency")*.

Prognosen nicht vollständig nachprüfbar sind und die Solvenzbescheinigung zudem nicht von einem Wirtschaftsprüfer zu prüfen wäre, wäre der Schutz der Gläubiger auf die ex post-Haftung des Vorstands reduziert.[280] Zwar würde der Vorstand aufgrund der ihm drohenden Haftung gegebenenfalls vor überhöhten Ausschüttungen zurückschrecken[281], doch stünde diesem Nutzen eine erhebliche Rechtsunsicherheit entgegen. Prognosen sind umso weniger verlässlich, je größer der Prognosezeitraum. Wird der Prognosezeitraum verkürzt, ist die Prognose zwar verlässlicher, doch bleiben erst langfristig eintretende Zahlungsverpflichtungen (z. B. Pensionszahlungen) unberücksichtigt.[282]

333. Reformvorschlag der Universität Groningen

Der Reformvorschlag der Universität Groningen geht auf die Initiative des niederländischen Justizministeriums zurück. Dieses beauftragte das Institut für Unternehmensrecht der Universität Groningen[283] vor dem Hintergrund der bereits vorliegenden Studien der High Level Group und der Rickford-Gruppe mit einer Studie, in welcher ebenfalls ein Vorschlag eines alternativen Systems der Kapitalerhaltung erarbeitet werden sollte. Im Rahmen dieser Studie wurden das niederländische Recht der Aktiengesellschaft *(naamloze vennotschappen)* und der Gesellschaft mit beschränkter Haftung *(besloten vennotschappen)* mit den Kapitalerhaltungssystemen Australiens, des US-Bundesstaates Delaware sowie des *Revised Model Business Corporation Act (RMBCA)*[284] als Beispiele nichteuropäischer Kapitalerhaltungssysteme verglichen. Auf Basis der daraus gewonnenen Erkenntnisse wurde ein Vorschlag zur Reform des bestehenden europäischen Kapitalschutzsystems formuliert. Die Ergebnisse der Studie wurden im August 2005 veröffentlicht.[285]

Entsprechend dem Reformvorschlag der Rickford-Gruppe spricht sich auch der Reformvorschlag der Universität Groningen für die Abschaffung des gesetzlichen Mindestnennkapitals aus.[286]

280 Vgl. LANFERMANN/RÖHRICHT (2007), S. 11.

281 Vgl. VEIL (2006), S. 106; LANFERMANN/RÖHRICHT (2007), S. 11.

282 Vgl. KLEINDIEK (2007), S. 5; SCHOLZ (2008), S. 80.

283 Die Studie wurde erstellt von Johanna Neeltje Schutte-Veenstra, Hylda Esther Boschma und Marie-Louise Lennarts.

284 Vgl. BOSCHMA/LENNARTS/SCHUTTE-VEENSTRA (2005), S. 12.

285 Vgl. BOSCHMA/LENNARTS/SCHUTTE-VEENSTRA (2005). Vgl. zusammenfassend auch MARX (2006), S. 51 f.; LANFERMANN/RÖHRICHT (2007), S. 11 sowie SCHOLZ (2008), S. 80 f.

286 Vgl. BOSCHMA/LENNARTS/SCHUTTE-VEENSTRA (2005), S. 64.

Ebenfalls entsprechend dem Reformvorschlag der Rickford-Gruppe wird auch im Reformvorschlag der Universität Groningen die künftige Zahlungsfähigkeit als wesentliches einzudämmendes Gläubigerrisiko verstanden.[287] Zum Schutz der Gläubiger sollen daher jegliche Arten von Ausschüttungen – z. B. Dividenden, der Kauf eigener Aktien oder Kapitalherabsetzungen[288] – nur nach positivem Ergebnis eines zweistufigen Solvenztests, bestehend aus einem Bilanztest und einem Liquiditätstest, zulässig sein.[289] Da folglich bei negativem Ergebnis des Bilanztestes eine Ausschüttung ausgeschlossen wäre, wäre der Bilanztest hier im Gegensatz zum Reformvorschlag der Rickford-Gruppe eine materielle Ausschüttungsrestriktion, welche nicht mittels entsprechender Vorstandserklärung[290] unterlaufen werden könnte.

Das Ergebnis des Bilanztests soll positiv sein, wenn das Eigenkapital nach Ausschüttung positiv ist, wenn also das Vermögen nach Ausschüttung die Schulden übersteigt. Der Bilanztest soll unabhängig vom geltenden Rechnungslegungssystem auf den Daten des Jahresabschlusses beruhen.[291] Da die ausgewiesene Eigenkapitalhöhe abhängig vom anzuwendenden Rechnungslegungssystem ist, wirkt sich die Wahl des Rechnungslegungssystems auch auf die Vermögensbindung des Bilanztests aus. Das Erfordernis eines Bilanztests wird damit begründet, dass der Liquiditätstest aufgrund der mit steigendem Prognosehorizont wachsenden Unsicherheit nur einen begrenzten Zeitraum einbeziehen kann und nach diesem Zeitraum eintretende Zahlungsströme folglich ohne Bilanztest unberücksichtigt blieben.[292]

Das Ergebnis des Liquiditätstests soll positiv sein, wenn damit zu rechnen ist, dass nach Ausschüttung noch ausreichend Liquidität vorhanden ist, um über einen bestimmten Zeitraum sämtlichen fälligen Zahlungsverpflichtungen nachzukommen. Indem der Liquiditätstest eine zusätzliche, von der Ertragsrealisation unabhängige Ausschüttungshürde schafft, soll er die Schwächen des Bilanztests ausgleichen.[293] Als einzubeziehender Prognosezeitraum werden zwölf Mo-

287 „The basic principle should be that creditors have a reasonable prospect that the company will meet its obligations to them in a timely fashion." (BOSCHMA/LENNARTS/SCHUTTE-VEENSTRA (2005), S. 65) und weiter „Creditors have an interest that a company has sufficient cash available after making distributions to pay the debts as they fall due (in the coming period) in its ordinary course of business." (BOSCHMA/LENNARTS/SCHUTTE-VEENSTRA (2005), S. 66).

288 Vgl. BOSCHMA/LENNARTS/SCHUTTE-VEENSTRA (2005), S. 72.

289 Vgl. BOSCHMA/LENNARTS/SCHUTTE-VEENSTRA (2005), S. 70-72.

290 Siehe oben Abschnitt 332.

291 Vgl. BOSCHMA/LENNARTS/SCHUTTE-VEENSTRA (2005), S. 70 f.

292 Vgl. BOSCHMA/LENNARTS/SCHUTTE-VEENSTRA (2005), S. 72; MARX (2006), S. 52.

293 Vgl. BOSCHMA/LENNARTS/SCHUTTE-VEENSTRA (2005), S. 71 f.

nate empfohlen. Weitere Anforderungen an den Liquiditätstest sollen erst in Zusammenarbeit mit Wirtschaftsprüfungsgesellschaften entwickelt werden.[294] Allerdings deutet das Bestreben der Forschergruppe, möglichst klare und eindeutige Ausschüttungsrestriktionen zu formulieren[295] darauf hin, dass auch der Liquiditätstest auf Bilanzdaten beruhen soll.[296]

Ergänzend soll der Vorstand auch gemäß diesem Reformvorschlag verpflichtet werden, eine Solvenzerklärung abzugeben und zu veröffentlichen, in welcher er bestätigt, dass die vorgesehene Ausschüttung gemäß dem zweistufigen Solvenztest zulässig ist. Ob diese Solvenzerklärung durch einen Wirtschaftsprüfer zu prüfen ist, lässt der Reformvorschlag offen. Ebenso ist keine (zivil- oder strafrechtliche) persönliche Haftung des Vorstands für die Richtigkeit dieser Solvenzerklärung vorgesehen, doch ist diese bei enger Bindung des Bilanz- und Liquiditätstests an Bilanzdaten aufgrund der damit höheren Nachprüfbarkeit und Verlässlichkeit auch weniger bedeutend. Hingegen betont der Reformvorschlag die Bedeutung der Insolvenzverschleppungshaftung für die Durchsetzung der Gläubigeransprüche.[297]

334. Reformvorschlag des Arbeitskreises „Kapital in Europa“

Der Arbeitskreis „Kapital in Europa“ wurde 2004 von Marcus Lutter gegründet. Er sollte in Reaktion auf die Kritik der Rickford-Gruppe seinerseits die Zweckmäßigkeit des bestehenden Kapitalerhaltungssystem untersuchen und ein Alternativkonzept entwickeln, welches mit dem bestehenden Kapitalerhaltungssystem vereinbar ist und gleichzeitig dem fortschreitenden Einfluss der IFRS auf den für die Kapitalerhaltung maßgeblichen Jahresabschluss gerecht wird.[298] Im Unterschied zur Rickford-Gruppe gehörten dem Arbeitskreis „Kapital in Europa“ neben deutschen Mitgliedern, welche den überwiegenden Teil der Arbeitsgruppe ausmachten, auch ausländische Mitglieder an.[299]

---

294 Vgl. BOSCHMA/LENNARTS/SCHUTTE-VEENSTRA (2005), S. 72.

295 Vgl. BOSCHMA/LENNARTS/SCHUTTE-VEENSTRA (2005), S. 72.

296 Vgl. LANFERMANN/RÖHRICHT (2007), S. 11.

297 Vgl. BOSCHMA/LENNARTS/SCHUTTE-VEENSTRA (2005), S. 61, 66; MARX (2006), S. 52; SCHOLZ (2008), S. 81.

298 Die Ergebnisse sowie sämtliche im Arbeitskreis entstandenen Teilstudien, davon neun Auslandsberichte, sind zusammengefasst in LUTTER (Hrsg.) (2006), Das Kapital der Aktiengesellschaft in Europa, ZGR-Sonderheft 17.

299 Vgl. LUTTER (Hrsg.) (2006), Das Kapital der Aktiengesellschaft in Europa, ZGR-Sonderheft 17, Vorwort, S. V. Zum Arbeitskreis „Kapital in Europa“ gehörten 41 Experten aus Wissenschaft und

Die Frage, ob ein bestimmtes Mindestnennkapital weiterhin gesetzlich vorzugeben sei, war innerhalb des Arbeitskreises umstritten.[300] Letztlich plädiert der Arbeitskreis für die Beibehaltung des für die AG geltenden Mindestnennkapitals von 50.000 EUR, um die Kapitalanforderungen der börsenfähigen AG eindeutig von denen der Gesellschaft mit beschränkter Haftung (GmbH) abzugrenzen, auf welche zur Vermeidung der Kapitalanforderungen ausgewichen werden könnte.[301] Die Höhe dieses zu fordernden Mindestkapitals allerdings bleibt willkürlich.[302]

Hinsichtlich der künftigen Gestaltung der Kapitalerhaltung plädiert der Arbeitskreis für den unveränderten Fortbestand der Kapitalrichtlinie[303] und schlägt als Kompromiss[304] eine duale Lösung vor:

1. Der von einem Abschlussprüfer geprüfte und testierte Jahresabschluss nach HGB bzw. der Vierten EG-Richtlinie soll weiterhin die Basis zur Ermittlung des ausschüttungsfähigen Betrages bilden. Dies ist unproblematisch für Gesellschaften, welche bereits aus anderen Gründen einen Jahresabschluss nach HGB bzw. der Vierten EG-Richtlinie erstellen.
2. Erstellt eine Gesellschaft hingegen den Jahresabschluss nach IFRS und wird dieser von einem Abschlussprüfer geprüft und testiert, so soll der IFRS-Jahresabschluss im Rahmen eines Bilanztestes als erste Komponente zur Ermittlung des ausschüttungsfähigen Betrages dienen. Als zweite Komponente soll dann allerdings zusätzlich ein Solvenztest zu erstellen sein. Dieser soll maximal die zwei folgenden Geschäftsjahre einbeziehen[305] und auch wesentliche innerhalb dieses Zeitraumes eintretende Zahlungsverpflichtungen berücksichtigen.[306]

Praxis, davon 27 aus Deutschland, je drei aus Österreich und Polen, je zwei aus Frankreich und den Niederlanden sowie je einer aus Spanien, Belgien, Italien und den USA.

300 Vgl. LUTTER (2006), S. 7. Zur Diskussion des Mindestnennkapitals ausführlich EIDENMÜLLER/GRUNEWALD/NOACK (2006), S. 17-41.

301 Vgl. LUTTER (2006), S. 7.

302 Lutter hingegen betont diese Willkür nur für den das Mindestkapital übersteigenden Teil des Eigenkapitals (LUTTER (2006), S. 7).

303 Vgl. LUTTER (2006), S. 13.

304 „Der Arbeitskreis ist sich bewusst, dass diese Lösung alle Schwächen und Inkonsequenzen eines Kompromisses in sich trägt", hält sie aber für vertretbar (LUTTER (2006), S. 11).

305 In Anlehnung an IDW PS 800.12 (vgl. PELLENS/SELLHORN (2006), S. 485, Fn. 166). In PS 800.12 heißt es: „In der Praxis wird der Prognosezeitraum (...) in der Regel durch das laufende und das kommende Geschäftsjahr begrenzt sein, da darüber hinausgehend Höhe und Zeitpunkt der Zahlungen nicht mehr hinreichend sicher bestimmbar sind." (IDW (1999), IDW PS 800.12).

306 Vgl. PELLENS/SELLHORN (2006), S. 485.

Nach Ansicht der Arbeitsgruppe ist der Solvenztest als den IFRS-Jahresabschluss ergänzende Ausschüttungsrestriktion einer Anpassung des IFRS-Jahresabschlusses an die Erfordernisse der Kapitalerhaltung vorzuziehen. Eine hinsichtlich Realisations- und Imparitätsprinzip korrigierte IFRS-Bilanz käme einer „Parallelrechnungslegung“[307] gleich und würde – insbesondere aufgrund der dann zwingenden Überprüfung sämtlicher IFRS-Änderungen und des daraus resultierenden weiteren Korrekturbedarfs – zu hohe Kosten verursachen.[308]

Der Solvenztest soll verpflichtend von einem Abschlussprüfer zu prüfen sein. Damit soll gewährleistet werden, dass der Solvenztest korrekt und unter Verwendung wahrheitsgetreuer Daten erstellt wird. Zudem soll der Vorstand für die Richtigkeit des Solvenztests im Sinne der Grundsätze ordnungsmäßiger Unternehmensführung haften.[309]

Der Arbeitskreis „Kapital in Europa“ versteht den Solvenztest nur als ergänzendes Instrument zum Bilanztest. Ausschließlich einen Solvenztest zu fordern und damit auf den Bilanztest zu verzichten, wird aus zwei Gründen abgelehnt: Erstens könne ein Solvenztest allein die Ausschüttung von Einlagen nicht verhindern.[310] Zweitens wäre ein Solvenztest allein zu teuer und zeitintensiv, da dieser entweder intensivst durch den Abschlussprüfer zu prüfen und zu testieren wäre oder aber – falls der Solvenztest nicht geprüft und testiert würde – die Haftpflichtversicherung des Vorstands erheblich aufzustocken wäre.[311]

Zusammenfassend ist festzuhalten: Der Reformvorschlag des Arbeitskreises „Kapital in Europa“ verteidigt das Kapitalerhaltungssystem der Kapitalrichtlinie. Er schlägt als Kompromiss vor, den auf dem HGB-Jahresabschluss basierenden Bilanztest gemäß Kapitalrichtlinie auch auf den IFRS-Jahresabschluss anzuwenden, diesen dann allerdings um einen finanzplanbasierten Solvenztest und eine entsprechende Solvenzbescheinigung zu ergänzen. Die Solvenzbescheinigung wäre zu veröffentlichen, der Solvenztest vom Abschlussprüfer zu prüfen und zu testieren.[312]

307 PELLENS/SELLHORN (2006), S. 484, Fn. 164.

308 Vgl. LUTTER (2006), S. 11; PELLENS/SELLHORN (2006), S. 484, Fn. 164.

309 Vgl. PELLENS/SELLHORN (2006), S. 486.

310 Vgl. LUTTER (2006), S. 10 f.

311 Vgl. LUTTER (2006), S. 11.

312 Von anderer Stelle allerdings wird dieser doppelte Kapitalschutz aus IFRS-Bilanztest und Solvenztest als übertrieben kritisiert. Demnach sei ein zusätzlicher Solvenztest auch bei einem Jahresabschluss nach IFRS nicht erforderlich, da die Beurteilung der Zahlungsunfähigkeit und der

335. Reformvorschlag des IDW

Auch das Institut der Wirtschaftsprüfer in Deutschland e. V. (IDW) veröffentlichte 2006 „Vorschläge zur Neukonzeption der Kapitalerhaltung und zur Ausschüttungsbemessung“[313]. Die Vorschläge des IDW unterscheiden sich von denen des Arbeitskreises „Kapital in Europa“[314] nur hinsichtlich der Frage, ob das gesetzliche Mindestnennkapital beizubehalten ist: Im Unterschied zum Reformvorschlag des Arbeitskreises „Kapital in Europa“ spricht sich das IDW – wie bereits die Rickford-Gruppe – für die Abschaffung des gesetzlichen Mindestnennkapitals aus. Das gesetzliche Mindestnennkapital trage nicht zu einem wirksamen Gläubigerschutz bei und seine Funktion als Seriositätsschwelle sei fraglich.[315]

In allen übrigen Punkten stimmt das IDW den Vorschlägen des Arbeitskreises „Kapital in Europa“ im Wesentlichen zu, konkretisiert diese allerdings hinsichtlich der Elemente des Solvenztests und hinsichtlich der Prüfung der Solvenzbescheinigung:

Auch nach Auffassung des IDW soll der Bilanztest als Ausschüttungsrestriktion unabhängig von der Einführung eines diesen ergänzenden liquiditätsorientierten Solvenztests beibehalten werden. Dies wird entsprechend der Argumentation der Universität Groningen[316] damit begründet, dass der Solvenztest nur einen begrenzten Prognosezeitraum betrachten und später eintretende Ein- und Auszahlungen folglich nicht berücksichtigen kann.[317]

Erstellt ein Unternehmen nur einen IFRS-Jahresabschluss, so soll der auf diesem beruhende Bilanztest durch einen Solvenztest zu ergänzen sein. Der Solvenztest soll aus einem Finanzstatus zum Zeitpunkt der Ausschüttung und einer Liquiditätsplanung bestehen, welche mindestens das laufende und das folgende Geschäftsjahr berücksichtigt.[318] Darüber hinaus stellt das IDW entgegen dem Vorschlag des Arbeitskreises „Kapital in Europa“ zumindest zur Diskussion, die Pflicht zur Erstellung eines Solvenztests zu einem späteren Zeitpunkt auf Kapi-

Überschuldung bereits bisher nicht primär auf dem Jahresabschluss basiere (vgl. BÖCKING/DUTZI (2006), S. 15; BÖCKING/DUTZI (2007), S. 439 f.).

313 Vgl. IDW (2006), S. 677-679.

314 Siehe oben Abschnitt 334.

315 Vgl. IDW (2006), S. 678.

316 Siehe oben Abschnitt 333.

317 Vgl. IDW (2006), S. 678.

318 Vgl. IDW (2006), S. 679.

talgesellschaften auszudehnen, welche den Jahresabschluss weiterhin nach HGB erstellen.[319]

Der Vorstand soll dazu verpflichtet werden, das Ergebnis des Solvenztests in einer Solvenzerklärung zu veröffentlichen. Darin hätte er zu bestätigen, „dass auf der Grundlage des aufgestellten Finanzstatus und der darauf aufbauenden Liquiditätsplanung mit hoher Wahrscheinlichkeit davon ausgegangen werden kann, dass nach der Ausschüttung während des zugrunde gelegten Prognosezeitraums hinreichende Liquidität vorliegt, damit die im Prognosezeitraum fällig werdenden Verbindlichkeiten beglichen werden können."[320]

Zur Frage, ob die Solvenzerklärung von einem Abschlussprüfer zu prüfen sei, nimmt das IDW nicht Stellung.[321] Entgegen den bisher beschriebenen Reformvorschlägen geht das IDW in seinen Vorschlägen allerdings darauf ein, was die Prüfung der Solvenzerklärung durch den Abschlussprüfer – sollte sie denn gefordert werden – leisten kann und was nicht: Die Prüfung der Solvenzerklärung könne nicht garantieren, dass das Unternehmen im betrachteten Prognosezeitraum tatsächlich nicht zahlungsunfähig werde. Vielmehr könne der Abschlussprüfer nur beurteilen, ob die dem Solvenztest zugrunde liegenden Daten und Annahmen glaubhaft sind und ob die aus diesen Daten und Annahmen abgeleitete Prognose nachvollziehbar ist. Wie das IDW abschließend betont, könne das Ergebnis dieser Prüfung nur als *„negative assurance"*[322] formuliert werden[323], also beispielsweise dahingehend lauten, dass die Prüfung der Solvenzerklärung zu keinen Anhaltspunkten geführt habe, aufgrund derer die Annahmen und Prognosen der Solvenzerklärung in Frage zu stellen wären.

336. Zusammenfassender Vergleich der Reformvorschläge

Tabelle 3.1[324] stellt die genannten fünf Vorschläge zur Reform des bestehenden Kapitalerhaltungssystems zusammengefasst gegenüber.

319 Vgl. IDW (2006), S. 677.

320 IDW (2006), S. 679.

321 Vgl. FUCHS/STIBI (2007a), S. 97.

322 FUCHS/STIBI (2007a), S. 97.

323 Vgl. IDW (2006), S. 679.

324 Eigene Darstellung, basierend auf PELLENS/BRANDT/RICHARD (2006), S. 2022.

	High Level Group	Rickford-Gruppe	Universität Groningen	Lutter-Gruppe	IDW
Mindestnenn-kapital	Beibehaltung	Abschaffung	Abschaffung	Beibehaltung	Abschaffung
Bilanztest	Aktiva müssen Schulden decken bzw. um eine bestimmte Marge übersteigen.	faktische Abschaffung	Vermögen nach Ausschüttung muss Schulden decken.	Beibehaltung der bestehenden Regelungen der Kapitalrichtlinie	Nach Ausschüttung verbleibendes Vermögen muss bestehende Verbindlichkeiten decken.
für Bilanztest relevante Rechnungslegungsregeln	nicht geregelt	nicht erforderlich	Jahresabschluss nach nationalem Recht oder nach IFRS	HGB- oder IFRS-Jahresabschluss	HGB- oder IFRS-Jahresabschluss
Solvenztest	Umlaufvermögen muss zur Tilgung der Verbindlichkeiten bei Fälligkeit ausreichen; ggf. zusätzliche Liquiditätsmarge.	Künftige Cashflows müssen ausreichen, um fällig werdende Verpflichtungen zu erfüllen.	Liquidität muss zur Tilgung der Verbindlichkeiten bei Fälligkeit ausreichen.	Künftige Cashflows müssen ausreichen, um fällig werdende Verpflichtungen zu erfüllen.	Liquidität muss mit hinreichender Wahrscheinlichkeit ausreichen, innerhalb des Prognosezeitraumes fällige Verbindlichkeiten zu tilgen.
Pflicht zur Erstellung des Solvenztests	ja, unabhängig vom Rechnungslegungs-system	ja, unabhängig vom Rechnungslegungs-system	ja, unabhängig vom Rechnungslegungs-system	nur bei IFRS-Jahresabschluss	nur bei IFRS-Jahresabschluss
Prognosezeitraum	12 Monate	12 Monate	12 Monate	12-24 Monate	mind. 12-24 Monate
Solvenz-bescheinigung	ja	ja	ja	ja	ja
Offenlegung	nicht geregelt	nur Solvenz-bescheinigung	nur Solvenz-bescheinigung	nur Solvenz-bescheinigung	nur Solvenz-bescheinigung
Prüfung der Solvenzbescheinigung durch Wirtschaftsprüfer	nicht geregelt	nein	nicht geregelt	ja	nicht geregelt
Vorstandshaftung	ja	ja	ja	ja	ja

Tabelle 3.1: Vergleich der Reformvorschläge

Auf der Suche nach einem möglichen Kompromiss, welcher das künftig vorzugebende Kapitalerhaltungssystem notwendigerweise sein muss, kann hinsichtlich der betrachteten Aspekte der Reformdiskussion folgendes festgehalten werden:

- Uneinigkeit besteht (noch) darüber, ob ein Mindestnennkapital gesetzlich vorzuschreiben ist oder nicht.
- Ein Bilanztest, gemäß dem Ausschüttungen nur zulässig sind, wenn das Vermögen die Schulden auch nach Ausschüttung noch übersteigt, wird in den meisten Reformvorschlägen befürwortet. Es wird erwartet, dass dieser – zumal wenn durch einen Solvenztest begleitet – auch mit einem Jahresabschluss nach IFRS grundsätzlich vereinbar wäre. Die Rickford-Gruppe allerdings will künftig auf einen Bilanztest als materielle Ausschüttungsrestriktion verzichten.
- Sämtliche Reformvorschläge befürworten den Solvenztest als neues liquiditätsbezogenes Instrument der Kapitalerhaltung. Die High Level Group, die Rickford-Gruppe und die Universität Groningen fordern diesen unabhängig davon, ob der Jahresabschluss nach HGB oder IFRS erstellt wird. Der Arbeitskreis „Kapital in Europa" und das IDW hingegen fordern diesen nur, falls der Jahresabschluss nach IFRS erstellt wird. Allerdings erwartet das IDW bereits eine weiterführende Diskussion, ob die Solvenzprüfung auf den Jahresabschluss nach HGB ausgedehnt werden sollte, steht dieser Option also offensichtlich offen gegenüber.
- Die Vorschläge hinsichtlich des in den Solvenztest einzubeziehenden Prognosezeitraumes variieren zwischen zwölf Monaten und mindestens dem laufenden und folgenden Geschäftsjahr. Damit wird der mit zunehmendem Prognosezeitraum zunehmenden Prognoseunsicherheit Rechnung getragen.
- Sämtliche Reformvorschläge fordern eine von der Unternehmensleitung auszustellende Solvenzbescheinigung, in welcher die Unternehmensleitung bestätigt, dass die vorgesehene Ausschüttung gemäß Solvenztest zulässig ist. Nur die Solvenzbescheinigung ist offenzulegen, nicht hingegen der Solvenztest selbst. Nur nach Meinung des Arbeitskreises „Kapital in Europa" soll die Solvenzbescheinigung von einem unabhängigen Wirtschaftsprüfer zu prüfen sein. Das IDW betont die eingeschränkte Aussagekraft einer solchen Prüfung.
- Schließlich befürworten sämtliche Reformvorschläge, dass die Unternehmensleitung für die ordnungsgemäße Durchführung des Solvenztests haf-

ten soll, verbunden mit einer ggf. zu verschärfenden Insolvenzverschleppungshaftung.

Der folgende Abschnitt 34 betrachtet nun eingehend den Solvenztest als das zentrale Objekt der Reformdiskussion. Die hinter dem Solvenztest stehende Grundidee wird kurz erläutert und die sich aus den bisherigen Vorschlägen und Untersuchungen zur Reform des bestehenden Kapitalerhaltungssystem abzeichnenden Anforderungen an die Gestaltung des Solvenztests zusammengefasst.

34 Der Solvenztest als zentrales Objekt der Reformdiskussion

341. Die Grundidee des Solvenztests als Ausschüttungsrestriktion

Die bestehenden bilanzbezogenen Ausschüttungsrestriktionen begrenzen die maximal zulässige Ausschüttungshöhe mit Blick auf die Höhe des vorhandenen Reinvermögens. Der Grundidee des Solvenztests folgend sind Vermögenstransfers von der Gesellschaft auf den Eigentümer aus Sicht der Gläubiger hingegen unbedenklich, solange die Gesellschaft voraussichtlich weiterhin zahlungsfähig bleibt.[325] Das Augenmerk der Gläubiger müsse in erster Linie darauf gerichtet sein, ob das Schuldnerunternehmen auch nach Ausschüttung voraussichtlich jederzeit in der Lage sein wird, die fälligen Verbindlichkeiten zu zahlen.

Der Solvenztest soll Ausschüttungen daher mit Blick auf die Zahlungsfähigkeit des Unternehmens begrenzen. Er soll verhindern, dass Teile des Reinvermögens trotz fehlender Liquidität ausgeschüttet werden. Ausschüttungen sollen entsprechend unterbleiben, wenn damit zu rechnen ist, dass die Gesellschaft ihre künftigen Zahlungsverpflichtungen im Falle der Ausschüttung nicht mehr erfüllen könnte.[326]

Bei alleiniger Anwendung eines Solvenztests wären Ausschüttungen nur zulässig, wenn basierend auf einer finanzplanbasierten Prognose künftiger Zahlungsströme zu erwarten ist, dass die nach Ausschüttung verbleibende Liquidität zuzüglich der zu erwartenden Einzahlungen über einen bestimmten Prognosezeitraum jederzeit ausreicht, um die innerhalb des Prognosezeitraums zu erwartenden fälligen Auszahlungen zu decken. Damit gleicht der Solvenztest einer Plan-

	Jan.	Feb.	...	Dez.
Finanzmittelfonds am Monatsanfang				
+ betriebliche Einzahlungen ./. betriebliche Auszahlungen **= Cashflow aus betrieblicher Tätigkeit (1)**				
+ Desinvestitionseinzahlungen ./. Investitionsauszahlungen **= Cashflow aus Investitionstätigkeit (2)**				
+ Finanzierungseinzahlungen ./. Finanzierungsauszahlungen **= Cashflow aus Finanzierungstätigkeit (3)**				
./. geplante Ausschüttung (4)				
+ Veränderung des Finanzmittelfonds ((1)+(2)+(3)+(4))				
= Finanzmittelfonds am Monatsende				

Abbildung 3.1: Schema eines finanzplanbasierten Solvenztests

Kapitalflussrechnung und könnte entsprechend in Anlehnung an IAS 7[327] (ebenso DRS 2) wie in Abbildung 3.1[328] aufgebaut sein.

Bei der Ermittlung des Cashflow aus betrieblicher Tätigkeit könnte zwischen der hier dargestellten direkten und der indirekten Methode gewählt werden. Bei der direkten Methode werden betrieblich bedingte Ein- und Auszahlungen gegenübergestellt und daraus die Veränderung des Zahlungsmittelbestandes errechnet.[329] Bei der indirekten Methode wird der Jahreserfolg um Aufwendungen und Erträge korrigiert, welche zahlungsunwirksam oder der Invesitions- und Finanzierungstätigkeit zuzurechnen sind.[330]

Vergleichbare Solvenzprognosen sind bereits de lege lata von Vorstand und Abschlussprüfer durchzuführen:[331]

Aus den dem Vorstand einer Aktiengesellschaft gemäß § 93 Abs. 1 i. V. m. § 92 AktG obliegenden Sorgfaltspflichten resultiert, dass der Vorstand jährlich die Sol-

325 Vgl. JUNGMANN (2006), S. 648; FUCHS/STIBI (2007b), S. 20.

326 Vgl. FUCHS/STIBI (2007b), S. 19.

327 Vgl. PELLENS/JÖDICKE/RICHARD (2005), S. 1400; PELLENS/SELLHORN (2006), S. 481.

328 Eigene Darstellung, basierend auf PELLENS/JÖDICKE/RICHARD (2005), S. 1400.

329 Vgl. IAS 7.18a.

330 Vgl. IAS 7.18b.

331 Vgl. MARX (2006), S. 190-196; BÖCKING/DUTZI (2006), S. 14 f.; BÖCKING/DUTZI (2007), S. 440; NAUMANN (2007), S. 425 sowie bezogen auf die GmbH HAAS (2006), S. E 133 f.

venz der Gesellschaft zu prüfen hat und folglich bereits de lege lata über ein entsprechendes Instrumentarium verfügen muss. Aus § 18 i. V. m. § 15a Abs. 1 InsO folgt überdies, dass der Vorstand die Solvenz der Gesellschaft auch unterjährig regelmäßig prüfen und dabei zur Aufdeckung einer drohenden Zahlungsunfähigkeit auch künftige Zahlungen im Sinne eines Solvenztests berücksichtigen muss.[332]

Auch der Abschlussprüfer hat die künftige Zahlungsfähigkeit gemäß IDW PS 270 regelmäßig sowie gemäß IDW PS 800 anlassbezogen auf Basis dem Solvenztest vergleichbarer finanzplanbasierter Prognosen zu prüfen:

- Bei der Prüfung des Jahresabschlusses hat der Abschlussprüfer zu beurteilen, ob die dem Jahresabschluss zugrundeliegende Prämisse der Unternehmensfortführung (*going concern*-Prämisse) der tatsächlichen Unternehmenssituation entspricht.[333] Kommt er dabei zum Schluss, dass bestimmte Sachverhalte Zweifel an der Fortführung des Unternehmens und damit an der fristgerechten Begleichung aller Zahlungsverpflichtungen begründen, so hat er die Angemessenheit der Prämisse der Unternehmensfortführung eingehend auf Basis eines Finanzplanes zu prüfen.[334] Diese Fortbestehensprognose ist damit letztlich ähnlich dem Solvenztest eine „Zahlungsfähigkeitsprognose“[335].
- Auch die Prüfung, ob Zahlungsunfähigkeit eingetreten ist (§ 17 InsO) oder einzutreten droht (§ 18 InsO), soll gemäß IDW PS 800 auf der Basis eines Finanzplans erfolgen.[336]

Wenngleich diese Solvenzprüfungen bislang bestenfalls indirekt die Höhe gesellschaftsrechtlich zulässiger Ausschüttungen begrenzen, können sie als Vorbild für die Gestaltung eines als Ausschüttungsrestriktion einzuführenden Solvenztests dienen.[337] Auch die für den Solvenztest erforderlichen methodischen Vor-

---

332 Vgl. BÖCKING/DUTZI (2006), S. 14 f.; MARX (2006), S. 190-196; BÖCKING/DUTZI (2007), S. 440.

333 Vgl. IDW PS 270.13 (2003).

334 Vgl. IDW PS 270.29 (2003). Dazu auch PELLENS/JÖDICKE/SCHMIDT (2007), S. 434.

335 DRUKARCZYK/SCHÜLER in KIRCHHOF/LWOWSKI/STÜRNER (2001), MüKo InsO, § 19 InsO, Rn. 53.

336 Vgl. IDW PS 800.7; Siehe auch PELLENS/JÖDICKE/RICHARD (2005), S. 1399 f.; PELLENS/JÖDICKE/SCHMIDT (2007), S. 434.

337 Zum Teil wird im geltenden Insolvenzrecht bereits eine liquiditätsbezogene Ausschüttungsrestriktion mit dem Ergebnis gesehen, dass „Ausschüttungen nicht zu einer Zahlungsunfähigkeit führen dürfen, mit anderen Worten nur zulässig sind, soweit die Zahlungsfähigkeit des Unternehmens gewährleistet bleibt“ (NAUMANN (2007), S. 425 mit Bezug auf HAAS (2006)).

kenntnisse und Softwarelösungen dürften vor diesem Hintergrund innerhalb der Unternehmen weitgehend vorhanden sein. Neu am nun diskutierten Solvenztest ist dessen unmittelbare Funktion als Ausschüttungsrestriktion. Zur Beurteilung, ob und in welcher Form der Solvenztest als Ausschüttungsrestriktion deutscher Aktiengesellschaften eingeführt werden sollte, sei zunächst darauf eingegangen, welche Anforderungen an die Gestaltung des Solvenztests bislang aus deutscher Sicht formuliert wurden.[338]

Die in Abschnitt 33 beschriebenen Reformvorschläge betrachten vornehmlich, ob, unter welchen Bedingungen und mit welcher Begründung ein Solvenztest als ergänzende Ausschüttungsrestriktion zu fordern ist. Die konkrete Gestaltung des Solvenztest, insbesondere die Frage, wie die Prognosen inhärente Unsicherheit einbezogen werden sollte, ohne die Idee des Solvenztests als zukunftsgerichtete Liquiditätsprognose aus den Augen zu verlieren, bleibt weitgehend offen. Parallel zu den beschriebenen Reformvorschlägen allerdings wurden auch aus deutscher Sicht bereits vereinzelt Anforderungen an die konkrete Gestaltung des Solvenztests formuliert.[339] Diese werden im folgenden Abschnitt 342. zunächst wiedergegeben und später basierend auf der ökonomischen Analyse von Ausschüttungsrestriktionen kritisch gewürdigt.[340]

342. Bestandsaufnahme der im Schrifttum diskutierten Anforderungen an die Gestaltung des Solvenztests

In Abbildung 3.2 sind die Anforderungen an die Gestaltung des Solvenztests zusammengefasst und systematisiert, welche bislang im Schrifttum genannt wurden. Der Solvenztest soll zukunftsorientiert sein und auf der Gegenüberstellung künftiger Ein- und Auszahlungen beruhen. Er soll folglich einer Plan-Kapitalflussrechnung[341] gleichen.[342] Diese Anforderungen ergeben sich bereits

338 Siehe Teilfrage 2c) in Abschnitt 12.

339 Im Einzelnen bereits früh PELLENS/JÖDICKE/RICHARD (2005), S. 1398, 1400 f.; PELLENS/SELLHORN (2006), S. 476 f., 480-484; ENGERT (2006), S. 325-328; MARX (2006), S. 191-196; FUCHS/STIBI (2007b), S. 19-24 sowie zuvor bereits verschiedene Grundsatzfragen der konkreten Gestaltung des Solvenztests aufwerfend FUCHS/STIBI (2007a), S. 97 f.; COENENBERG (2007), S. 277 f.

340 Siehe unten Abschnitt 422.2.

341 Siehe bereits oben das Schema eines finanzplanbasierten Solvenztests in Abschnitt 341. (Abbildung 3.1).

342 Vgl. PELLENS/JÖDICKE/RICHARD (2005), S. 1398; PELLENS/SELLHORN (2006), S. 476 f.; MARX (2006), S. 192; COENENBERG (2007), S. 277 f.

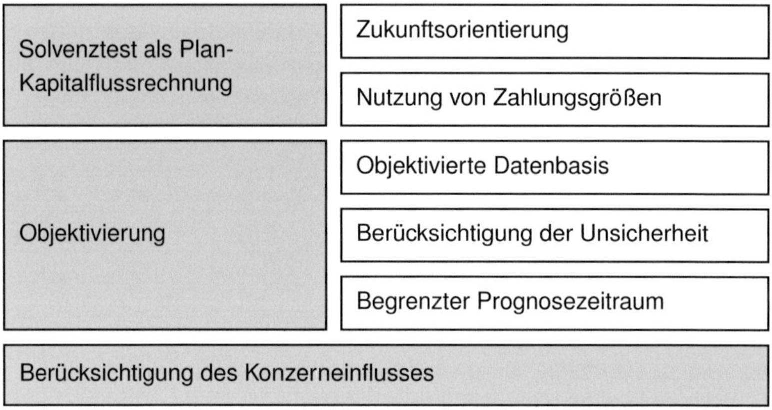

Abbildung 3.2: Anforderungen an die Gestaltung des Solvenztests

aus dem Begriffsverständnis des Solvenztests als zukunftsgerichtete liquiditätsbezogene Ausschüttungsrestriktion. Sie korrespondieren mit der Überlegung, dass die Gläubiger primär an der künftigen Zahlungsfähigkeit des Unternehmens interessiert sind.

Im Gegensatz zu einem nur zur internen Steuerung genutzten Finanzplan sind an den Solvenztest als Ausschüttungsrestriktion über die Unternehmens- und Konzerngrenzen hinweg wirkende Rechtsfolgen geknüpft. Aufgrund dessen muss der Solvenztest objektiviert, d. h. intersubjektiv nachprüfbar und willkürfrei[343], sein. Aus der Anforderung der Objektivierung[344] wiederum werden folgende Unteranforderungen abgeleitet:

(1) Der Solvenztest muss auf einer objektivierten Prognosebasis beruhen;

(2) der Solvenztest muss die Prognosen inhärenten Unsicherheit berücksichtigen; und

(3) der in den Solvenztest einfließende Prognosezeitraum muss begrenzt werden.

Zu (1): Objektivierte Prognosebasis:

Der Solvenztest soll auf einer objektivierten Prognosebasis beruhen, d. h. die in den Solvenztest einfließenden Prognosen sollen nicht durch will-

343 Vgl. BAETGE (1970), S. 16 f.; LEFFSON (1987), S. 81; POPPER (1994), S. 18.

344 ENGERT spricht sinngemäß von „Sorgfaltsanforderungen" (ENGERT (2006), S. 326 f.).

kürliche Ausnutzung des Prognosen inhärenten Ermessensspielraumes verzerrt werden können.[345] Bewusst unrealistische Prognosen sollen mit Sanktionen belegt werden.[346] Fraglich ist jedoch, unter welchen Voraussetzungen eine Prognose als unrealistisch einzustufen wäre. Hilfreich mag dabei die Konkretisierung der Forderung nach einer objektivierten Prognosebasis von ENGERT sein. Danach sollen die dem Solvenztest zugrunde liegenden Annahmen und Prognosen an Anhaltspunkte der Vergangenheit anknüpfen. Im Falle fehlender oder den Prognosen widersprechender Anahltspunkte solle der Vorstand im Sinne eines *„comply or explain"*-Ansatzes die getroffenen Annahmen eingehend begründen müssen.[347]

Zu (2): Berücksichtigung der Prognosen inhärenten Unsicherheit:

Zu klären ist weiter, wie der Solvenztest die Prognosen inhärente Unsicherheit berücksichtigen soll, auf welche Weise also noch unsichere oder bedingte künftige Ein- und Auszahlungen in den Solvenztest einfließen sollen. Hierbei kann zunächst zwischen einwertigen und mehrwertigen Prognosen unterschieden werden.

Als einwertige Prognose könnte der Solvenztest der Unsicherheit künftiger Ein- und Auszahlungen durch Rückgriff auf deren Erwartungswerte begegnen. Dies wird allerdings mit der Begründung abgelehnt, der Erwartungswert ließe keine Aussage über die Varianz einer Zahlungsprognose zu und habe somit nur einen geringen Informationsgehalt.[348] Ist ein Solvenztest auf Basis von Erwartungswerten mit den vorgenannten Argumenten abzulehnen, so wären künftige Ein- und Auszahlungen im Falle einer einwertigen Prognose stets in ihrer vollen voraussichtlichen Höhe einzubeziehen, wenn deren Eintrittswahrscheinlichkeit einen näher zu bestimmenden Mindestwert überschreitet. Die zu fordernde Höhe dieses Mindestwertes ist allerdings ökonomisch kaum begründbar. Auch der Rückgriff auf eine Wahrscheinlichkeitsschwelle von 50 % *(„more likely than not")*[349] stellt nur eine Scheingenauigkeit dar.[350] Dem Vorsichts-

345 Vgl. PELLENS/JÖDICKE/RICHARD (2005), S. 1398; PELLENS/SELLHORN (2006), S. 477; COENENBERG (2007), S. 278.

346 Vgl. PELLENS/JÖDICKE/RICHARD (2005), S. 1398; PELLENS/SELLHORN (2006), S. 477.

347 Vgl. ENGERT (2006), S. 326.

348 Vgl. PELLENS/CRASSELT/SELLHORN (2007), S. 273 f.; SCHOLZ (2008), S. 163.

349 Vgl. COENENBERG (2007), S. 278; vgl. zu dieser Wahrscheinlichkeitsschwelle z. B. IAS 37.23.

350 Vgl. FUCHS/STIBI (2007b), S. 22; ähnlich bereits ENGERT (2006), S. 328.

prinzip folgend wäre weiter zu fordern, künftige Auszahlungen bereits bei nur geringer Eintrittswahrscheinlichkeit zu berücksichtigen, künftige Einzahlungen hingegen erst bei höherer Eintrittswahrscheinlichkeit.[351] Doch bliebe auch dabei die Frage der ökonomischen Begründbarkeit bestimmter Wahrscheinlichkeitsschwellen offen.

Vor dem Hintergrund dieser Schwächen einer einwertigen Prognose untersuchten PELLENS/CRASSELT/SELLHORN, ob ein Solvenztest auf Basis einer Szenario-Analyse, einer Sensitivitätsanalyse oder einer Monte-Carlo-Simulation, also ein auf mehrwertigen Prognosen basierender Solvenztest, eine gangbare Alternative zur beschriebenen einwertigen Prognose sei.[352]

Mehrwertige Prognosen besitzen gegenüber einwertigen Prognosen den Vorteil, eine Aussage über die Wahrscheinlichkeit künftiger Zahlungsfähigkeit zu ermöglichen und haben somit einen höheren Informationsgehalt als einwertige Prognosen. Mit zunehmender Zahl an Szenarien allerdings wird ein mehrwertiger Solvenztest zunehmend komplex und aufwändig.[353] Das Problem, die in die Szenarien einfließenden Annahmen zu objektivieren, potenziert sich dadurch. Auch das bereits zuvor identifizierte Kernproblem, für Zwecke der Ausschüttungsrestriktion subjektiv eine zu fordernde Wahrscheinlichkeitsschwelle festlegen zu müssen, bleibt jeweils bestehen.[354] Hinzu tritt das Erfordernis, jedes Szenario hinsichtlich seiner Eintrittswahrscheinlichkeit zu beurteilen. Eine Sensitivitätsanalyse allein ist überdies als Ausschüttungsrestriktion ungeeignet, da diese keine Entscheidungsregel darstellt.[355] Im Ergebnis weisen sowohl einwertige als auch mehrwertige Prognosen Schwächen auf. Damit ist die Frage, wie die Prognosen inhärente Unsicherheit im Rahmen des Solvenztests berücksichtigt werden sollte, weiterhin offen.

Zu (3): Begrenzung des Prognosezeitraumes:

Als dritte Möglichkeit, den Solvenztest zu objektivieren, soll schließlich der Prognosezeitraum begrenzt werden. Dabei wird zwischen einem Detailprognosezeitraum und einer sich daran anschließenden langfristigen

351 Vgl. PELLENS/CRASSELT/SELLHORN (2007), S. 279; SCHOLZ (2008), S. 163 f.

352 Vgl. PELLENS/CRASSELT/SELLHORN (2007), S. 274-278.

353 Vgl. PELLENS/CRASSELT/SELLHORN (2007), S. 279.

354 Vgl. PELLENS/CRASSELT/SELLHORN (2007), S. 275 f., 278; dazu auch ausführlich SCHOLZ (2008), S. 164-168.

355 Vgl. WÖHE/DÖRING (2005), S. 628; SCHOLZ (2008), S. 166.

Kapitalbedarfsplanung unterschieden. Der Detailprognosezeitraum soll zwölf bis 24 Monate, d. h. konkreter das laufende und kommende Geschäftsjahr, umfassen.[356] In Branchen oder Unternehmen mit zuverlässig planbaren Cashflows könnte der Detailprognosezeitraum auch mehr als 24 Monate betragen.[357] MARX fordert hierzu ergänzend, dass im Falle eines 24 Monate übersteigenden Detailprognosezeitraumes gemäß einem *„comply or explain"*-Ansatz zu erläutern wäre, aufgrund welcher Umstände die Cashflows auch über diesen Zeitraum noch mit hinreichender Wahrscheinlichkeit prognostizierbar sind.[358]

Da Cashflows nur über einen kurzen Zeitraum mit hinreichender Wahrscheinlichkeit prognostizierbar sind, soll der den Detailprognosezeitraum umfassende Solvenztest durch eine langfristige Kapitalbedarfsplanung ergänzt werden. Wenngleich an eine langfristige Kapitalbedarfsplanung nur geringere Wahrscheinlichkeitsanforderungen gestellt werden können, sollen mit dieser Liquiditätsrisiken erfasst werden, welche zwar bereits erkennbar sind, jedoch aufgrund des begrenzten Detailprognosezeitraums im Solvenztest nicht berücksichtigt wurden.[359]

Unabhgängig von der Frage, wie die Unsicherheit künftiger Ein- und Auszahlungen im Solvenztest berücksichtigt werden sollte, wird neben dem Solvenztest auf Einzelgesellschaftsebene ein weiterer auf Konzernebene gefordert. Damit soll unterbunden werden, dass auf Einzelgesellschaftsebene Liquidität ausgeschüttet wird, obwohl die künftige Zahlungsfähigkeit aus Konzernsicht gefährdet ist.[360]

---

356 So fordern z. B. PELLENS/SELLHORN (2006), S. 476 f. „mindestens zwölf Monate" (ebenso HIGH LEVEL GROUP (2002), S. 95 und RICKFORD (2004), S. 921), IDW PS 800.12 hingegen „das laufende und kommende Geschäftsjahr" (zustimmend ENGERT (2006), S. 325 f.; VEIL (2006), S. 97).

357 Vgl. PELLENS/SELLHORN (2006), S. 482 Fn. 156; MARX (2006), S. 191-196.

358 Vgl. MARX (2006), S. 191-196.

359 Vgl. PELLENS/JÖDICKE/RICHARD (2005), S. 1400; BOSCHMA/LENNARTS/SCHUTTE-VEENSTRA (2005), S. 71; ENGERT (2006), S. 326, 328; MARX (2006), S. 196 f.

360 Vgl. PELLENS/JÖDICKE/RICHARD (2005), S. 1398 sowie PELLENS/SELLHORN (2006), S. 476 f., welche primär einen Solvenztest auf Konzernebene fordern, jedoch die Notwendigkeit eines zweiten Solvenztests auf Einzelgesellschaftsebene erwägen; für Solvenztests sowohl auf Konzern- als auch auf Einzelgesellschaftsebene COENENBERG (2007), S. 278.

35 Zusammenfassung und weiteres Vorgehen

In diesem Kapitel wurde der Solvenztest als zentrales Objekt der Reformdiskussion zur Kapitalerhaltung vorgestellt. Ausgehend von den wesentlichen Kritikpunkten an den bestehenden aktienrechtlichen Ausschüttungsrestriktionen wurde dargestellt, welche Stellung dem Solvenztest in den verschiedenen Reformvorschlägen beigemessen wird und welche Anforderungen an die Gestaltung eines Solvenztests bislang formuliert wurden.

Die Kritik gegen die bestehenden aktienrechtlichen Ausschüttungsrestriktionen richtet sich zunächst gegen die Höhe des vorzuhaltenden Mindestnennkapitals bzw. ruft die Problematik ins Bewusstsein, dass die Höhe des Mindestnennkapitals kaum begründet auf einen bestimmten Wert festgelegt werden könne und dass das Mindestnennkapital keinen ausreichenden Schutz der Gläubiger biete. Weiter werden der fehlende Liquiditätsbezug des Nennkapitalsystems sowie dessen aus dem engen Bezug zur Rechnungslegung resultierenden Schwachstellen betont.

Sämtliche Reformvorschläge sehen den Solvenztest als geeignetes Mittel, die Schwächen des Nennkapitalsystems auszugleichen. In den meisten Reformvorschlägen wird der Solvenztest als ergänzendes Instrument zum Nennkapitalsystem gesehen. Lediglich die Rickford-Gruppe plädiert faktisch für die Abschaffung des Nennkapitalsystems. Auch hinsichtlich der Gestaltung des Solvenztests dürfte eine europaweite Einigung nicht schwer fallen, weichen doch die Reformvorschläge nur zum Teil und nur in wenigen Punkten voneinander ab. Vorgeschlagen wird ein auf die künftige Liquidität bezogener Solvenztest mit einem Prognosezeitraum von ein bis zwei Jahren. Dessen Ergebnis soll in Form einer Solvenzbescheinigung offengelegt und nach hier geteilter Auffassung der Lutter-Gruppe und des IDW durch einen Wirtschaftsprüfer zu prüfen sein. Über diese konkrete Gestaltung des Solvenztests hinaus wurde die Objektivierung des Solvenztests bereits als zentrale übergreifende Anforderung an dessen Gestaltung formuliert. Zu diesem Zweck wird eine objektivierte Prognosebasis gefordert, welche insbesondere die Prognosen inhärente Unsicherheit berücksichtigt. Die Begrenzung des Prognosezeitraumes soll ebenfalls zur Objektivierung beitragen. Überdies soll der Solvenztest nach auch hier geteilter Auffassung Konzernsachverhalte berücksichtigen.

Im Fortgang der Untersuchung wird nun zunächst im vierten Kapitel die Beziehung zwischen Eigentümer und Gläubiger eingehend analysiert, um Ausschüttungsrestriktionen darauf aufbauend als Instrument der Kapitalerhaltung zu rechtfertigen und an Ausschüttungsrestriktionen zu stellende Anforderungen zu formulieren. Damit werden die Fragen des Fragenkomplexes 3[361] beantwortet:

3a) Wie sind Ausschüttungsrestriktionen im Hinblick auf die Beziehung zwischen Eigentümer und Gläubiger eines Unternehmens ökonomisch zu begründen?

3b) Welche an Ausschüttungsrestriktionen zu stellenden Anforderungen können aus der ökonomischen Begründung abgeleitet werden?

Im Rahmen der Beantwortung der Frage 3b) werden insbesondere die bislang formulierten Anforderungen an die Gestaltung, Offenlegung und Prüfung des Solvenztests[362] gewürdigt.

361 Siehe oben Abschnitt 12.

362 Siehe oben Abschnitt 342.

4 Ökonomische Analyse von Ausschüttungsrestriktionen

41 Ökonomische Begründung von Ausschüttungsrestriktionen

411. Grundlegender Aufbau der zu analysierenden Eigentümer-Gläubiger-Beziehung

411.1 Charakteristika der Fremdfinanzierung

Das Verhältnis zwischen dem Schuldnerunternehmen, hier vertreten durch dessen Eigentümer[363], und dem Gläubiger als Fremdkapitalgeber wurde in Abschnitt 11 bereits kurz erläutert. Der Fremdkapitalgeber überlässt dem Schuldnerunternehmen mit Abschluss des Darlehensvertrages für einen begrenzten Zeitraum eine bestimmte Darlehenssumme und erwirbt im Gegenzug einen festen Anspruch auf Rückzahlung der überlassenen Darlehenssumme nebst vereinbarter Zinsen (siehe Abbildung 4.1).

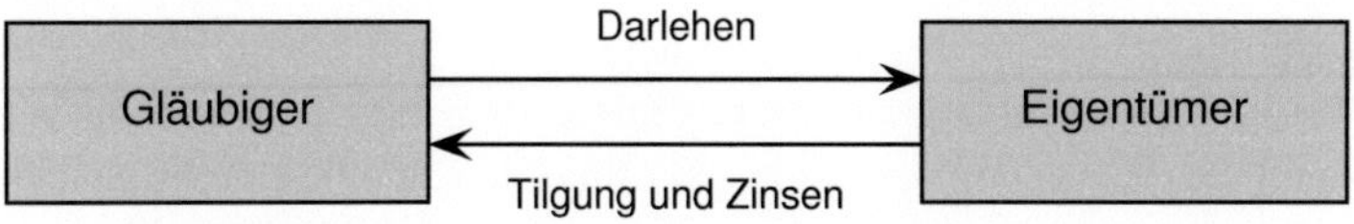

Abbildung 4.1: Die Struktur einer Darlehensfinanzierung

Zu welchem Zeitpunkt die Zins- und Tilgungsleistungen vom Schuldnerunternehmen zu erbringen sind, ist abhängig von der Gestaltung des Darlehensvertrages. So kann beispielsweise vereinbart werden, dass das Darlehen jährlich mit einem gleichbleibenden Betrag zu tilgen ist (Tilgungsdarlehen), dass jährlich ein gleich hoher Betrag bestehend aus einem auf die Restschuld berechneten Zinsanteil und einem Tilgungsanteil zu zahlen ist (Annuitätendarlehen) oder dass das Darlehen erst am Ende seiner Laufzeit zu tilgen ist (endfälliges Darlehen).

363 Siehe zur Gleichsetzung von Unternehmensleitung und Eigentümer bereits oben Abschnitt 12.

Die Beziehung zwischen dem Eigentümer als Vertreter des Schuldnerunternehmens und dem (Darlehens-)Gläubiger charakterisieren die folgenden drei Merkmale:

- Der Gläubiger ist aufgrund seines gegenüber dem Schuldnerunternehmen bestehenden Festanspruches asymmetrisch am Erfolg des Schuldnerunternehmens beteiligt:

  Der Gläubiger partizipiert nicht am Gewinn des Schuldnerunternehmens. Er erzielt über den Rückerhalt des dem Schuldnerunternehmen überlassenen Geldvermögens maximal den vertraglich vereinbarten Zinsertrag. Erwirtschaftet der Eigentümer dagegen einen Verlust, reduziert dieser die dem Gläubiger als Sicherheit dienende Haftungsmasse. Wird das Schuldnerunternehmen überdies zahlungsunfähig, ist es also nicht mehr in der Lage, die fälligen Zins- und Tilgungszahlungen zu leisten, so ist der Gläubiger dem Risiko ausgesetzt, seinen Festanspruch aufgrund fehlender Haftungsmasse zu verlieren.[364]
- Der Gläubiger hat in der Regel keinen Einfluss auf die Geschäftsführung des Schuldnerunternehmen.
- Der Gläubiger hat gegenüber dem Eigentümer einen Informationsnachteil.[365]

Der zeitliche Verlauf der Beziehung zwischen Eigentümer und Gläubiger kann in drei Phasen – die Entscheidungsphase, die Vertragsphase und die Abwicklungsphase – unterteilt werden: Die Entscheidungsphase ist die erste Phase. Während dieser Phase stehen Eigentümer und Gläubiger zwar bereits in Vertragsverhandlungen, ein Darlehensvertrag wurde allerdings bisher noch nicht geschlossen. Die Entscheidungsphase endet folglich in dem Moment, in dem Eigentümer und Gläubiger den Darlehensvertrag schließen oder sich mindestens ein Verhandlungspartner gegen den Vertragsschluss entscheidet.[366] Die Vertragsphase als zweite Phase beginnt mit der beiderseitigen Unterzeichnung des Darlehensvertrages und der anschließenden Auszahlung des Darlehensbetrages. Sie endet gegebenfalls vorzeitig bei Insolvenzeintritt des Schuldners, spätestens jedoch, sobald

364 Vgl. SCHMIDT (1981), S. 204.

365 Vgl. zu diesen Charakteristika der Fremdfinanzierung insbesondere SÜCHTING (1995), S. 28 sowie SCHMIDT/TERBERGER (1999), S. 20-22.

366 BITZ/HEMMERDE/RAUSCH (1986), S. 8 abstrahieren in diesem Zusammenhang von der Entscheidung des Eigentümers als Darlehensnehmer. Über das Zustandekommen des Darlehensvertrages entscheidet dann allein der Darlehensgeber.

der Darlehensbetrag zuzüglich vereinbarter Zinsen vollständig zurückgezahlt ist. Die Abwicklungsphase als dritte Phase schließlich beginnt mit dem Insolvenzeintritt des Schuldners. Sie entfällt, falls sämtliche aus dem Darlehen resultierenden Zins- und Tilgungszahlungen bereits vor Insolvenzeintritt vollständig geleistet wurden.

Im folgenden Abschnitt 411.2 wird das beschriebene Risiko des Gläubigers in Teilrisiken zerlegt. Ausgehend von diesen Teilrisiken wird gezeigt, wie das Risiko des Gläubigers, seinen Festanspruch gegenüber dem Schuldnerunternehmen vollständig oder teilweise zu verlieren, mithilfe von Ausschüttungsrestriktionen reduziert werden kann.

411.2 Systematisierung der Gläubigerrisiken

411.21 Überblick

Das Risiko des Gläubigers, seinen Festanspruch gegenüber dem Schuldnerunternehmen vollständig oder teilweise zu verlieren, setzt sich zusammen aus dem Informationsrisiko und dem Insolvenzrisiko, welches wiederum zerfällt in das Insolvenzeintrittsrisiko und das Insolvenzverlustrisiko. Abbildung 4.2 zeigt, welchen dieser Risiken der Gläubiger in den beschriebenen Phasen der Eigentümer-Gläubiger-Beziehung ausgesetzt ist.[367]

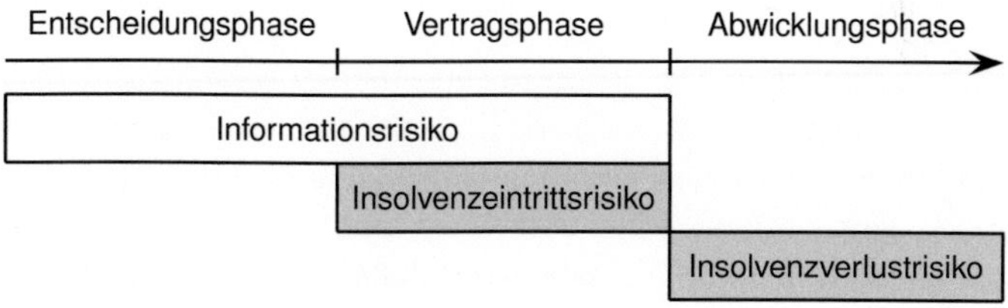

Abbildung 4.2: Gläubigerrisiken

411.22 Das Informationsrisiko

Das Informationsrisiko beschreibt das Risiko, infolge unvollständiger oder unzutreffender Informationen Fehlentscheidungen zu treffen. Diesem Risiko ist der

367 Zu diesem Phasenmodell und den danach zu unterscheidenden Risikoarten vgl. ausführlich BITZ/HEMMERDE/RAUSCH (1986), S. 7-12.

Gläubiger sowohl während der Entscheidungsphase als auch während der Vertragsphase ausgesetzt. In der Entscheidungsphase besteht für den Gläubiger die Gefahr, sich aufgrund (bewusst oder unbewusst) unvollständiger oder unzutreffender Informationen des Eigentümers für die Unterzeichnung des Darlehensvertrages zu entscheiden, während er sich unter Kenntnis der tatsächlichen Lage des Schuldnerunternehmens dagegen entschieden hätte.[368] Während der Laufzeit des Darlehens gefährden unzureichende Informationen die Anspruchsrealisierung des Gläubigers insofern, als dieser einen drohenden Forderungsausfall hierdurch nicht oder für wirksame Gegenmaßnahmen zu spät erkennt.

Dem Informationsrisiko ist mit Ausschüttungsrestriktionen auf direktem Wege nicht zu begegnen. Es verdeutlicht jedoch die Existenzberechtigung von Ausschüttungsrestriktionen: Wäre es dem Gläubiger möglich, das Informationsrisiko auf Null zu senken und einem drohenden Forderungsausfall rechtzeitig entgegenzuwirken, wären das im Folgenden zu beschreibende Insolvenzeintritts- und Insolvenzverlustrisiko unerheblich.

411.23 Das Insolvenzeintrittsrisiko

Nach Auszahlung des Darlehensbetrages ist der Gläubiger neben dem weiterhin bestehenden Informationsrisiko dem Insolvenzeintrittsrisiko ausgesetzt. Erst mit dem Eintritt der Insolvenz steht in Frage, ob der Gläubiger seine Ansprüche gegen den Schuldner in voller Höhe realisieren kann.[369] Der Vorstand einer AG ist gemäß § 15a Abs. 1 Satz 1 InsO verpflichtet, unverzüglich nach Eintritt der Zahlungsunfähigkeit oder der Überschuldung, spätestens jedoch nach drei Wochen, Insolvenzantrag zu stellen. Das Insolvenzeintrittsrisiko beschreibt entsprechend „die Gefahr, dass sich die wirtschaftliche Lage des Schuldners soweit verschlechtert, dass er seinen finanziellen Verpflichtungen allgemein nicht mehr nachkommen kann und daraus folgend unter dem Tatbestand der Überschuldung oder der Zahlungsunfähigkeit über das Vermögen des Schuldners das Insolvenzverfahren eröffnet wird.“[370]

Die Eröffnungsgründe der Zahlungsunfähigkeit und der Überschuldung sind in den §§ 17-19 InsO konkretisiert. Die Zahlungsunfähigkeit ist allgemeiner Eröffnungsgrund (§ 17 Abs. 1 InsO).[371] Zahlungsunfähigkeit besteht gemäß § 17

368 Vgl. SCHMIDT (1981), S. 205; BITZ/HEMMERDE/RAUSCH (1986), S. 10 f.

369 Siehe dazu auch die folgenden Ausführungen zum Insolvenzverlustrisiko.

370 OEHLER/UNSER (2002), S. 201.

371 Der Eröffnungsgrund der drohenden Zahlungsunfähigkeit (§ 18 InsO) sei hier vernachlässigt. Dieser bewirkt lediglich eine zeitliche Vorverlagerung des Insolvenzeintritts.

Abs. 2 InsO, wenn der Schuldner nicht mehr in der Lage ist, die fälligen Zahlungsverpflichtungen zu erfüllen.[372] Bei juristischen Personen tritt die Überschuldung als weiterer Eröffnungsgrund hinzu (§ 19 Abs. 1 InsO). Ungeachtet der insolvenzrechtlichen Diskussion des Überschuldungsbegriffes[373] und damit zusammenhängend ungeachtet der Frage, wann die Insolvenz aufgrund Überschuldung im Sinne der Insolvenzordnung (InsO) eintritt, sind die Gläubiger neben dem Risiko der Zahlungsunfähigkeit des Schuldnerunternehmens in erster Linie dem Risiko der rechnerischen Überschuldung des Schuldnerunternehmens ausgesetzt, dem Risiko also, dass im Falle der Liquidation des Schuldnerunternehmens dessen Vermögen zu Liquidationswerten dessen Verbindlichkeiten nicht deckt. Selbst wenn die rechnerische Überschuldung im Sinne des zweistufigen Überschuldungsbegriffes allein keinen Insolvenztatbestand darstellt, so erschwert doch bereits die rechnerische Überschuldung die Aufnahme zusätzlichen Fremdkapitals. Sie erhöht damit bereits das Risiko der Zahlungsunfähigkeit und infolgedessen das Insolvenzeintrittsrisiko. Ob der rechnerische Überschuldungsbegriff auch als Maßstab zur Beurteilung der Kapitalerhaltung dienen sollte, wird weiter unten in Abschnitt 414.1 erörtert.

Für die folgende Untersuchung sei das zugrundeliegende Verständnis der Begriffe Liquidität, Schuldendeckung und Schuldendeckungsgrad kurz definiert:

- Wird in dieser Untersuchung der Begriff der Liquidität verwendet, so meint dieser den Bestand liquider Mittel zu einem bestimmten Zeitpunkt. Die Liquidität steigt im Falle eines Einzahlungsüberschusses, sie sinkt im Falle eines Auszahlungsüberschusses.
- Die Schuldendeckung ist die Differenz zwischen dem haftenden Vermögen und den Schulden eines Unternehmens.
- Der Schuldendeckungsgrad errechnet sich als Quotient aus dem haftenden Vermögen und den Schulden eines Unternehmens.

411.24 Das Insolvenzverlustrisiko

Mit der Eröffnung des Insolvenzverfahrens geht die Verwaltungs- und Verfügungsmacht über das Vermögen des Schuldnerunternehmens auf den Insolvenzverwalter über (§ 80 Abs. 1 InsO). Das Insolvenzverlustrisiko beschreibt das

372 Zur Abgrenzung der Zahlungsunfähigkeit von der Zahlungsstockung laut Urteil des BGH siehe bereits oben Abschnitt 23.

373 Vgl. dazu oben Abschnitt 23.

nach Eröffnung des Insolvenzverfahrens bestehende Risiko, dass der Gläubiger seinen Anspruch nicht oder nicht in voller Höhe realisieren kann.[374] Unter der Annahme, dass es mehr als einen Gläubiger gibt und zwischen diesen Gläubigern Rivalität herrscht, wird das Insolvenzverlustrisiko des einzelnen Gläubigers maßgeblich durch das Verteilungsrisiko und das individuelle Verwertungsrisiko beeinflusst. Das Verteilungsrisiko trifft ungesicherte Gläubiger. Es beschreibt das Risiko des Gläubigers, ob und an welcher Position innerhalb der Rangfolge aller Anspruchsteller er aus der Insolvenzmasse befriedigt wird. Das individuelle Verwertungsrisiko beschreibt dagegen das Risiko, dass ein zur Sicherung der Eigentümer-Gläubiger-Beziehung bestimmter Vermögenswert nicht mehr im Unternehmen existiert oder dessen Verwertung nicht den geschuldeten Betrag erzielt.[375]

Das Insolvenzverlustrisiko steigt mit abnehmender Schuldendeckung. Die nach Eröffnung des Insolvenzverfahrens vorhandene Liquidität reduziert das Insolvenzverlustrisiko insoweit, als sie die Chancen des Insolvenzverwalters zum Erhalt des Unternehmens verbessert und gegenüber anderen Vermögenswerten nicht dem Verwertungsrisiko unterliegt. Die erfolgreiche Fortführung des Unternehmens nach Insolvenzeintritt allerdings käme letztlich einer Vermeidung des Insolvenzeintritts gleich. Die bestehende Liquidität wird zudem meist gering im Verhältnis zu den ausstehenden Gläubigerforderungen oder – im Falle der Insolvenz aufgrund Zahlungsunfähigkeit – Null sein. Vor diesem Hintergrund ist das Insolvenzverlustrisiko in erster Linie abhängig von der Schuldendeckung.

Den beschriebenen Risiken ist der Gläubiger unabhängig davon ausgesetzt, ob zwischen ihm und dem Eigentümer ein Interessenkonflikt besteht oder nicht. Die Risiken des Gläubigers steigen allerdings, wenn zwischen Eigentümer und Gläubiger ein Interessenkonflikt besteht und der Eigentümer das Interesse und die Chance besitzt, Gesellschaftsvermögen in sein Privatvermögen zu verlagern und damit dem Zugriff des Gläubigers zu entziehen. Ausschüttungsrestriktionen können und sollen die beschriebenen Gläubigerrisiken somit nicht vollständig eliminieren. Sie sollen vielmehr der Erhöhung der beschriebenen Gläubigerrisiken infolge des Interessenkonfliktes zwischen Eigentümer und Gläubiger und infolge überhöhter Vermögensverlagerungen zulasten des Gesellschaftsvermögens entgegenwirken.[376]

---

374 Vgl. ähnlich OEHLER/UNSER (2002), S. 204.

375 Vgl. OEHLER/UNSER (2002), S. 204.

376 Vgl. die Definition von Ausschüttungsrestriktionen in Abschnitt 11.

Die Beziehung zwischen Eigentümer und Gläubiger kann erst dann zu einem die Gläubigerrisiken erhöhenden Interessenkonflikt führen, wenn

(1) der Eigentümer Anreize zur Fremdfinanzierung seines Unternehmens hat,

(2) die Haftung des Eigentümers beschränkt ist und

(3) der Eigentümer seinen Informationsvorteil gegenüber dem Gläubiger opportunistisch zum Nachteil des Gläubigers nutzt.

Erst diese drei Determinanten des Eigentümer-Gläubiger-Konfliktes machen Ausschüttungsrestriktionen erforderlich. Sie sollen daher das Fundament der folgenden ökonomischen Analyse der Ausschüttungsrestriktionen bilden und sind Gegenstand des folgenden Abschnitts 411.3. Entfiele die Determinante (1), käme die Beziehung zwischen Eigentümer und Gläubiger nicht zustande. Entfiele mindestens eine der Determinanten (2) und (3), bestünde kein Konflikt zwischen Eigentümer und Gläubiger.

411.3 Determinanten des zu analysierenden Eigentümer-Gläubiger-Konfliktes

411.31 Anreize des Eigentümers zur Aufnahme von Fremdkapital

Die nachfolgende Untersuchung der Rechtfertigung und Gestaltung von Ausschüttungsrestriktionen als Instrument der Kapitalerhaltung erhält ihre Berechtigung erst für Unternehmen, die zumindest in geringem Umfang Fremdkapital in Anspruch nehmen. Die Anreize des Eigentümers eines Unternehmens zur Fremdfinanzierung bilden damit die erste Determinante des potentiellen Konflikts zwischen Eigentümer und Gläubiger.

Für ausschließlich eigenfinanzierte Unternehmen erübrigt sich die Problemstellung. Dass dann keine Konflikte zwischen Eigentümer und (nicht existentem) Gläubiger auftreten können, ist trivial. Nun bilden jedoch ausschließlich eigenfinanzierte Unternehmen die Ausnahme.[377] Tatsächlich ist die durchschnittliche Eigenkapitalquote deutscher Aktiengesellschaften in den vergangenen Jahrzehnten deutlich gesunken.[378] Dies führte in den 1970er Jahren – nicht nur bei Aktiengesellschaften – gar zu der Angst, die zunehmende Fremdfinanzierung könne

377 Selbst Unternehmen, welche keine Darlehen als Finanzierungsquelle nutzen, verfügen über Fremdkapital, z. B. als Schulden gegenüber Deliktsgläubigern, gegenüber Lieferanten, aus Gewährleistungsverpflichtungen oder aufgrund noch ausstehender Lohnzahlungen oder Pensionsverpflichtungen.

378 Vgl. die Untersuchung bei BEZZENBERGER (2005), S. 43.

die wirtschaftliche Entwicklung bedrohen.[379] Die in der Vergangenheit wachsende und inzwischen recht konstante Bedeutung der Fremdfinanzierung ist neben dem Leverage-Effekt der Fremdfinanzierung[380] vor allem auf die industrielle Entwicklung sowie den fortschreitenden Einsatz der Informationstechnologie für die Unternehmensführung zurückzuführen. Daneben spielen auch steuerliche Aspekte eine wichtige Rolle.[381]

Zunächst zum Leverage-Effekt: Übersteigt die Gesamtkapitalrentabilität den für das Fremdkapital zu zahlenden Zinssatz, kann eine zusätzliche Fremdkapitalaufnahme genutzt werden, um die Eigenkapitalrentabilität zu steigern. Allerdings geht mit zunehmender Fremdfinanzierung auch ein höheres Verlustrisiko einher, da der beschriebene Hebeleffekt im Falle von Verlusten ebenso verstärkend wirkt wie im Falle von Gewinnen. Dieser Nachteil des mit der Fremdfinanzierung ebenfalls steigenden Verlustrisikos tritt allerdings – wie in Abschnitt 412.2 noch gezeigt werden wird – in den Hintergrund, wenn die Haftung des Eigentümers begrenzt ist.

Auch die industrielle Entwicklung vom Beginn des 20. Jahrhunderts bis heute trug zur heutigen Dominanz der Fremdfinanzierung bei. Die Fremdfinanzierung bietet dem Eigentümer eines Unternehmens die Möglichkeit, zusätzliches Kapital für umfangreiche Investitionen zu erhalten, ohne den Kapitalgebern Mitwirkungsrechte im Unternehmen einräumen zu müssen. Gerade bei Investitionen mit hohem Risiko können bei ausreichender Eigenkapitalausstattung auf dem Wege der Fremdfinanzierung Investoren gewonnen werden, welche aufgrund ihrer persönlichen Risikopräferenz nicht bereit wären, Eigenkapital bereitzustellen.

Entscheidend für die zunehmende Bedeutung der Fremdfinanzierung ist auch die im Zeitverlauf abnehmende Bedeutung und kürzere Bindungsdauer des Anlagevermögens. Folgt man der „Goldenen Bilanzregel", so soll die Kapitalbindungsdauer der Nutzungsdauer der damit jeweils finanzierten Vermögensgegenstände entsprechen. Langfristig gebundenes Vermögen soll möglichst mit Eigenkapital oder langfristigem Fremdkapital gedeckt sein. Sinkt der Anteil des langfristig gebundenen Vermögens, begünstigt dies die Fremdfinanzierung.[382] Der Rückgang des langfristig gebundenen Vermögens ist dabei vor allem auf den technischen Fortschritt zurückzuführen. Dieser ermöglichte schnellere und weniger kapital-

379 Vgl. statt vieler REUTER (1984).

380 Der Leverage-Effekt besteht zwar seit jeher, rückte aber mit zunehmender Verbreitung ökonomischer Bildung ins Bewusstsein (vgl. BEZZENBERGER (2005), S. 53).

381 Vgl. BEZZENBERGER (2005), S. 39-55.

382 Vgl. BEZZENBERGER (2005), S. 48-50.

intensive Produktionstechniken. Dadurch konnten die Fertigungszeiten verringert werden und pro produzierter Einheit wurde weniger Anlagevermögen benötigt. Der technische Fortschritt trug gleichzeitig dazu bei, dass die Nutzungsdauer technischer Anlagegüter sank, und machte die Finanzierung solcher Güter für Fremdkapitalgeber kalkulierbarer und damit attraktiver. Ebenfalls infolge des technischen Fortschritts ist die künftige Entwicklung eines Unternehmens heute erheblich besser prognostizierbar als noch zu Beginn des 20. Jahrhunderts. Unternehmen können so zielorientierter geführt werden. Fremdkapitalgeber können ihr Risiko besser schätzen und kalkulieren.[383]

Ein weiterer Anreiz zur Fremdfinanzierung liegt in der steuerlichen Begünstigung der Fremdfinanzierung begründet. An Fremdkapitalgeber gezahlte Zinsen mindern als Betriebsausgabe den körperschaftsteuerlichen Gewinn, Ausschüttungen an Eigenkapitalgeber hingegen nicht. Bis 1977 unterlagen ausgeschüttete Gewinne gar einer doppelten Besteuerung. Sie unterlagen zunächst in voller Höhe auf Gesellschaftsebene der Körperschaftsteuer und bei Ausschüttung auf der Eigentümerebene nochmals der Einkommensteuer. Die Einführung des körperschaftsteuerlichen Anrechnungsverfahrens im Zuge der Körperschaftsteuerreform 1977[384], welches 2000 vom Halbeinkünfteverfahren[385] abgelöst wurde, hob diese Ungleichbehandlung von Eigen- und Fremdkapital erstmals zum Teil auf.[386] Mit der Unternehmensteuerreform 2008[387] wurde die Zinsschrankenregelung eingeführt, dergemäß Fremdkapitalzinsen nicht mehr in allen Fällen in voller Höhe als Betriebsausgabe abzugsfähig sind. WIEGARD kommt unter vereinfachenden Prämissen dennoch zu dem Ergebnis, dass zumindest die Attraktivität der langfristigen Fremdfinanzierung trotz Zinsschranke infolge der Unternehmensteuerreform 2008 abermals steigen wird. Die Hauptursache hierfür sei darin zu sehen, dass Dauerschuldzinsen bei der Gewerbesteuer nur noch zu 25 % statt wie bisher zu 50 % der Hinzurechnung unterliegen.[388] Ebensfalls mit der Unternehmensteuerreform 2008 wurde das Halbeinkünfteverfahren mit erstma-

383 Vgl. BEZZENBERGER (2005), S. 49 f., 53 f.

384 Körperschaftsteuerreformgesetz vom 31.8.1976, BGBl. I 1976, S. 2597.

385 Gesetz zur Senkung der Steuersätze und zur Reform der Unternehmensbesteuerung (Steuersenkungsgesetz – StSenkG) vom 23.10.2000, BGBl. I 2000, S. 1433.

386 Vgl. BEZZENBERGER (2005), S. 47.

387 Vgl. Art. 1 Nr. 6, 2 Nr. 5 Unternehmensteuerreformgesetz 2008 vom 14.08.2007, BGBl. I 2007, S. 1912-1938.

388 Vgl. WIEGARD (2007), S. 1013.

liger Wirkung zum Veranlagungszeitraum 2009 von der Abgeltungsteuer abgelöst.[389]

Zusammenfassend ist festzuhalten: Aufgrund der hohen Bedeutung der Fremdfinanzierung für den Eigentümer verfügt dieser eigens über Anreize, Fremdkapital aufzunehmen. Hieraus entsteht die Eigentümer-Gläubiger-Beziehung.

411.32 Das Haftungsprivileg im Recht der Aktiengesellschaft

Haftet der Eigentümer unbeschränkt und verfügt er über ein Privatvermögen, welches die Ansprüche der Gläubiger zu decken vermag, stellt eine Vermögensverlagerung vom Gesellschaftsvermögen in das Privatvermögen des Eigentümers letztlich „nur eine Verschiebung innerhalb der insgesamt haftenden Masse von Gesellschafts- und Privatvermögen dar“[390].[391] Folglich belastet eine Vermögensverlagerung vom Gesellschaftsvermögen in das Privatvermögen des Eigentümers die Position des Gläubigers unter diesen Prämissen nicht.[392] Der Interessenkonflikt zwischen Eigentümer und Gläubiger entsteht erst infolge des im Recht der AG verankerten Haftungsprivilegs. Für die Verbindlichkeiten der Gesellschaft haftet den Gläubigern nur das Gesellschaftsvermögen (§ 1 Abs. 1 Satz 2 AktG). Die persönliche Haftung des Eigentümers einer AG erlischt mit der vollständigen Einzahlung seiner Einlage und lebt nur in Ausnahmefällen wieder auf. Das Haftungsprivileg im Recht der AG bildet somit die zweite Determinante des Eigentümer-Gläubiger-Konfliktes. Seine historische Entwicklung und ökonomische Rechtfertigung soll hier kurz vorgestellt werden.

Das Haftungsprivileg geht auf die Novelle des Allgemeinen Deutschen Handelsgesetzbuches (ADHGB) von 1870 zurück. Mit der Aufnahme der auf das Gesellschaftsvermögen beschränkten Haftung in das Recht der AG folgte der damalige Norddeutsche Bund den Vorbildern England und Frankreich, welche dieses Haftungsprivileg bereits 1855 bzw. 1867 einführten. Die Gestaltung der rechtlichen Regelung zur Beschränkung der Aktionärshaftung lehnte sich dabei an den französischen *Code de Commerce* an.[393]

---

389 Vgl. Art. 1 Nr. 22 Unternehmensteuerreformgesetz 2008.

390 BITZ/HEMMERDE/RAUSCH (1986), S. 87.

391 Dabei wird allerdings davon abgesehen, dass auch ein unbeschränkt haftender Eigentümer die Möglichkeit besitzt, Vermögen dem Zugriff des Gläubigers zu entziehen, indem er es beispielsweise an den Ehepartner oder Verwandte überträgt.

392 Siehe dazu unten Abschnitt 412.2.

393 Vgl. GROSSFELD (1968), S. 104; MEYER (2000), S. 285, 287.

Das 1861 verabschiedete ADHGB basierte noch auf dem bis dahin verbreitete Konzessionssystem, nach welchem der Staat die Gründung von Aktiengesellschaften genehmigen musste und diese nach Gründung weiter überwachte. Die steigende Zahl an AG jedoch machte eine ständige Überwachung durch staatliche Behörden schließlich unmöglich. Die erste Aktienrechtsnovelle vom 11.06.1870 hob das Konzessionssystem infolgedessen auf. Dies öffnete die Rechtsform der AG und das damit verbundene Haftungsprivileg für die private Wirtschaft. Mit der zweiten Aktienrechtsnovelle 1884 schließlich wurden die gesellschaftsrechtlichen Regelungen zur AG verschärft und die Haftungsregeln in ihrer heutigen Form etabliert.[394]

Das Haftungsprivileg im Recht der Kapitalgesellschaften, insbesondere der AG, hat sich als Grundpfeiler des deutschen Gesellschaftsrecht etabliert. Die mit ihm verbundenen gesamtwirtschaftlichen Vorteile, von denen im Folgenden nur einige genannt seien, überwiegen bei weitem dessen Nachteile.[395]

Die beschränkte Haftung unterstützt die Finanzierung von Investitionsvorhaben mit Eigenkapital. Die Rechtsform der AG entstand im 19. Jahrhundert mit der Absicht, kapitalintensive Investitionsprojekte durch die Aufteilung des Eigenkapitals auf eine große Zahl von Gesellschaftern zu ermöglichen. Kein außenstehender, nicht an der Unternehmensführung beteiligter Investor wäre bereit gewesen, das Investitionsrisiko zu tragen, hätte er für die Verbindlichkeiten des Unternehmens mit seinem Privatvermögen gehaftet.[396] Dies gilt heute wie damals. Mit Beachtung der Tatsache, dass der unternehmerische Entscheidungsfreiraum vielfach durch gesetzliche oder wirtschaftliche Einflüsse eingeengt wird, ist das Haftungsprivileg selbst für den Eigentümer-Unternehmer, welcher Eigentum und Unternehmensführung in sich vereint, zu rechtfertigen.[397]

Ein weiteres Argument für das Haftungsprivileg sind die damit sinkenden Überwachungskosten: Bei unbeschränkter persönlicher Haftung der Eigentümer haftet jeder Eigentümer für sämtliche Schulden der Gesellschaft mit seinem Privatvermögen, also nicht nur bis zur Höhe seiner Kapitaleinlage. Da dem Eigentümer somit im Falle einer Insolvenz der Verlust seines Privatvermögens droht, muss jeder Eigentümer die Unternehmensleitung regelmäßig und umfassend überwa-

394 Vgl. MEYER (2000), S. 288 f.; MERSCHMEYER (2005), S. 75.

395 Zur ökonomischen Analyse der Haftungsbeschränkung vgl. ausführlich EASTERBROOK/ FISCHEL (1985), S. 89-117.

396 Vgl. WIEDEMANN (1980), S. 547; ROTH (1986), S. 372 f.; BAUER (1995), S. 100.

397 Vgl. ROTH (1986), S. 373. ROTH spricht an dieser Stelle von der „Fremdbestimmtheit unternehmerischer Entscheidungen“.

chen. Zudem muss bei unbeschränkter Haftung jeder Eigentümer regelmäßig die Entwicklung des Privatvermögens der anderen Eigentümer überwachen, um ein Abschmelzen der Haftungsmasse frühzeitig erkennen zu können. Das Haftungsprivileg reduziert folglich in doppelter Hinsicht die erforderlichen Überwachungskosten der Eigentümer.[398]

Neben den genannten Vorteilen birgt das Haftungsprivileg allerdings auch einen erheblichen Nachteil: Der Ausschluss der persönlichen Haftung der Eigentümer einer Kapitalgesellschaft kann die Unternehmensrisiken nicht vermeiden. Vielmehr überträgt er einen Teil der Risiken auf die Gläubiger. Zugespitzt formuliert kann der Eigentümer, da seine persönliche Haftung mit Aufbringung seiner Kapitaleinlage erlischt, Verluste zu Ungunsten der Gläubiger sozialisieren.[399] Da der Eigentümer erheblichen Einfluss auf die Wertentwicklung des Unternehmens hat, darf er nicht von jeglicher Verantwortung für die wirtschaftlichen Folgen seines Handelns entbunden werden.[400] Damit ist zu begründen, dass der Eigentümer sich die Befreiung von der persönlichen Haftung mit der Aufbringung seiner Kapitaleinlage gleichsam „erkaufen" muss.

Zusammenfassend ist festzuhalten: Die mit dem Haftungsprivileg der AG ermöglichte partielle Sozialisierung von Risiken führt dazu, dass Gläubiger eines besonderen Schutzes im Wege der Kapitalerhaltung bedürfen. Haftete der Eigentümer eines Unternehmens auch mit seinem Privatvermögen und überstiege der Wert seines Privatvermögens zu jedem Zeitpunkt den Wert der Gläubigerforderungen, wären die Forderungen der Gläubiger risikolos.[401] Wie in Abschnitt 412.1 abstrakt gezeigt werden wird, führt erst der Haftungsausschluss des Eigentümers zu Interessenkonflikten zwischen Eigentümer und Gläubiger[402] sowie zu einer asymmetrischen, den Gläubiger benachteiligenden Risikoteilung.[403]

---

398 Vgl. JENSEN/MECKLING (1976), S. 331; ähnlich EIDENMÜLLER/GRUNEWALD/NOACK (2006), S. 22.

399 Vgl. WIEDEMANN (1980), S. 203.

400 Vgl. ROGUSCH (1979), S. 16.

401 Siehe dazu auch Abschnitt 412.1

402 Dies gilt für den Fall, dass sowohl der Eigentümer als auch der Gläubiger risikoneutral sind. Ist der Eigentümer dagegen risikoavers, so besteht ein Interessenkonflikt bereits ohne die beschränkte Haftung des Eigentümers. Dieser verstärkt sich im Falle der beschränkten Haftung des Eigentümers (vgl. WAGENHOFER (1993), S. 248).

403 Vgl. WAGENHOFER (1993), S. 248.

411.33 Informationsasymmetrie und opportunistisches Verhalten

Die dritte Determinante ist die zwischen Eigentümer und Gläubiger bestehende asymmetrische Informationsverteilung, wobei zwischen den folgenden mit asymmetrischer Informationsverteilung verbundenen Problemtypen unterschieden wird:[404]

- Das *hidden characteristics*-Problem besteht darin, dass der Gläubiger gegebene, nicht beeinflussbare Eigenschaften des Eigentümers, z. B. dessen Risikoneigung oder Leistungsfähigkeit, vor Vertragsschluss nicht kennt und nicht beurteilen kann. Der Gläubiger ist damit vor Vertragsschluss dem Risiko der Qualitätsunsicherheit ausgesetzt.[405]
- Das *hidden intention*-Problem beschreibt die Tatsache, dass der Gläubiger vor Vertragsschluss nicht abschätzen kann, wie sich der Eigentümer nach Vertragsschluss verhalten wird. Im Unterschied zum *hidden characteristics*-Problem bezieht sich das *hidden intention*-Problem auf willentlich veränderliche Verhaltenseigenschaften des Eigentümers wie Fairness oder Kulanz.[406]
- Das *hidden action*-Problem besteht darin, dass der Gläubiger die Entscheidungen und Handlungen des Eigentümers nach Vertragsschluss nicht dauerhaft beobachten kann oder die Beoachtung mit zu viel Zeit und Aufwand verbunden wäre.

  Ein einfaches Beispiel dieses auch als *moral hazard* bezeichneten Problems ist die Beziehung zwischen Arzt und Patient. Der Patient als Principal beauftragt den Arzt als Agent, ihn zu heilen. In dieser Situation kann der Patient aufgrund seines geringeren medizinischen Wissens nicht beurteilen, ob der Arzt tatsächlich die beste aller in diesem Fall möglichen Heilmethoden wählt oder ob er nicht aus eigenem Interesse eine möglichst langwierige Behandlung des Patienten anstrebt. „Die Beziehung beruht nachgerade auf dem größeren Wissen des Arztes. Daher kann der Patient

404 Vgl. hierzu beispielsweise SPREMANN (1990), S. 566 sowie ausführlich GÖBEL (2002), S. 100-103.

405 Vgl. STIGLER (1961). Vgl. zu dem eng mit diesem Problem verwandten Problem der *„adverse selection“* AKERLOF (1970), S. 488–500.

406 Das *hidden intention*-Problem wird zum Teil auch als eine Sonderform des *hidden characteristics*-Problems interpretiert (vgl. NEUS (2001), S. 95 f.).

nicht überprüfen, ob die Entscheidungen des Arztes so umsichtig sind, wie sie sein könnten.“[407]

- Das *hidden information*-Problem ist eng mit dem *hidden action*-Problem verknüpft und besteht darin, dass dem Gläubiger, selbst wenn er die Entscheidungen und Handlungen des Eigentümers beobachten kann, maßgebliche Zusatzinformationen zu deren verlässlichen Beurteilung fehlen.

Hätte der Gläubiger keinen Informationsnachteil gegenüber dem Eigentümer, könnte er opportunistisches Verhalten frühzeitig erkennen. Er wäre in der Lage, dieses durch geeignete vertragliche Sanktionen zu unterbinden und bedürfte somit keines besonderen Schutzes. Auch eine asymmetrische Informationsverteilung zwischen Eigentümer und Gläubiger wäre hinsichtlich der Schutzbedürftigkeit des Gläubigers ohne Bedeutung, handelte der Eigentümer stets im Interesse des Gläubigers oder wären die Interessen des Eigentümers und des Gläubigers stets gleichgerichtet. Für die weiterführende Untersuchung der Gläubigerposition allerdings wird – insbesondere aufgrund der beschränkten Haftung des Eigentümers[408] – davon ausgegangen, dass der Eigentümer seinen Informationsvorteil zum Nachteil des Gläubigers ausnutzt, um seinen eigenen Interessen nachzukommen. Damit ist nicht gesagt, dass sich Eigentümer realiter stets opportunistisch verhalten. Der Gläubiger muss allerdings gerade aufgrund fehlender anderslautender Informationen das opportunistische Verhalten des Eigentümers antizipieren. Gleiches gilt folglich für sämtliche den Gläubigerschutz betreffenden theoretischen Überlegungen.[409]

In den nun folgenden Abschnitten wird die Beziehung zwischen Eigentümer und Gläubiger ausgehend von den genannten drei Determinanten als Principal-Agent-Beziehung dargestellt, um darauf aufbauend zu erörtern, wie Instrumente der Kapitalerhaltung den in der Beziehung zwischen Eigentümer und Gläubiger auftretenden Konflikten begegnen können und sollen. In Abschnitt 415. schließlich wird die kapitalerhaltende Wirkung von Ausschüttungsrestriktionen erörtert und ein Katalog der an Ausschüttungsrestriktionen zu stellenden Anforderungen entwickelt. Dieser soll später als Maßstab zur Beurteilung der zu untersuchenden Ausschüttungsrestriktionen – Nennkapitalsystem einerseits und Solvenztest andererseits – dienen.

---

407 ARROW (1985), S. 38.

408 Vgl. FRANKE/HAX (2004), S. 421 f.

409 Vgl. FRANKE/HAX (2004), S. 422.

412. Die Eigentümer-Gläubiger-Beziehung als Principal-Agent-Beziehung

412.1 Das Grundmodell

Schließt der Eigentümer eines Unternehmens[410] mit einem Dritten einen Darlehensvertrag, gemäß dem der Darlehensgläubiger dem Eigentümer einen bestimmten Geldbetrag für eine begrenzte Zeit zu dessen Verfügung überlässt und dafür einen Anspruch auf Rückzahlung und Verzinsung des Darlehensbetrages erwirbt, so stehen sich Eigentümer und Gläubiger in einer Principal-Agent-Beziehung gegenüber (siehe Abbildung 4.3).

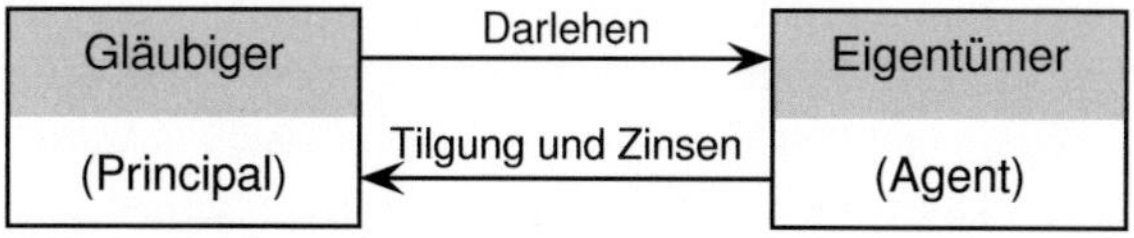

Abbildung 4.3: Principal-Agent-Beziehung zwischen Eigentümer und Gläubiger

Innerhalb dieser befindet sich der Eigentümer in der Position des besser informierten Agent, der Gläubiger in der Position des vom Anstrengungsniveau des Agent abhängigen Principal.[411] In einer typischen beispielsweise im Falle eines Dienstvertrages auftretenden Principal-Agent-Beziehung erhält der Agent einen vertraglich vereinbarten Festbetrag, der Residualanspruch fließt dem Principal zu. Im Falle der Eigentümer-Gläubiger-Beziehung ist es gerade umgekehrt: Der Residualanspruch steht nun dem Agent zu, während dem Principal – zunächst unabhängig vom Erfolg des Unternehmens – der vertraglich vereinbarte Zins sowie die Rückzahlung des Darlehensbetrages zustehen. Maßgebend für die Charakterisierung der Eigentümer-Gläubiger-Beziehung als Principal-Agent-Beziehung ist, dass der Gläubiger als Principal einen Informationsnachteil gegenüber dem Eigentümer hat (siehe dazu Abschnitt 411.33) und die Entscheidungen des Eigentümers neben dem eigenen Risiko auch das des Gläubigers beeinflussen.

410 Principal-Agent-Konflikte zwischen Eigentümer und Unternehmensführung werden im Folgenden ausgeblendet (so auch HARTMANN-WENDELS (1991), S. 270; WAGENHOFER (1993), S. 247 f.; SCHILDBACH (2008), S. 13). Zwar besteht auch zwischem der Unternehmensführung und dem Eigentümer eines fremdgeführten Unternehmens eine Principal-Agent-Beziehung. Diese allerdings bleibe im Folgenden bei der Betrachtung der Schutzbedürftigkeit der Gläubiger unberücksichtigt. Als Prämisse sei angenommen, der Eigentümer des Unternehmens leite dieses auch bzw. die Unternehmensführung handele stets im Interesse des Eigentümers.

411 Vgl. zu dieser Übertragung des Principal-Agent-Ansatzes auf Finanzierungsbeziehungen insbesondere JENSEN/MECKLING (1976).

Die formale Struktur der Principal-Agent-Beziehung zwischen Eigentümer und Gläubiger kann wie folgt beschreiben werden:

Eigentümer und Gläubiger schließen einen Darlehensvertrag. Dieser verpflichte den Eigentümer, am Ende der Vertragslaufzeit an den Gläubiger den Darlehensbetrag D nebst vereinbartem Zins i, also $D \cdot (1+i)$ zu zahlen. Der nach der Zins- und Tilgungszahlung verbleibende Residualanspruch $v(a;\theta) - [D \cdot (1+i)]$, d. h. die Differenz zwischen dem innerhalb der Vertragslaufzeit erzielten Vermögenszuwachs $v(a;\theta)$ und der dem Gläubiger geschuldeten Zins- und Tilgungszahlung, stehe allein dem Eigentümer zu. Das Anfangsvermögen des Eigentümers sei 0. Der Anspruch des Eigentümers sei abhängig von dessen Anstrengungsniveau a sowie dem äußeren, vom Eigentümer nicht beeinflussbaren Umwelteinfluss θ. Es sei angenommen, dass der Gläubiger als Principal weder die Arbeitsleitung a des Eigentümers noch den äußeren Umwelteinfluss θ beobachten kann. Die Initiative zum Abschluss des Darlehensvertrages gehe vom Eigentümer aus. Der Gläubiger stimme dem Darlehensvertrag zu, wenn er erwartet, daraus eine bestimmte Mindestrendite erzielen zu können.[412]

Hinsichtlich der Nutzenfunktionen von Eigentümer und Gläubiger bedeutet dies: Das Nutzenniveau des Eigentümers U_A steigt mit der Höhe des Vermögenszuwachses $v(a;\theta)$, da die zu leistenden Zinszahlungen $(D \cdot i)$ unabhängig von diesem sind, und sinkt mit zunehmendem Anstrengungsniveau a. Das Nutzenniveau des Gläubigers U_P erreicht sein Maximum bei vollständigem Eingang der Zins- und Tilgungszahlungen, welcher einen ausreichend hohen Vermögenszuwachs (d. h. $v(a;\theta) - [D \cdot (1+i)] \geq 0$) voraussetzt, und sinkt in dem Maße, in dem seine Forderungen gegenüber dem Eigentümer aufgrund eines zu geringen Vermögenszuwachses ausfallbedroht sind. Sowohl der Eigentümer als auch der Gläubiger verfolgen das Ziel, das eigene Nutzenniveau zu maximieren. Aus der Sicht des Eigentümers sind, um sein Nutzenniveau zu maximieren, folgende Nebenbedingungen zu erfüllen: Erstens muss die Entlohnungsfunktion des Gläubigers S so gestaltet sein, dass der Gläubiger mit dem Vertrag basierend auf einem bestimmten anzunehmenden Anstrengungsniveau des Eigentümers $a*$ seinen angestrebten Mindestnutzen realisieren kann, da er sonst nicht in den Vertrag einwilligt (Gleichung 4.2). Zweitens muss das Anstrengungsniveau $a*$ gerade dem Anstrengungsniveau entsprechen, bei welchem der Eigentümer sein Nutzenniveau maximiert (Gleichung 4.3). Entgegen dem grundlegenden Fall einer Principal-Agent-Beziehung zwischen einem residualanspruchsberechtigten Kapitalgeber als Principal und einem mit der Unternehmensleitung beauftragten

412 Vgl. WAGENHOFER (1993), S. 245.

Manager als Agent ist der Eigentümer in der Principal-Agent-Beziehung zum Gläubiger in der Position des Agent. Gleichzeitig allerdings hat der Eigentümer einen Residualanspruch. Folglich ist in der Principal-Agent-Beziehung zwischen Eigentümer und Gläubiger das Nutzenniveau des Eigentümers zu maximieren.[413] Es gilt also:

$$\max_{S,a} U_A = \max_{S,a}[v(a;\theta) - S(v(a;\theta);i)] \tag{4.1}$$

unter den Nebenbedingungen:

$$U_P = S(v(a*;\theta);i) \geq U_P(min) \; \forall \; \theta \tag{4.2}$$

$$U_A = v(a*;\theta) - S(v(a*;\theta);i) \geq v(a';\theta) - S(v(a';\theta);i) \; \forall \; a' \tag{4.3}$$

Ausgehend von diesem Grundmodell wird nun im folgenden Abschnitt 412.2 dargestellt, welchen Einfluss das Haftungsprivileg auf die beschriebene Principal-Agent-Beziehung zwischen Eigentümer und Gläubiger hat. Es wird gezeigt, welchen Interessenkonflikten und daraus resultierenden Risiken Gläubiger bei einem vollhaftenden Eigentümer einerseits und einem beschränkt haftenden Eigentümer andererseits ausgesetzt sind. Vereinfachend wird dabei anstelle der abstrakt beschriebenen Nutzenfunktionen von Principal und Agent ein auf Zahlungsgrößen basierendes einperiodiges Modell betrachtet, d. h. die Nutzenfunktionen von Eigentümer und Gläubiger werden durch die ihnen zufließenden Zahlungen repräsentiert.

412.2 Der Einfluss des Haftungsprivilegs auf die Eigentümer-Gläubiger-Beziehung

Um den Einfluss des in Abschnitt 411.32 beschriebenen Haftungsprivilegs im Recht der AG auf die Principal-Agent-Beziehung zwischen Eigentümer und Gläubiger zu verdeutlichen, sei in einem einperiodigen Modell zunächst der Fall des vollhaftenden Eigentümers betrachtet, um diesem anschließend den Fall der auf die Kapitaleinlage beschränkten Haftung gegenüberzustellen.

413 Vgl. WAGENHOFER (1993), S. 245.

Ausgangssituation

Der vom Unternehmen während der betrachteten Periode (t_0 bis t_1) erzielte Vermögenszuwachs sei v. V_1 sei das Endvermögen am Ende der Periode, wobei

$$V_1 = H_0 + D_0 + v \; (V_1 \geq 0) \tag{4.4}$$

H_0 sei die Kapitaleinlage des Eigentümers zum Zeitpunkt t_0. D_0 sei die Höhe des vom Gläubiger gewährten Darlehens. Der in der betrachteten Periode erzielte Vermögenszuwachs v sei beschrieben als lineare Funktion des vom Eigentümer aufgebrachten Anstrengungsniveau a und einer weder vom Eigentümer noch vom Gläubiger zu beeinflussenden Zufallsvariable θ. Es gilt daher:

$$v(a;\theta) = a + \theta \text{ mit } \theta \sim N(0,\sigma) \; (v > -(H_0 + D_0)) \tag{4.5}$$

Mit der Annahme $V_1 \geq 0$ bzw. $v > -(H_0 + D_0)$ wird ausgedrückt, dass maximal ein Vermögensverlust in Höhe des ursprünglich eingesetzten Vermögens $(H_0 + D_0)$ eintreten kann. Der Darlehensbetrag D_0 sei mit dem Zinssatz i zu verzinsen. Zum Zeitpunkt t_1 sei das Darlehen nebst Zinsen an den Gläubiger zurückzuzahlen. Der an den Gläubiger im Zeitpunkt t_1 zurückfließende Betrag D_1 ist abhängig von der Höhe des zu diesem Zeitpunkt vorhandenen Vermögens V_1. Der zum Zeitpunkt t_1 an den Eigentümer fließende bzw. von diesem zusätzlich aufzubringende Betrag R_1 ergibt sich als Residualgröße aus der Differenz des zu diesem Zeitpunkt vorhandenen Vermögens V_1 und dem an den Gläubiger zurückfließenden Betrag D_1:

$$R_1 = V_1 - D_1 \tag{4.6}$$

Fall (a): Keine Haftungsbeschränkung

Haftet der Eigentümer nicht nur in Höhe seiner Kapitaleinlage, sondern darüber hinaus auch mit seinem Privatvermögen P und übersteigt die Summe der Kapitaleinlage (H_0), des Vermögenszuwachses (v) sowie seines Privatvermögens zum Zeitpunkt t_1 (P_1) den Gläubigeranspruch ($D_0 \cdot (1+i)$), so verfügt der Gläubiger über einen sicheren Fixanspruch. Gilt also

$$H_0 + v + P_1 \geq D_0 \cdot (1+i) \tag{4.7}$$

so gilt für den zum Zeitpunkt t_1 an den Gläubiger zurückfließenden Betrag im Falle des voll haftenden Eigentümers

$$D_{1(v)} = D_0 \cdot (1+i), \tag{4.8}$$

Der zum Zeitpunkt t_1 an den voll haftenden Eigentümer fließende ($R_{1(v)} \geq 0$) bzw. von diesem zusätzlich aufzubringende Betrag ($R_{1(v)} < 0$) ist dann

$$R_{1(v)} = V_1 - D_{1(v)} \tag{4.9}$$
$$= H_0 + D_0 + v - D_0 \cdot (1+i) \tag{4.10}$$
$$= H_0 + v - D_o \cdot i. \tag{4.11}$$

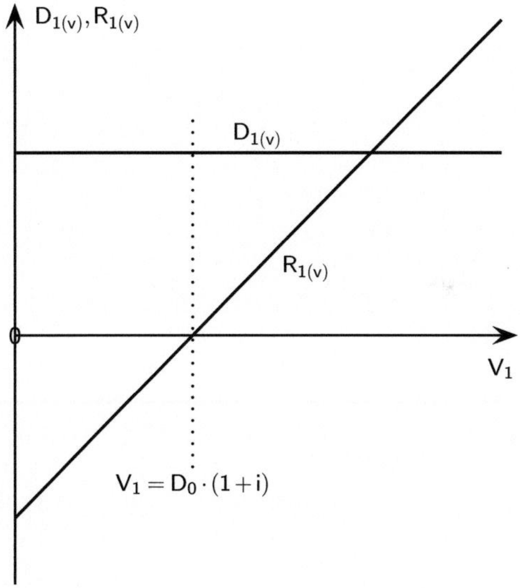

Abbildung 4.4: Rückzahlungsanspruch des Gläubigers $D_{1(v)}$ und der an den Eigentümer fließende bzw. von diesem zusätzlich aufzubringende Betrag $R_{1(v)}$ abhängig vom erzielten Endvermögen V_1 bei Vollhaftung

In Abbildung 4.4 sind $D_{1(v)}$ und $R_{1(v)}$ in Abhängigkeit vom erzielten Endvermögens V_1 dargestellt.

Die in den Gleichungen 4.8 und 4.9 allgemein formulierte Verteilung des Endvermögens V_1 im Falle eines voll haftenden Eigentümers wird im Folgenden anhand eines quantitativen Beispiels verdeutlicht:

Die Kapitaleinlage des Eigentümers betrage $H_0 = 8$ GE und sei vollständig eingezahlt. Der Eigentümer nehme zur weiteren Finanzierung seines Investitionsvorhaben ein Darlehen in Höhe von $D_0 = 20$ GE auf. Der Darlehenszinssatz i betrage 10 % und entspreche der Höhe des Kapitalmarktzinssatzes. Das Privatvermögen des Eigentümers reiche jederzeit aus, um den aus dem Darlehen resultierenden Tilgungs- und Zinsansprüche des Gläubigers zu decken.

Tabelle 4.1 zeigt bei gegebener Wahrscheinlichkeitsverteilung $w(\cdot)$ die Höhe des erzielten und zwischen Eigentümer und Gläubiger aufzuteilenden Endvermögens V_1 sowie die daraus resultierenden Größen $D_{1(v)}$ und $R_{1(v)}$, jeweils ergänzt um deren Erwartungswert μ, Standardabweichung σ und Kapitalwert KW.[414] Die Verteilung und die Höhe des Endvermögens V_1 sind frei gewählt.

$w(\cdot)$	0,05	0,1	0,2	0,3	0,2	0,1	0,05	$\mu(\cdot)$	$\sigma(\cdot)$	$KW(\cdot)$
V_1	10	20	30	40	50	60	70	40,00	14,491	8,364
$D_{1(v)}$	22	22	22	22	22	22	22	22,00	0,000	0,000
$R_{1(v)}$	-12	-2	8	18	28	38	48	18,00	14,491	8,364

Tabelle 4.1: Verteilung des erzielten Endvermögens (in GE) bei voll haftendem Eigentümer

Da der für das Darlehen vereinbarte Zinssatz von 10 % gerade dem Kapitalmarktzins entspricht und die Ansprüche des Gläubigers aufgrund des voll haftenden Eigentümers vollständig befriedigt werden, beträgt der Kapitalwert $KW(D_{1(v)}) = 0$ GE. Der Eigentümer realisiert einen Kapitalwert von $KW(R_{1(v)}) = 8{,}364$ GE und trägt – da er auch mit seinem Privatvermögen für die Gläubigeransprüche haftet – das volle Risiko der Investition ($\sigma(R_{1(v)}) = \sigma(V_1) = 14{,}491$ GE). Die Position des Gläubigers ist entsprechend risikolos ($\sigma(D_{1(v)}) = 0$ GE). Der Eigentümer hat in diesem Fall keine Möglichkeit, Risiken zulasten des Gläubigers zu sozialisieren. Bei unbeschränkter Haftung des Eigentümers bedarf der Gläubiger folglich keines besonderen Schutzes. Im folgenden Fall (b) wird nun gezeigt,

414 Diese Darstellungsweise zur Veranschaulichung der zwischen Gläubiger und Eigentümer auftretenden Principal-Agent-Probleme wurde HARTMANN-WENDELS (1992), S. 412-425 entnommen und um den Ausweis der Standardabweichung als Risikomaß erweitert.

welche Konsequenzen die im Fall der AG beschränkte Haftung des Eigentümers für die Eigentümer-Gläubiger-Beziehung hat.

Fall (b): Haftungsbeschränkung

Haftet der Eigentümer nur in Höhe seiner Kapitaleinlage $H_0 = 8$ GE, erlischt also dessen persönliche Haftung, sobald er die Kapitaleinlage vollständig erbracht hat, so haftet für die Gläubigeransprüche nur das bis zum Zeitpunkt t_1 erzielte Endvermögen V_1. Der im Falle des beschränkt haftenden Eigentümers an den Gläubiger zurückfließende Betrag $D_{1(b)}$ ist dann abhängig von V_1 und errechnet sich wie folgt:

$$D_{1(b)} = \begin{cases} D_0 \cdot (1+i), & \text{wenn } V_1 > D_0 \cdot (1+i) \\ V_1, & \text{wenn } 0 \leq V_1 \leq D_0 \cdot (1+i). \end{cases} \tag{4.12}$$

Durch Einsetzen von Gleichung 4.12 in Gleichung 4.6 ergibt sich der zum Zeitpunkt t_1 an den beschränkt haftenden Eigentümer fließende bzw. von diesem zusätzlich aufzubringende Betrag:

$$R_{1(b)} = \begin{cases} V_1 - D_0 \cdot (1+i), & \text{wenn } V_1 > D_0 \cdot (1+i) \\ 0, & \text{wenn } 0 \leq V_1 \leq D_0 \cdot (1+i). \end{cases} \tag{4.13}$$

In Abbildung 4.5 sind die nun durch die Haftungsbeschränkung beeinflussten Größen $D_{1(b)}$ und $R_{1(b)}$ abhängig vom erzielten Endvermögen V_1 dargestellt. Zur Gegenüberstellung der Situation mit Haftungsbeschränkung zu der ohne Haftungsbeschränkung zeigen die gestrichelten Linien in Abbildung 4.5 die Graphen $D_{1(v)}$ und $R_{1(v)}$ für $V_1 \leq D_0 \cdot (1+i)$. Die dunkelgraue Fläche zeigt den Vorteil des Eigentümers aus der Haftungsbeschränkung. Die hellgraue Fläche zeigt den daraus resultierenden Nachteil des Gläubigers, der dem Vorteil des Eigentümers dem Betrag nach gerade entspricht.

Bei Betrachtung des oben beschriebenen quantitativen Beispiels ergibt sich das in Tabelle 4.2 dargestellte, nun durch die Haftungsbeschränkung beeinflusste Ergebnis. Dabei wird angenommen, dass der Gläubiger trotz der Haftungsbeschränkung des Eigentümers keinen höheren Zinssatz durchsetzen kann. Der Eigentümer realisiert nun den Kapitalwert $KW(R_{1(b)}) = 9{,}091$ GE, der Gläubiger den Kapitalwert $KW(D_{1(b)}) = -0{,}727$ GE. Infolge der beschränkten Haftung des Eigentümers sinkt das Investitionsrisiko des Eigentümers von $\sigma(R_{1(v)}) = 14{,}491$ GE

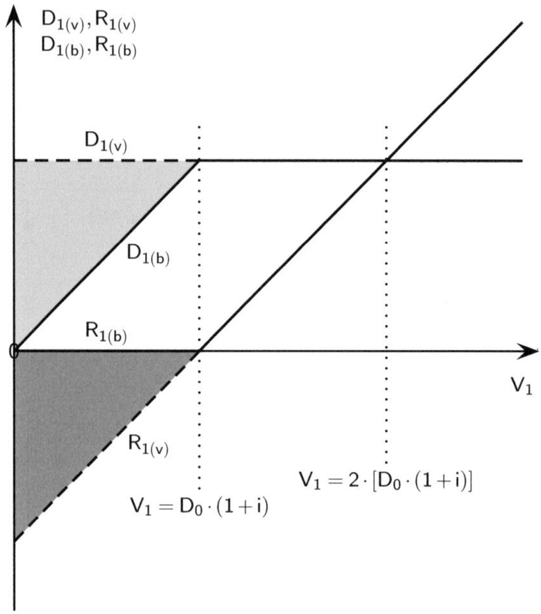

Abbildung 4.5: Rückzahlungsanspruch des Gläubigers $D_{1(b)}$ und der an den Eigentümer fließende Betrag $R_{1(b)}$ abhängig vom erzielten Endvermögen V_1 bei Haftungsbeschränkung

auf $\sigma(R_{1(b)}) = 13{,}151$ GE. Das Investitionsrisiko des Gläubigers steigt dagegen von $\sigma(D_{1(v)}) = 0$ GE auf $\sigma(D_{1(b)}) = 2{,}638$ GE.

Zusammenfassend sind hinsichtlich des Einflusses der Haftungsbeschränkung des Eigentümers auf die Principal-Agent-Beziehung zwischen Eigentümer und Gläubiger zwei Aspekte festzuhalten: Die Haftungsbeschränkung des Eigentümers führt erstens zu einer asymmetrischen Risikoteilung zwischen Eigentümer und Gläubiger zulasten des Gläubigers: Das Risiko eines sinkenden Vermögenszuwachses tragen Eigentümer und Gläubiger gleichermaßen bis zur Höhe der Kapitaleinlage bzw. der Darlehenshöhe. Die Chance steigender Vermögenszuwächse kommt dagegen nur dem Eigentümer zugute, da der Gläubiger maximal den Darlehensbetrag zuzüglich Zinsen erhält.[415] Dieser Aspekt begründet

415 Vgl. HEMMERDE (1985), S.13; HARTMANN-WENDELS (1991), S. 270.

w(·)	0,05	0,1	0,2	0,3	0,2	0,1	0,05	$\mu(\cdot)$	$\sigma(\cdot)$	KW(·)
V_1	10	20	30	40	50	60	70	40,00	14,491	8,364
$D_{1(b)}$	10	20	22	22	22	22	22	21,20	2,638	-0,727
$R_{1(b)}$	0	0	8	18	28	38	48	18,80	13,151	9,091

Tabelle 4.2: Verteilung des Endvermögens (in GE) bei Haftungsbeschränkung

die Schutzbedürftigkeit des Gläubigers. Die Haftungsbeschränkung des Eigentümers verstärkt zweitens dessen Chance und Anreiz zu opportunistischem, den Gläubiger schädigendem Verhalten. Die einzelnen Möglichkeiten opportunistischen Verhaltens des Eigentümers werden auch als fremdfinanzierungsbedingte Principal-Agent-Probleme bezeichnet[416] und sind Gegenstand des folgenden Abschnitts 413.

413. Fremdfinanzierungsbedingte Principal-Agent-Probleme und ihr Einfluss auf die Gläubigerrisiken

413.1 Begriff und Systematisierung fremdfinanzierungsbedingter Principal-Agent-Probleme

Der Begriff des Principal-Agent-Problems wurde erstmals von ROSS im Sinne eines suboptimalen Kooperationsergebnisses zwischen Principal und Agent geprägt.[417] ARROW dagegen betont den Konflikt, welcher entsteht, wenn dem Agent mit der Wahl einer bestimmten Handlungsalternative die Möglichkeit gegeben wird, neben dem eigenen Nutzen auch den Nutzen des Principal zu beeinflussen.[418] Sollen beide Teilaspekte des Principal-Agent-Problems in einer Definition zusammengeführt werden, ergibt sich die folgende: Ein Principal-Agent-Problem liegt vor, wenn der Agent mit seiner Handlungsentscheidung den Nutzen des Principal negativ beeinflussen kann und daraus ein suboptimales Kooperationsergebnis in dem Sinne entsteht, dass bei Vermeidung des opportunistischen Verhaltens des Agent ein höheres Kooperationsergebnis hätte erzielt werden können. Voraussetzung für das Bestehen eines Principal-Agent-Problems ist

416 Vgl. etwa JENSEN/MECKLING (1976), S. 333-343; EWERT (1986), S. 12-20; HARTMANN-WENDELS (1991), S. 270-341; WAGENHOFER (1993), S. 239

417 Vgl. ROSS (1973), S. 134-139.

418 *„One (the agent) must choose an action from a number of alternative possibilities. The action affects the welfare of both the agent and another person, the principal."* (ARROW (1985), S. 37).

damit, dass die Zielerreichung des Principal abhängig von der Zielerreichung des Agent ist. So besteht der Kern des Principal-Agent-Problems nach RICHTER/FURUBOTN darin, dass der Agent sowohl vor als auch nach Vertragsschluss einen Anreiz zu opportunistischem Verhalten hat mit dem Ziel, die eigene Wohlstandsposition zulasten der Position des Principal zu verbessern.[419] Die in der Beziehung zwischen Eigentümer und Gläubiger auftretenden Principal-Agent-Probleme werden als fremdfinanzierungsbedingte Principal-Agent-Probleme bezeichnet.

Das Ziel des Eigentümers, sein Vermögen zu maximieren, steht bei unbeschränkter Haftung des Eigentümers und hinreichend hohem Privatvermögen nicht in Konflikt zu den Interessen des Gläubigers.[420] Dies wurde in Abschnitt 412.2 gezeigt. Zwar kann im Falle eines risikoscheuen Eigentümers ein Wohlstandsverlust entstehen, wenn der Eigentümer aufgrund seiner Risikoscheu weniger riskante Investitionsprojekte wählt, deren Erwartungswert gleichzeitig geringer als bei alternativen riskanteren Investitionsprojekten ist.[421] Dies ist allerdings kein Principal-Agent-Problem im zuvor definierten Sinne, da sich der Eigentümer mit diesem Verhalten nicht selbst zulasten des Gläubigers bereichern kann.

Ist die Haftung des Eigentümers hingegen auf das Gesellschaftsvermögen beschränkt, entsteht ein *moral hazard*-Problem. Die beschränkte Haftung eröffnet dem Eigentümer Möglichkeiten, seine eigenen Interessen zulasten des Gläubigers durchzusetzen (sich also nach Vertragsschluss opportunistisch zu verhalten), indem er z. B. Vermögenswerte vom Gesellschaftsvermögen auf sein Privatvermögen überträgt und diese so im Insolvenzfall dem Zugriff des Gläubigers entzieht. Derartiges opportunistisches Verhalten des Eigentümers erhöht das Ausfallrisiko des Gläubigers.[422]

Im Schrifttum werden verschiedene fremdfinanzierungsbedingte Principal-Agent-Probleme unterschieden.[423] Um im weiteren Verlauf dieser Arbeit zu beurteilen, inwieweit einzelnen fremdfinanzierungsbedingten Principal-Agent-Problemen mit Ausschüttungsrestriktionen zu begegnen ist, seien die fremdfinanzierungsbedingten Principal-Agent-Probleme zunächst grob systematisiert. Dem

419 Vgl. RICHTER/FURUBOTN (2003), S. 174.

420 Vgl. dazu auch HARTMANN-WENDELS (1991), S. 271.

421 Vgl. WAGENHOFER (1993), S. 248.

422 Vgl. EASTERBROOK/FISCHEL (1985), S. 104 sowie BAUER (1995), S. 95.

423 Vgl. dazu insbesondere EWERT (1986), S. 12-20; WATTS/ZIMMERMAN (1986), S. 186-191; SWOBODA (1994), S. 172-180; FRANKE/HAX (2004), S. 431-435; KUHNER (2005), S. 766-768; BREALEY/MYERS/ALLEN (2008), S. 509-514.

Eigentümer bieten sich zwei Möglichkeiten, seine eigene Wohlstandsposition nach Vertragsschluss zulasten der des Gläubigers zu verbessern: Er kann das Investitionsrisiko erhöhen, d. h. Investitionsprojekte mit höherem Risiko wählen, und/oder die Schuldendeckung reduzieren und damit das Insolvenzverlustrisiko auf den Gläubiger abwälzen. Die verschiedenen fremdfinanzierungsbedingten Principal-Agent-Probleme seien entsprechend den folgenden zwei Kategorien zugeordnet:

Kategorie (1): Nachträgliche Erhöhung des Investitionsrisikos bei gegebener Schuldendeckung (siehe Abschnitt 413.2) oder

Kategorie (2): Nachträgliche Reduktion der Schuldendeckung bei gegebenem Investitionsrisiko (siehe Abschnitt 413.3).

In den folgenden Abschnitten werden die verschiedenen Arten fremdfinanzierungsbedingter Principal-Agent-Probleme erläutert und gezeigt, wie diese die Schuldendeckung und Liquidität unmittelbar nach Eintritt des jeweiligen Principal-Agent-Problems sowie den Erwartungswert und die Standardabweichung der künftigen Schuldendeckung und Liquidität beeinflussen.

413.2 Nachträgliche Erhöhung des Investitionsrisikos

Haftet der Eigentümer nur mit seiner Einlage, kann er das Ausfallrisiko des Gläubigers nachträglich erhöhen, indem er ein bestehendes Investitionsprogramm I_1 liquidiert und den Liquidationserlös in ein neues Investitionsprogramm I_2 mit höherem Risiko (im Sinne einer höheren Varianz des aus dem neuen Investitionsprogramm zu erwartetenden Vermögenszuwachses) investiert. Dieses Phänomen wird auch als Risikoanreizproblem *(asset substitution)* bezeichnet.[424]

Abbildung 4.6 verdeutlicht den Einfluss einer Erhöhung des Investitionsrisikos auf die Dichtefunktion der künftigen Schuldendeckung $SD_n = V_n - D_n$.

Infolge des erhöhten Investitionsrisikos steigt die Streubreite der künftigen Schuldendeckung. Der Erwartungswert der künftigen Schuldendeckung bleibt hingegen konstant. Es gilt also:

$$\sigma(SD_n(I_2)) > \sigma(SD_n(I_1)) \tag{4.14}$$
$$\mu(SD_n(I_2)) = \mu(SD_n(I_1)) \tag{4.15}$$

424 Vgl. JENSEN/MECKLING (1976), S. 334-337; GAVISH/KALAY (1983).

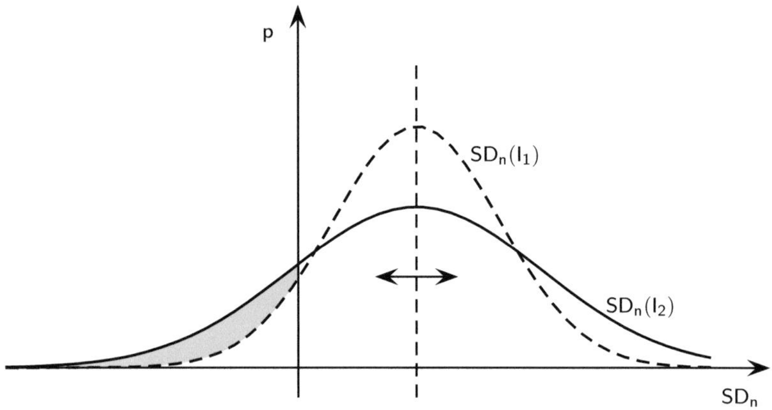

Abbildung 4.6: Auswirkung einer Erhöhung des Investitionsrisikos auf die künftige Schuldendeckung

Die Höhe des Vermögens und der Schulden im Zeitpunkt der Investitionsentscheidung kann der Eigentümer mit der Erhöhung des Investitionsrisikos nicht beeinflussen. Damit bleibt die Schuldendeckung zum Zeitpunkt der Erhöhung des Investitionsrisikos auch bei hohem Investitionsrisiko konstant. Die höhere Streubreite der künftigen Schuldendeckung erhöht jedoch das Insolvenzeintritts- und Insolvenzverlustrisiko.

Gleiches gilt sinngemäß für den Einfluss einer Erhöhung des Investitionsrisikos auf die Liquidität des Unternehmens: Infolge der Erhöhung des Investitionsrisikos steigt gleichermaßen das Risiko nur geringer Liquidität als auch die Chance sehr hoher Liquidität. Reicht die Liquidität nicht zur Deckung der fälligen Gläubigeransprüche aus, fließt diese in voller Höhe an den Gläubiger. Damit allerdings trägt der Gläubiger das volle Risiko einer noch geringeren Liquidität. Von der nun höheren Chance auf hohe Liquidität profitiert dagegen nur der Eigentümer.[425] Er kann damit die Position des Gläubigers weiter schwächen, indem er die gewonnene Liquidität abermals in riskante Projekte investiert oder ausschüttet.

Dem Eigentümer gelingt es letztlich aufgrund fehlender persönlicher Haftung für die Ansprüche des Gläubigers, einen Teil des Investitionsrisikos auf den Gläubiger abzuwälzen, indem er mit dem Geld des Gläubigers spielt.[426] Zur Verdeut-

425 Dies gilt unter der Annahme, dass vom günstigen Einfluss der infolgedessen steigenden Haftungsmasse auf die Gläubigerrisiken abgesehen wird.

426 Vgl. WAGENHOFER/EWERT (2007), S. 196 f.

lichung sei das in Abschnitt 412.2 eingeführte quantitative Beispiel ergänzt um ein alternatives Investitionsprojekt I_2, welches ein höheres Risiko ($\sigma(V_1(I_2)) > \sigma(V_1(I_1))$) bei identischem Erwartungswert ($\mu(V_1(I_2)) = \mu(V_1(I_1))$) aufweist.[427] In Tabelle 4.3 sind die Aufteilung des Endvermögens zwischen Eigentümer und Gläubiger für die Investitionsprojekte I_1 und I_2 gegenübergestellt. Wie der Vergleich der Kapitalwerte zeigt, wird ein risikoneutraler Eigentümer Investitionsprojekt I_2 realisieren, da $KW(R_{1(b)}(I_2)) > KW(R_{1(b)}(I_1))$ und damit die Position des Gläubigers schwächen ($KW(D_{1(b)}(I_2)) < KW(D_{1(b)}(I_1))$).

$w(\cdot)$	0,05	0,1	0,2	0,3	0,2	0,1	0,05	$\mu(\cdot)$	$\sigma(\cdot)$	KW(·)
$V_1(I_1)$	10	20	30	40	50	60	70	40,00	14,491	8,364
$D_{1(b)}(I_1)$	10	20	22	22	22	22	22	21,20	2,638	-0,727
$R_{1(b)}(I_1)$	0	0	8	18	28	38	48	18,80	13,151	9,091
$V_1(I_2)$	4	16	28	40	52	64	76	40,00	17,390	8,364
$D_{1(b)}(I_2)$	4	16	22	22	22	22	22	20,50	4,189	-1,364
$R_{1(b)}(I_2)$	0	0	6	18	30	42	54	19,50	15,045	9,728

Tabelle 4.3: Aufteilung des Endvermögens (in GE) bei I_2 (höheres Risiko und identischer Erwartungswert) im Vergleich zu I_1

Infolge des dargestellten Risikoanreizproblems wird sich ein risikoneutraler Eigentümer gegebenenfalls sogar entscheiden, ein riskantes Investitionsprojekt mit negativem Kapitalwert zu realisieren.[428] Zur Verdeutlichung sei wiederum auf das in Abschnitt 412.2 eingeführte quantitative Beispiel zurückgegriffen, nun in Tabelle 4.4 ergänzt um ein alternatives Investitionsprojekt I_3, welches im Vergleich zum Investitionsprojekt I_1 ein höheres Risiko ($\sigma(V_1(I_3)) > \sigma(V_1(I_1))$) sowie einen geringeren Erwartungswert ($\mu(V_1(I_3)) < \mu(V_1(I_1))$) und einen negativen Gesamtkapitalwert $KW(V_1(I_3))$ des damit zu erzielenden Endvermögens aufweist. Zwar würde der Eigentümer im gezeigten Beispiel weiter das Investitionsprojekt I_1 dem Investitionsprojekt I_3 vorziehen, da $KW(R_{1(b)}(I_1)) > KW(R_{1(b)}(I_3))$. Die Haftungsbeschränkung des Eigentümers führt jedoch dazu, dass der Eigentümer mit Investitionsprojekt I_3 immer noch einen positiven Kapitalwert des auf ihn entfallenden Endvermögens ($KW(R_{1(b)}(I_3) > 0)$ erzielen könnte, obwohl das Investitionsprojekt aus Gesamtunternehmenssicht einen

427 Zu einem ähnlichen Beispiel zu diesem gläubigerschädigenden Verhalten siehe ENRIQUES/MACEY (2001), S. 1169.

428 Vgl. z. B. DRUKARCZYK (1993), S. 311.

$w(\cdot)$	0,05	0,1	0,2	0,3	0,2	0,1	0,05	$\mu(\cdot)$	$\sigma(\cdot)$	$KW(\cdot)$
$V_1(I_1)$	10	20	30	40	50	60	70	40,00	14,491	8,364
$D_{1(b)}(I_1)$	10	20	22	22	22	22	22	21,20	2,638	-0,727
$R_{1(b)}(I_1)$	0	0	8	18	28	38	48	18,80	13,151	9,091
$V_1(I_3)$	0	5	15	32	42	50	60	29,50	16,348	-1,182
$D_{1(b)}(I_3)$	0	5	15	22	22	22	22	17,80	6,728	-3,818
$R_{1(b)}(I_3)$	0	0	0	10	20	28	38	11,70	11,122	2,636

Tabelle 4.4: Aufteilung des Endvermögens (in GE) bei I_3 (noch höheres Risiko, geringerer Erwartungswert und negativer Gesamtkapitalwert) im Vergleich zu I_1

negativen Kapitalwert besitzt ($KW(V_1(I_3)) < 0$). Damit kann der Eigentümer gleichzeitig sein Investitionsrisiko reduzieren, obwohl das Investitionsrisiko aus Gesamtunternehmenssicht bei I_3 gegenüber I_1 gestiegen ist.

Abschließend sei erwähnt, dass der Anreiz zur Ausweitung riskanter Investitionsprojekte mit zunehmender Verschuldung nicht grundsätzlich steigt.[429] Allerdings nimmt der Anreiz zu solchem Verhalten zu, wenn das Unternehmen aufgrund einer wirtschaftlichen Krise bereits insolvenzbedroht ist.[430] Der dann bestehende Anreiz des Eigentümers, alles auf eine Karte zu setzen, wird auch als *gambling for resurrection* bezeichnet[431] und von LIN wie folgt treffend zusammengefasst: „*The foregoing discussion indicates that if the management of a financially distressed company engages in extraordinarily risky activities, the upside gain accrues to shareholders while creditors bear the downside risk. Shareholders have a strong incentive to gamble with the firm's assets to the detriment of creditors, regardless of whether such highrisk investments maximize the expected value of the company. These investments offer the only chance that some money will be available for shareholders after debts are repaid.*“[432]

429 Zum Einfluss des Verschuldungsgrades auf das Risikoanreizproblem vgl. GAVISH/KALAY (1983).

430 Vgl. LIN (1993), S. 1489.

431 Vgl. MEYER (2000), S. 1038; JACKSON (2001), S. 205; MÜLBERT/BIRKE (2002), S. 710; FLEISCHER (2004), S. 446; KUHNER (2005), S. 768 sowie MARX (2006), S. 59.

432 LIN (1993), S. 1491.

Hinsichtlich der Auswirkung eines erhöhten Investitionsrisikos auf die Liquidität und Schuldendeckung als Einflussgrößen des Gläubigerrisikos[433] ist somit festzuhalten: Die Liquidität und die Schuldendeckung des Schuldnerunternehmens zum Zeitpunkt der Entscheidung werden durch die Entscheidung des Eigentümers für oder gegen ein riskanteres Investitionsprojekt nicht beeinflusst. Infolge des höheren Investitionsrisikos steigt allerdings die Streubreite der künftigen Liquidität und Schuldendeckung. Dies wiederum führt zu einem erhöhten Insolvenzeintritts- und Insolvenzverlustrisiko.

Neben der nachträglichen Erhöhung des Investitionsrisikos kann der Eigentümer Risiken auf den Gläubiger abwälzen, indem er die Schuldendeckung reduziert. Zu diesem Zweck kann er c. p. das haftende Vermögen reduzieren und/oder zusätzliches Fremdkapital aufnehmen. Diese beiden weiteren Formen fremdfinanzierungsbedingter Principal-Agent-Probleme werden im nun folgenden Abschnitt 413.3 erläutert.

413.3 Nachträgliche Reduktion der Schuldendeckung

413.31 Nachträgliche Reduktion des haftenden Vermögens

Der Eigentümer kann die dem Gläubiger haftende Vermögensmasse nach Abschluss des Darlehensvertrages reduzieren, indem er Vermögen ausschüttet und damit vom Gesellschaftsvermögen in sein Privatvermögen verlagert (siehe Abbildung 4.7). Dies führt zu einer Linksverschiebung der Dichtefunktion der künftigen Schuldendeckung SD_n' im Vergleich zur ursprünglichen Dichtefunktion SD_n (siehe Abbildung 4.8).

Die Streuung der künftigen Schuldendeckung bleibt konstant. Deren Erwartungswert jedoch sinkt um den Wert des entzogenen Gesellschaftsvermögens. Es gilt also:

$$\sigma(SD_n') = \sigma(SD_n) \tag{4.16}$$

$$\mu(SD_n') < \mu(SD_n) \tag{4.17}$$

433 Siehe Abschnitt 411.2.

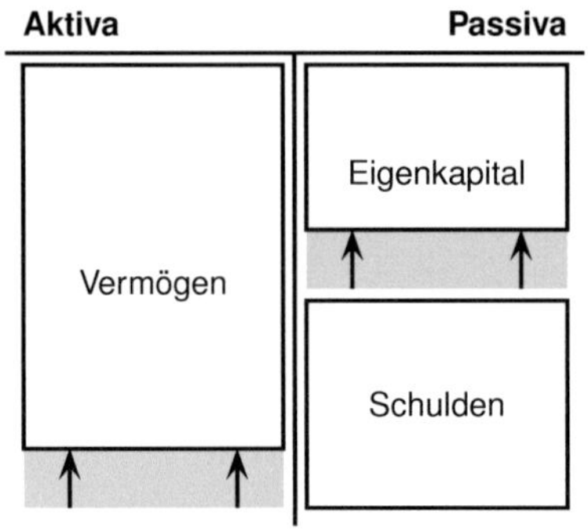

Abbildung 4.7: Bilanzielle Wirkung einer Reduktion des haftenden Vermögens

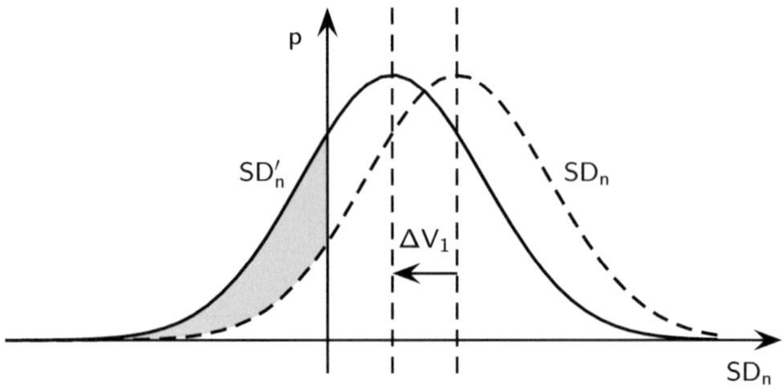

Abbildung 4.8: Reduktion der Schuldendeckung durch überhöhte Ausschüttungen

Je nach Herkunft der zusätzlich auszuschüttenden Liquidität sind zwei Varianten dieses gläubigerschädigenden Verhaltens zu unterscheiden:

- die Unterinvestition sowie
- liquidationsfinanzierte Ausschüttungen.

Der Eigentümer kann den Gläubiger zum einen schädigen, indem er bei bereits bestehender Fremdfinanzierung neue Investitionsprojekte mit positivem Kapitalwert unterlässt und die dafür verfügbare Liquidität ausschüttet (Unterinvestition / *underinvestment*).[434] Einen Anreiz zu solchem Verhalten hat der Eigentümer

434 Vgl. etwa MYERS (1977); DRUKARCZYK (1993), S. 309 f.; SWOBODA (1994), S. 175; BREALEY/MYERS/ALLEN (2008), S. 511.

stets dann, wenn zwar der Gesamtkapitalwert des Investitionsprojektes positiv, der nach Berücksichtigung der Tilgungs- und Zinszahlungen an den Gläubiger dem Eigentümer verbleibende Kapitalwert jedoch negativ ist.[435] In diesem Fall würde es der Eigentümer vorziehen, die für die Investition verwendbaren liquiden Mittel an sich auszuschütten. Diese einfachste und naheliegendste Variante, dem Unternehmen Haftungsmasse zu entziehen, wird auch als *„cash in and run"* (Kassenplünderung) bezeichnet.[436] Wie das folgende Beispiel verdeutlicht, ist der Anreiz zur Kassenplünderung besonders ausgeprägt bei bereits drohender Insolvenz. In dieser Situation würde der Eigentümer die Investition selbst dann unterlassen, wenn die zu investierende Liquidität anteilig an den Gläubiger zurückfließen und an den Eigentümer ausgeschüttet würde und die Schuldendeckung damit unverändert bliebe.[437]

Beispiel[438]*:*
Der Eigentümer sei risikoneutral und stehe vor der Entscheidung, eine Investition von 100 GE zu tätigen oder die 100 GE anteilig zur Rückzahlung von Fremdkapital und zur Ausschüttung zu verwenden. Die Rendite des möglichen Investitionsprojektes betrage 8 %, die alternative Kapitalmarktrendite 6 %. Die anfängliche Eigenkapitalquote betrage 30 %. Bei Durchführung der Investition wird das Unternehmen nach einer Periode mit einer Wahrscheinlichkeit von 10 % liquidiert, wodurch der Kapitalanspruch des Eigentümers unterginge. Entscheidet sich der Eigentümer für die Investition, erhöht er sein Kapital von 30 GE mit einer Wahrscheinlichkeit von 90 % um 30 GE · 8 % = 2,4 GE und verliert mit einer Wahrscheinlichkeit von 10 % sein Kapital von 30 GE. Im Falle der Investition beträgt der Erwartungswert des nach einer Periode vorhandenen Eigenkapitals folglich 0,9 · 32,4 GE + 0,1 · 0 GE = 29,16 GE. Entscheidet sich der Eigentümer gegen die Investition, kann er seinen Anteil von 30 GE für eine Periode zur Kapitalmarktrendite von 6 % anlegen und erzielt daraus einen sicheren Kapitalzuwachs von 30 GE · 6 % = 1,8 GE. In diesem Fall beträgt sein Kapital nach dieser Periode also 31,8 GE. Aufgrund des im letzten Falle höheren Erwartungswertes des Eigenkapitals entscheidet sich der Eigentümer gegen die Investition.

435 Vgl. NIEDERNHUBER (1988), S. 51; KAHLE (2002), S. 700; KUHNER (2005), S. 766; SCHMIDT (2006b), S. 90.

436 Vgl. BREALEY/MYERS/ALLEN (2008), S. 511.

437 Vgl. SWOBODA (1994), S. 175.

438 In Anlehnung an SWOBODA (1994), S. 175.

Besteht kein ausreichend hoher Kassenbestand könnte der Eigentümer im Gesellschaftsvermögen befindliche Vermögenswerte veräußern und die so gewonnene Liquidität ausschütten (liquidationsfinanzierte Ausschüttungen / *asset withdrawal*).[439] Die genannten gläubigerschädigenden Verhaltensweisen der Unterinvestition und der liquidationsfinanzierten Ausschüttungen unterscheiden sich nur darin, dass bei ersterem Verhalten bereits ausschüttbare Liquidität vorhanden ist, während diese bei letzterem erst durch die Liquidation bestehender Investitionsprojekte geschaffen wird.

In beiden Fällen – im Falle der Unterinvestition ohne anteilige Rückzahlung des Fremdkapitals sowie im Falle der liquidationsfinanzierten Ausschüttung – sinkt unmittelbar die Schuldendeckung, da der Eigentümer dem Unternehmen haftendes Vermögen entzieht, während die Schulden in gleicher Höhe erhalten bleiben. Infolge der Ausschüttung sinkt jeweils c. p. auch der Erwartungswert der künftigen Schuldendeckung. Die Streubreite der künftigen Schuldendeckung bleibt in beiden Fällen konstant.

Hinsichtlich ihrer Liquiditätswirkung unterscheiden sich Unterinvestition und liquidationsfinanzierte Ausschüttungen: Die Unterinvestition führt unmittelbar zu einem Liquiditätsabfluss. Aufgrund dessen und aufgrund des Wegfalls künftiger Einzahlungsüberschüsse aus der nun liquidierten Investition sinkt c. p. auch der Erwartungswert der Liquidität künftiger Perioden. Liquidationsfinanzierte Ausschüttungen hingegen sind unmittelbar nicht liquiditätswirksam, da sich die Zahlungsflüsse aus Liquidation und Ausschüttung gegenseitig ausgleichen. Zu einer Reduktion des Erwartungswertes der Liquidität künftiger Perioden führen liquidationsfinanzierte Ausschüttungen somit nur in dem Umfang, in dem aus den liquidierten Investitionsprojekten künftige Einzahlungsüberschüsse zu erwarten gewesen wären. Die Streubreite der künftig zu erwartenden Liquidität bleibt unter der Annahme, dass das Investitionsrisiko des liquidierten Investitionsprojektes gerade dem Gesamtinvestitionsrisiko entspricht, in beiden Fällen konstant.

413.32 Nachträgliche Aufnahme hoher Darlehen

Eine weitere Möglichkeit, die den einzelnen Gläubiger anteilig absichernde Haftungsmasse zu reduzieren, besteht darin, weiteres Fremdkapital aufzunehmen, um mit der so gewonnenen Liquidität riskante Investitionsprojekte zu finanzieren.

439 Vgl. BLACK (1976), S. 7.

Die nachträgliche Aufnahme hoher Darlehen erhöht das haftende Vermögen und die Schulden um den gleichen Betrag. Die Schuldendeckung zum Zeitpunkt der Darlehensaufnahme bleibt damit konstant. Ist die Schuldendeckung positiv, sinkt allerdings der Schuldendeckungsgrad, da dem konstant bleibenden Reinvermögen (Eigenkapital) nun höhere Schulden gegenüber stehen. Der Erwartungswert der künftigen Schuldendeckung steigt unter der Annahme, dass der Eigentümer in ein Investitionsprojekt mit zu erwartendem Reinvermögenszuwachs investiert. Wird weiter angenommen, dass das Investitionsrisiko des neu hinzugekommenen Projekts dem Gesamtinvestitionsrisiko zu diesem Zeitpunkt entspricht, so bleibt die Streubreite der künftigen Schuldendeckung konstant.

Auf die Liquidität zum Zeitpunkt der Darlehensaufnahme hat die nachträgliche Aufnahme hoher Darlehen unter der Annahme, dass der Eigentümer den Darlehensbetrag direkt in langfristig gebundenes Vermögen investiert, keinen Einfluss. Der Erwartungswert der künftigen Liquidität hingegen steigt unter der Annahme, dass der Eigentümer Investitionsprojekte realisiert, deren Einzahlungsüberschuss nach Abzug von Tilgungs- und Zinszahlungen positiv ist. Entsprechend der Streubreite der künftigen Schuldendeckung bleibt auch die Streubreite der künftigen Liquidität konstant.

Wenngleich die nachträgliche Aufnahme hoher Darlehen zum Zeitpunkt der Darlehensaufnahme weder die Liquidität noch die Schuldendeckung reduziert, sind die Gläubiger aufgrund des höheren Verschuldungsgrades des Schuldnerunternehmens einem höheren Insolvenzeintritts- und Insolvenzverlustrisiko ausgesetzt.[440] Für den Eigentümer steigt das Insolvenzverlustrisiko nicht, da die neu hinzukommenden riskanten Projekte ausschließlich mit Fremdkapital finanziert sind. Er profitiert allerdings von der Chance auf hohe Investitionsrückflüsse. Folglich ist auch die nachträgliche Aufnahme hoher Darlehensbeträge geeignet, Risiken auf den Gläubiger abzuwälzen, verbunden mit der Chance, das eigene Vermögen zu vermehren.[441]

413.33 Fremdfinanzierte Ausschüttungen

Bei fremdfinanzierten Ausschüttungen nimmt der Eigentümer zusätzliches Fremdkapital auf und investiert dieses – entgegen etwaiger Ankündigungen bei Vertragsschluss – nicht in ertragversprechende Projekte, sondern schüttet die gewonnene Liquidität kurze Zeit später aus. Dieses Verhalten resultiert aus der

440 Vgl. KUHNER (2005), S. 768.

441 Vgl. ENRIQUES/MACEY (2001), S. 1169.

Kombination der in Abschnitt 413.31 und Abschnitt 413.32 beschriebenen Verhaltensweisen. Die bilanzielle Wirkung fremdfinanzierter Ausschüttungen ist in Abbildung 4.9 dargestellt.

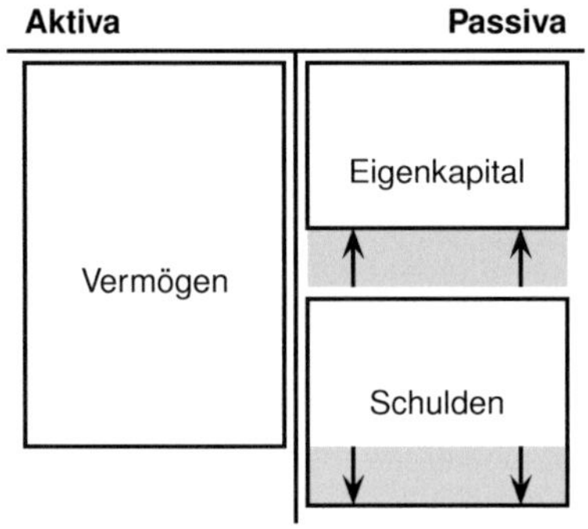

Abbildung 4.9: Bilanzielle Wirkung fremdfinanzierter Ausschüttungen

Im Gegensatz zur Kassenplünderung und zu liquidationsfinanzierten Ausschüttungen stammt die auszuschüttende Liquidität im Falle fremdfinanzierter Ausschüttungen nicht aus bereits getätigten Investitionen, sondern aus einer zusätzlichen Verschuldung. Den gestiegenen Schulden steht somit haftendes Vermögen in unveränderter Höhe gegenüber; die Vermögenszunahme durch die Aufnahme des Darlehens und die Vermögensabnahme durch die Ausschüttung gleichen sich aus. Folglich verringern fremdfinanzierte Ausschüttungen – unmittelbar und infolgedessen c. p. auch mittelbar – die Schuldendeckung. Die Streubreite der künftigen Schuldendeckung bleibt konstant.

Auf die Liquidität haben fremdfinanzierte Ausschüttungen unmittelbar keinen Einfluss, da die durch das Darlehen gewonnene Liquidität sofort ausgeschüttet wird. Die infolge der Darlehensaufnahme zu leistenden Zins- und Tilgungszahlungen reduzieren jedoch den Erwartungswert der Liquidität künftiger Perioden. Die Streubreite der künftigen Liquidität bleibt dabei konstant. Indem fremdfinanzierte Ausschüttungen die Schuldendeckung zum Zeitpunkt der Ausschüttung und die zu erwartende künftige Schuldendeckung und Liquidität reduzieren, erhöhen diese das Insolvenzeintritts- und Insolvenzverlustrisiko des einzelnen Gläubigers. Die Ansprüche der bisherigen Gläubiger verwässern *(claim diluti-*

on), da die unverändert hohe Haftungsmasse nun auch den neu hinzugekommenen Gläubigern zur Sicherung dient.[442]

413.4 Zusammenfassung

Maßgebend für das Insolvenzeintritts- und Insolvenzverlustrisiko des Gläubigers ist die Entwicklung der Schuldendeckung und Liquidität. Fremdfinanzierungsbedingte Principal-Agent-Probleme gehen mit einer Reduktion der Schuldendeckung und/oder der Liquidität des Schuldnerunternehmens einher. Beides führt zu einem erhöhten Insolvenzeintrittsrisiko. Die Reduktion der Schuldendeckung erhöht das Risiko der Überschuldung, die Reduktion der Liquidität erhöht das Risiko der Zahlungsunfähigkeit. In beiden Fällen steigt somit das Insolvenzeintrittsrisiko. Die Reduktion der Schuldendeckung erhöht gleichzeitig das Insolvenzverlustrisiko.

Folgende Tabelle 4.5 fasst den Einfluss der beschriebenen fremdfinanzierungsbedingten Principal-Agent-Probleme auf Schuldendeckung und Liquidität (siehe Spalten 4-7 in Tabelle 4.5) sowie den daraus resultierenden Einfluss auf das Insolvenzeintritts- und Insolvenzverlustrisiko zusammen.

Sämtliche vorgestellten Varianten opportunistischen Verhaltens des Eigentümers erhöhen das Insolvenzeintrittsrisiko (InsER) und das Insolvenzverlustrisiko (InsVR).

Im folgenden Abschnitt 414. werden das übergreifende Ziel sowie die Grenzen kapitalerhaltender Maßnahmen als Ansatz zur Lösung der beschriebenen fremdfinanzierungsbedingter Principal-Agent-Probleme erläutert. In Abschnitt 415. wird darauf aufbauend erörtert, inwieweit Ausschüttungsrestriktionen als Instrument der Kapitalerhaltung dieser einseitigen Erhöhung der Gläubigerrisiken entgegenwirken können und welche Anforderungen entsprechend an Ausschüttungsrestriktionen zu stellen sind.

442 Vgl. SCHMIDT (2006b), S. 90.

Principal-Agent-Problem		ΔV	ΔS	Δ(V − S)			Δ(L)			InsER	InsVR
		t_0	t_0	t_0	μ	σ	t_0	μ	σ		
(1)	**Erhöhung des Investitionsrisikos**										
		o	o	o	o	+	o	o	+	+	+
(2)	**Erhöhung des Verschuldungsgrades**										
(21)	Unterinvestition	−	o	−	−	o	−	−	o	+	+
(22)	Liquidationsfinanz. Ausschüttungen	−	o	−	−	o	o	−	o	+	+
(23)	Aufnahme hoher Darlehen	+	+	o	+[a]	o[b]	o[c]	+[a]	o[b]	+	+
(24)	Fremdfinanzierte Ausschüttungen	o	+	−	−	o	o	−	o	+	+

V = haftendes Vermögen; S = Schulden; L = Liquidität; InsER = Insolvenzeintrittsrisiko; InsVR = Insolvenzverlustrisiko

[a] Annahme 1: Der Eigentümer investiere den Darlehensbetrag in ein Projekt mit nach Abzug von Tilgung und Zinsen zu erwartendem Einzahlungsüberschuss und zu erwartendem Reinvermögenszuwachs.
[b] Annahme 2: Das Investitionsrisiko des neu hinzugekommenen Projekts entspreche genau dem Gesamtinvestitionsrisiko zu diesem Zeitpunkt.
[c] Annahme 3: Der Darlehensbetrag wird unmittelbar in langfristig gebundenes Vermögen investiert.

Tabelle 4.5: Zusammenfassung der beschriebenen fremdfinanzierungsbedingten Principal-Agent-Probleme

414. Das Ziel kapitalerhaltender Maßnahmen vor dem Hintergrund fremdfinanzierungsbedingter Principal-Agent-Probleme

414.1 Funktion und Grenzen kapitalerhaltender Maßnahmen

Die Funktion kapitalerhaltender Maßnahmen kann bei beschränkter Haftung des Eigentümers nicht darin bestehen, die vollständige Rückzahlung der Gläubigeransprüche zu garantieren[443], denn das Ausmaß des zur Sicherung der Gläubiger zu erhaltenden Kapitals ist in mehrfacher Hinsicht begrenzt:

- Wirtschaftliche Einflüsse können zu kapitalaufzehrenden, vom Eigentümer nicht zu verantwortenden Verlusten führen.

443 Vgl. JUNGMANN (2006), S. 642-643 sowie PELLENS/CRASSELT/SELLHORN (2007), S. 268. Anderer Ansicht allerdings offenbar WATRIN (2001b), S. 936.

- Wären dem Eigentümer jegliche Kapitalentnahmen vor Liquidation des Unternehmens untersagt, würde er erst in ferner Zukunft für seinen Kapital- und Arbeitseinsatz belohnt und insofern gegenüber dem Gläubiger über Gebühr benachteiligt.[444]
- Schließlich kann modellbasiert gezeigt werden, dass Ausschüttungsrestriktionen dem Gläubiger auch zum Nachteil gereichen können, indem sie den Anreiz des Eigentümers zum oben beschriebenen *gambling for resurrection*[445] verstärken.[446]

Eine bessere Annäherung an das, was Kapitalerhaltung leisten kann und soll, bietet daher beispielsweise ein Rückgriff auf die sogenannte *Absolute Priority Rule*. Bezüglich des Verhältnisses des Gläubigers zum Eigentümer sagt diese vereinfacht ausgedrückt, dass der Gläubiger zur Sicherung seiner Ansprüche stets vor dem Eigentümer auf das Gesellschaftsvermögen zugreifen darf.[447] Wäre der Insolvenzeintritt eines Unternehmens mit Sicherheit vorhersehbar, wären Kapitalentnahmen des Eigentümers somit stets unbedenklich, solange das Unternehmen im Sinne des Insolvenzrechts weder überschuldet noch zahlungsunfähig ist, da unter dieser Voraussetzung alle fälligen Gläubigeransprüche erfüllt würden.

Die Begriffe der Überschuldung und Zahlungsunfähigkeit wurden oben in den Abschnitten 23 und 411.23 bereits eingehend beschrieben. Das Schuldnerunternehmen ist – sieht man von der Problematik der Fortführungsprognose ab[448] – gemäß § 19 Abs. 2 Satz 1 InsO überschuldet, „wenn das Vermögen [...] die bestehenden Verbindlichkeiten nicht mehr deckt". Zahlungsunfähig ist ein Unternehmen gemäß § 17 Abs. 2 Satz 1 InsO, wenn es „nicht [mehr] in der Lage ist, die fälligen Zahlungspflichten zu erfüllen", wenn es also nicht mehr ausreichend liquide Mittel zur Erfüllung der fälligen Zahlungspflichten hat und kurzfristig keine zusätzliche Liquidität beschaffen kann.

Der Gefahr, dass der Schuldner zahlungsunfähig wird, kann sich der Gläubiger nicht entziehen. Ein Verlustrisiko entsteht dem Gläubiger hieraus allerdings nur,

444 Vgl. BITZ/HEMMERDE/RAUSCH (1986), S. 87.

445 Siehe Abschnitt 413.2

446 Vgl. zur modelltheoretischen Herleitung EWERT (1986), S. 146-360. Das Problem des *gambling for resurrection* tritt erst bei bereits drohender Insolvenz auf, so dass die gläubigerschützende Wirkung von Ausschüttungsrestriktionen nicht per se zu verneinen ist. Dass die Nettowirkung von Ausschüttungsrestriktionen vor diesem Hintergrund nicht eindeutig ableitbar ist, sei im Folgenden vernachlässigt (vgl. ähnlich auch KUHNER (2005), S. 770 f.).

447 Im deutschen Recht findet sich diese Regel sinngemäß in § 199 Satz 2 InsO wieder (vgl. JUNGMANN (2006), S. 647, Fn. 36).

448 Siehe dazu oben Abschnitt 411.23.

wenn das Schuldnerunternehmen infolge der Zahlungsunfähigkeit zu liquidieren ist und gleichzeitig die zur Verfügung stehende Verwertungsmasse die Schulden des Unternehmens nicht mehr deckt, wenn das Schuldnerunternehmen also nach Liquidationswerten überschuldet ist. Vor dem Hintergrund, dass die künftige Zahlungsfähigkeit nicht mit Sicherheit beurteilt werden kann und somit auch die Zahlungsunfähigkeit nicht auszuschließen ist, wäre ein Kapitalentzug stets dann zu unterbinden, wenn das Unternehmen auf Basis von Liquidationswerten bereits überschuldet ist oder infolge des Kapitalentzugs überschuldet würde.

Die Schuldendeckung zum Zwecke der Kapitalerhaltung auf Basis von Liquidationswerten zu ermitteln, ist mit Blick auf die Zielsetzung kapitalerhaltender Maßnahmen aus zwei Gründen abzulehnen: Zum einen bestünde die Funktion der Kapitalerhaltung damit implizit darin, jederzeit ein haftendes Vermögen in der Höhe zu sichern, welches im Liquidationsfall sämtliche Gläubigeransprüche decken würde. Damit allerdings würde das Insolvenzverlustrisiko der Gläubiger auf Null reduziert und der Handlungsfreiraum des Eigentümers unzumutbar beschnitten.[449] Zum anderen würde die Schuldendeckung auf Basis von Liquidationswerten zu beurteilen dazu führen, dass viele Unternehmen bereits von Beginn an überschuldet wären, da der Liquidationswert vieler Vermögenswerte erheblich unter deren Anschaffungs- oder Herstellungkosten und unter deren Fortführungswert liegen wird.[450]

Folglich ist die Schuldendeckung im Zusammenhang mit kapitalerhaltenden Maßnahmen – unabhängig von der oben beschriebenen insolvenzrechtlichen Diskussion – stets auf Basis von Fortführungswerten zu bestimmen. Kapitalerhaltende Maßnahmen dienen damit primär der Sicherung des Unternehmensfortbestands und dem Insolvenzschutz; eine jederzeit ausreichend hohe Verwertungsmasse können und sollen sie nicht gewährleisten.[451] Der Rückgriff kapitalerhaltender Maßnahmen auf Fortführungswerte spannt gleichzeitig den Bogen zur Rechnungslegung: Da auch im Rahmen der Rechnungslegung der Bewertung von Vermögenswerten und Schulden die Prämisse der Unternehmensfortführung zu-

449 Vgl. BEZZENBERGER (2005), S. 138.

450 Vgl. EGNER/WOLFF (1978), S. 105; HOMMEL (1998), S. 305; BEZZENBERGER (2005), S. 138.

451 SCHMIDT bemerkt dazu: „Überschuldung als unternehmensrechtlicher Tatbestand ist nicht rein exekutorisch zu denken (als Unzulänglichkeit des aktuell vorhandenen pfändbaren Vermögens für allseitige Gläubigerbefriedigung), sondern betriebswirtschaftlich auszufüllen (als Tatbestand unzureichender finanzieller Absicherung gläubigersichernder Unternehmensfortführung).“ (SCHMIDT (2006a), S. 200); vgl. auch BEZZENBERGER (2005), S. 133 f.

grundeliegt[452], kann die Rechnungslegung als Datengrundlage kapitalerhaltender Maßnahmen genutzt werden.[453]

Da das Insolvenzrisiko nicht nur mit abnehmender Schuldendeckung, sondern auch mit abnehmender Liquidität steigt, sollen kapitalerhaltende Maßnahmen gleichzeitig Kapitalentnahmen unterbinden, falls damit zu rechnen ist, dass diese zur Zahlungsunfähigkeit des Unternehmens führen würden.

Nun zu den Grenzen kapitalerhaltender Maßnahmen: Neben der bereits genannten Tatsache, dass kapitalerhaltende Maßnahmen keine vollständige Sicherung der Gläubigeransprüche bieten können und sollen, sind der Kapitalerhaltung insoweit Grenzen gesetzt, als kapitalerhaltende Maßnahmen nicht alle genannten fremdfinanzierungsbedingten Principal-Agent-Probleme gleichermaßen oder gleichermaßen gut zu reduzieren vermögen.[454] Insbesondere bieten sie nur indirekt Schutz davor, dass der Eigentümer das Investitionsrisiko erhöht und damit Risiken auf den Gläubiger abwälzt (siehe Abschnitt 413.2).

Ein umfassender Gläubigerschutz bedarf folglich ergänzender Maßnahmen zur Regulierung des Investitionsrisikos, die im Folgenden jedoch nur zu nennen und nicht weiter zu diskutieren sind:

1. Eine Erhöhung des Investitionsrisikos kann beispielsweise mit Hilfe zustandsabhängiger Kreditverträge unterbunden werden. Auch vertraglich gesicherte Mitspracherechte des Gläubigers bei Investitionsentscheidungen tragen dazu bei, dass der Eigentümer das Investitionsrisiko nicht eigenmächtig zulasten des Gläubigers erhöhen kann.
2. Auch dingliche Kreditsicherheiten beugen einer nachträglichen Erhöhung des Investitionsrisikos vor, da die als Kreditsicherheiten vergebenen Vermögenswerte gebunden sind und das Schuldnerunternehmen diese somit nicht zur Finanzierung riskanterer Investitionsprojekte veräußern kann.[455]
3. Bei drohender Insolvenz schließlich schränkt auch das Insolvenzrecht den Handlungsfreiraum des Eigentümers ein. Im Falle einer drohenden Insolvenz wird dem Eigentümer die Verfügungsmacht über das Unternehmen

452 Vgl. für die Rechnungslegung nach HGB § 252 Abs. 1 Nr. 2 HGB, für die Rechnungslegung nach IFRS Framework Tz. 23 i. V. m. IAS 1.23 f.

453 Vgl. BEZZENBERGER (2005), S. 138; In der vorliegenden Untersuchung indes wird die Beziehung zwischen Rechnungslegung und Kapitalerhaltung, insbesondere der Einfluss der Gestaltung der Rechnungslegung auf deren kapitalerhaltende Wirkung nicht thematisiert.

454 Siehe dazu ausführlich in Bezug auf die hier zu untersuchenden Ausschüttungsrestriktionen unten Abschnitt 415.

455 Siehe dazu auch bereits oben Abschnitt 11.

entzogen und damit die Gelegenheit genommen, gleichsam in letzter Sekunde in hochriskante Projekte zu investieren.[456]

Zusammenfassend sei festgehalten: Instrumente der Kapitalerhaltung sollen die beschriebenen fremdfinanzierungsbedingten Principal-Agent-Probleme reduzieren, indem sie nachträgliche gläubigerschädigende Reichtumsverlagerungen des Eigentümers in sein Privatvermögen unterbinden. Sie wirken damit einer unangemessenen Zunahme des Insolvenzrisikos infolge mangelnder Schuldendeckung und/oder Liquidität und damit verbundenen gläubigerschädigenden Anreizen des Eigentümers entgegen. Zur Konkretisierung dessen, was unter einer „unangemessenen“ Zunahme des Insolvenzrisikos zu verstehen ist, ist im folenden Abschnitt zu fragen, was kapitalerhaltende Maßnahmen vor dem Hintergrund fremdfinanzierungsbedingter Principal-Agent-Probleme leisten sollen und was sie nicht leisten können.

414.2 Konkretisierung des Kapitalerhaltungsziels im Hinblick auf Schuldendeckung und Liquidität

Zur Beantwortung der Frage, welche Wahrscheinlichkeit des Insolvenzeintritts noch als „angemessen“ oder bereits als „unangemessen“ einzustufen ist, seien zunächst die beiden Pole definiert, zwischen denen sich das zu wählende Maß bewegen muss:

Auf der einen Seite können kapitalerhaltende Maßnahmen die Insolvenz des Unternehmens nicht vermeiden, da sich die Vermögens- und Finanzlage eines Unternehmens nicht nur aufgrund überhöhter Ausschüttungen, sondern auch aufgrund von Umweltfaktoren verschlechtern kann, auf welche der Eigentümer keinen Einfluss hat. Die Formulierung ENGERTs, „eine Auszahlung an die Gesellschafter [sei] nur zulässig, wenn [unter anderem] [...] auf der Grundlage einer detaillierten Geschäftsplanung mit Sicherheit davon auszugehen ist, dass die Gesellschaft in den auf die Auszahlung folgenden zwölf Monaten ihre fälligen Verbindlichkeiten erfüllen können wird“[457], kommt folglich einem bis zur Liquidation des Unternehmens währenden absoluten Ausschüttungsverbot gleich, da diese Bedingung aufgrund der unvermeidbaren Prognoseunsicherheit nicht erfüllbar ist.[458] Auf der anderen Seite sind kapitalerhaltende Maßnahmen wirkungslos, welche erst

456 Vgl. FRANKE/HAX (2004), S. 452.

457 ENGERT (2006), S. 328.

458 Vgl. PELLENS/CRASSELT/SELLHORN (2007), S. 270; vgl. ebenso JUNGMANN (2006), S. 647.

bei mit Sicherheit zu erwartender Insolvenz des Schuldnerunternehmens eingreifen. Die Forderung JUNGMANNs, Ausschüttungen seien zu unterbinden, wenn das Unternehmen infolge der Ausschüttung nicht solvent bliebe[459], geht somit nicht weit genug, da Kapitalentnahmen danach nur bei einem Insolvenzrisiko von 100 % unzulässig wären. Tatsächlich ist der Insolvenzeintritt aufgrund der Prognosen inhärenten Unsicherheit in den wenigsten Fällen mit Sicherheit vorhersehbar, so dass auch eine solche Zielsetzung ins Leere liefe.[460] Zu gewährleisten, dass „Gläubiger kein unangemessen hohes Risiko der Nichterfüllung ihrer Forderungen“[461] tragen, kann vor dem Hintergrund der Prognoseunsicherheit nur bedeuten, zu gewährleisten, dass eine bestimmte Wahrscheinlichkeit des Insolvenzeintrittes nicht überschritten wird. Dabei ist fraglich, wie die kritische, zu unterschreitende Wahrscheinlichkeit des Insolvenzeintrittes und entsprechend die Kapitalentnahmegrenzen hinsichtlich Schuldendeckung und Liquidität festzusetzen sind.

Aus der Perspektive einzelner Vertragsgläubiger „könnte von Unangemessenheit [...] gesprochen werden, wenn das Insolvenzrisiko der Gesellschaft durch die Ausschüttung auf ein bestimmtes Niveau steigt, das die Gläubiger zu den tatsächlich vereinbarten Konditionen bei einem erneuten Vertragsabschluss nicht zu tragen bereit wären.“[462] Aufgrund der unvermeidbaren Unsicherheit und der Informationsasymmetrie zwischen Eigentümer und Gläubiger erwarten potentielle Gläubiger für den Abschluss eines Darlehensvertrages mit dem Schuldnerunternehmen, dass dieses über hinreichend Eigenkapital als Verlustpuffer verfügt.[463] Potentielle Gläubiger sind zur Fremdkapitalüberlassung nur bereit, wenn darüber hinaus mit hinreichender Wahrscheinlichkeit zu erwarten ist, dass künftig jederzeit ausreichend Liquidität zur Fortführung des Unternehmens und zur Zahlung der fälligen Zins- und Tilgungsverpflichtungen vorhanden sein wird. Dafür ist ein zusätzlicher Puffer gegen Zahlungsunfähigkeit zu fordern, welcher dafür sorgt, dass das Schuldnerunternehmen auch im Falle eines aufgrund unvorhersehbarer Ereignisse eintretenden Auszahlungsüberschusses mit hinreichender Wahrscheinlichkeit zahlungsfähig bleibt.

Kapitalentnahmen sind somit auf jeden Fall zu unterbinden, wenn diese die Schuldendeckung oder Liquidität direkt nach Ausschüttung oder zu einem späte-

459 Vgl. JUNGMANN (2006), S. 648.

460 Vgl. PELLENS/CRASSELT/SELLHORN (2007), S. 270.

461 WIEDEMANN (1980), S. 516.

462 PELLENS/CRASSELT/SELLHORN (2007), S. 270.

463 Vgl. EIDENMÜLLER/ENGERT (2005), S. 105.

ren Zeitpunkt mit hoher Wahrscheinlichkeit auf Null reduzieren würden. Welche Eigenkapitalhöhe und welche Wahrscheinlichkeit künftiger Zahlungsfähigkeit als hinreichend einzustufen sind, beurteilt jeder einzelne Gläubiger unterschiedlich. Idealtypisch wäre die zu fordernde Wahrscheinlichkeit des Fortbestands des Schuldnerunternehmens und damit die Höhe des Verlust- und Illiquiditätspuffers hinreichend, wenn jeder (derzeitige oder potentielle) Vertragsgläubiger auch bei maximal zulässigem Kapitalentzug des Eigentümers noch in einen Darlehensvertrag mit gleichen Konditionen einwilligen würde.[464] Unter der Annahme, dass keine Kreditsicherheiten vereinbart würden, wären damit aufgrund der kollektiven Wirkung gesetzlicher Kapitalerhaltung auch Deliktsgläubiger hinreichend vor dem Risiko des Forderungsausfalles geschützt. Zur praktischen Umsetzung dieser abstrakten Überlegung schlagen PELLENS/CRASSELT/SELLHORN vor, das zu unterschreitende Insolvenzrisiko unter Rückgriff auf einen bestimmten Zeitpunkt, etwa den vergangenen Abschlusstichtag oder den Zeitpunkt der Ausschüttung, zu pauschalieren.[465] Damit allerdings wäre der Nachteil verbunden, dass Ausschüttungen einem Unternehmen mit sehr geringem, aber im Vergleich zum Vorjahr gestiegenen Insolvenzrisiko zu untersagen wären, Ausschüttungen bei einem Unternehmen mit sehr hohem, aber im Vergleich zum Vorjahr gesunkenem Insolvenzrisiko hingegen zulässig wären. Da der Schutz der Gläubiger vor der Insolvenz des Schuldnerunternehmens nicht auf Einzelgläubigerebene reguliert werden kann und der Rückgriff auf Vorjahreswerte bei der Ermittlung der zu unterschreitenden Insolvenzwahrscheinlichkeit problematisch ist, sollte die zu unterschreitende Insolvenzwahrscheinlichkeit als Absolutwert festgelegt werden. Welche Insolvenzwahrscheinlichkeit für Zwecke gesetzlicher Kapitalerhaltung nicht überschritten werden darf, bleibt allerdings letztlich eine auf Gerechtigkeitsüberlegungen beruhende, nur politisch zu beantwortende Ermessensfrage. Dieser wird an dieser Stelle nicht weiter nachgegangen.

Im folgenden Abschnitt 415. wird erörtert, welchen Beitrag Ausschüttungsrestriktionen zur Reduktion fremdfinanzierungsbedingter Principal-Agent-Probleme leisten. Aus den gewonnenen Erkenntnissen werden in Abschnitt 42 Anforderungen abgeleitet, welche an Ausschüttungsrestriktionen unabhängig von der Wahl des Restriktionskriteriums – d. h. unabhängig von der Unterscheidung zwischen vermögens- und liquiditätsbezogenen Ausschüttungsrestriktionen – zu stellen sind.

464 Vgl. PELLENS/CRASSELT/SELLHORN (2007), S. 270.

465 Vgl. PELLENS/CRASSELT/SELLHORN (2007), S. 272.

415. Der Beitrag von Ausschüttungsrestriktionen zur Reduktion der Gläubigerrisiken

415.1 Vorbemerkung

Ausschüttungsrestriktionen reduzieren den Freiraum des Eigentümers, dem Unternehmen Vermögen zulasten der Gläubiger zu entziehen, indem sie den Wert der jährlich an die Anteilseigner ausschüttbaren Liquidität[466] begrenzen. Zum einen gewährleisten sie damit ein Mindestinvestitionsvolumen, indem sie einen Teil des haftenden Eigenkapitals an das Unternehmen binden[467]; zum anderen stellen sie stets auch eine Finanzierungsrestriktion in dem Sinne dar, dass sie den Anteil der Eigenfinanzierung künftiger Investitionsprojekte erhöhen.[468]

Entsprechend der allgemeinen Zielsetzung kapitalerhaltender Maßnahmen (siehe Abschnitt 414.) sollen Ausschüttungsrestriktionen dazu beitragen, das Insolvenzrisiko zu reduzieren und den Fortbestand des Unternehmens zu sichern. Hinsichtlich des Beitrags von Ausschüttungsrestriktionen zur Reduktion des aufgrund der beschränkten Haftung des Eigentümers bestehenden Interessenkonfliktes zwischen Eigentümer und Gläubiger sind zwei Fragen zu beantworten:

1. Welchen (generellen) Beitrag leisten Ausschüttungsrestriktionen zur Reduktion des Insolvenzeintritts- und Insolvenzverlustrisikos? (siehe Abschnitt 415.2)

2. Reduzieren Ausschüttungsrestriktionen fremdfinanzierungsbedingte Principal-Agent-Probleme? Können sie also auch unterbinden, dass der Eigentümer das Insolvenzeintritts- und Insolvenzverlustrisiko bewusst erhöht? (siehe Abschnitt 415.3)

415.2 Der Beitrag von Ausschüttungsrestriktionen zur Reduktion des Insolvenzrisikos

Zur Beantwortung der ersten Frage sei an die Systematisierung der Gläubigerrisiken in Abschnitt 411.2 erinnert: Das Insolvenzeintrittsrisiko beschreibt die

466 Unter dem Begriff der hier zu untersuchenden Ausschüttungen ist nachfolgend ausschließlich die Entnahme liquider Mittel zu verstehen.

467 Vgl. dazu ausführlich HARTMANN-WENDELS (1991), S. 322-330 sowie WAGENHOFER (1993), S. 249 und WAGENHOFER/EWERT (2003), S. 211 f.

468 Vgl. WAGENHOFER/EWERT (2003), S. 211-216.

Wahrscheinlichkeit, dass „sich die wirtschaftliche Lage des Schuldners soweit verschlechtert, dass [...] unter dem Tatbestand der Überschuldung oder der Zahlungsunfähigkeit über das Vermögen des Schuldners das Insolvenzverfahren eröffnet wird."[469] Das Insolvenzverlustrisiko beschreibt das nach Eintritt der Insolvenz bestehende Risiko, dass der Gläubiger seinen Anspruch nicht oder nicht in voller Höhe realisieren kann.[470]

Verlagert der Eigentümer eines Unternehmens Vermögen mittels Ausschüttung von der Gesellschaft in sein Privatvermögen, entzieht er also dem Unternehmen liquides Vermögen, mindert er damit sowohl die Schuldendeckung als auch die Liquidität des Unternehmens. Infolge der gesunkenen Schuldendeckung steigt die Wahrscheinlichkeit künftiger Überschuldung, infolge der gesunkenen Liquidität die Wahrscheinlichkeit künftiger Zahlungsunfähigkeit. Ausschüttungen erhöhen zudem das Investitionsrisiko, da liquide Mittel die Vermögensart mit dem geringsten Verwertungsrisiko sind, und das Kapitalstrukturrisiko, da mit der Ausschüttung der Verschuldungsgrad steigt.[471] Ein höheres Investitionsrisiko erhöht seinerseits die Wahrscheinlichkeit künftiger Überschuldung und Zahlungsunfähigkeit. Ausschüttungen erhöhen also, da sie die Liquidität und die Schuldendeckung vermindern, sowohl das Insolvenzeintritts- als auch das Insolvenzverlustrisiko.[472]

Indem Ausschüttungsrestriktionen liquides Vermögen im Unternehmen binden, reduzieren sie c. p. das Insolvenzeintrittsrisikos. Gleichzeitig wirken sie einer Reduktion der Schuldendeckung entgegen und reduzieren damit im Falle des Insolvenzeintritts das Insolvenzverlustrisiko.

415.3 Der Beitrag von Ausschüttungsrestriktionen zur Reduktion fremdfinanzierungsbedingter Principal-Agent-Probleme

In Abschnitt 413. wurde erörtert, wie der Eigentümer Risiken bewusst auf den Gläubiger abwälzen kann. Diese Verhaltensweisen und die jeweils daraus resultierende Gläubigergefährdung wurden als fremdfinanzierungsbedingte Principal-

469 OEHLER/UNSER (2002), S. 201.

470 Vgl. OEHLER/UNSER (2002), S. 204.

471 Vgl. PELLENS/CRASSELT/SELLHORN (2007), S. 267.

472 Sinngemäß PELLENS/CRASSELT/SELLHORN (2007), S. 267, welche von einer ausschüttungsbedingten Erhöhung des Investitionsrisikos und des Finanzrisikos sprechen.
Dabei wird vernachlässigt, dass Ausschüttungen auch einer das Insolvenzrisiko ebenfalls erhöhenden Überinvestition entgegenwirken können (vgl. dazu unten Abschnitt 415.3).

Agent-Probleme bezeichnet. Zur Beantwortung der Frage, wie Ausschüttungsrestriktionen zur Reduktion der Gläubigerrisiken beitragen, ist daher auch zu erörtern, inwieweit Ausschüttungsrestriktionen jener bewussten Risikoabwälzung begegnen können.

Ausschüttungsrestriktionen bestimmen die maximal zulässige Höhe von Ausschüttungen. Folglich können sie nur diejenigen fremdfinanzierungsbedingten Principal-Agent-Probleme direkt mindern, welche in Verbindung mit einer Ausschüttung stehen, bei welchen also der Eigentümer dem Unternehmen haftendes Vermögen unmittelbar entzieht und damit die Schuldendeckung reduziert. Dies sind die Unterinvestition, liquidationsfinanzierte Ausschüttungen sowie fremdfinanzierte Ausschüttungen.[473]

Im Falle der Unterinvestition überträgt der Eigentümer bereits als Liquidität vorhandenes Vermögen vom Unternehmen in sein Privatvermögen. Ausschüttungsrestriktionen begrenzen die Höhe des übertragbaren Vermögens und vermeiden damit eine Erhöhung des Insolvenzrisikos infolge abnehmender Schuldendeckung und Liquidität.

Liquidationsfinanzierte und fremdfinanzierte Ausschüttungen sind bei genauerer Betrachtung Sonderformen der Unterinvestition. Der Unterschied zur reinen Unterinvestition besteht lediglich darin, dass die zur Ausschüttung vorgesehene Liquidität zuvor zu generieren ist, sei es durch die Liquidation bestehender Investitionsprojekte im Falle liquidationsfinanzierter oder sei es durch die Aufnahme zusätzlichen Fremdkapitals im Falle fremdfinanzierter Ausschüttungen. Die Liquidation bestehender Investitionsprojekte und die Aufnahme zusätzlichen Fremdkapitals können Ausschüttungsrestriktionen nicht unterbinden. Allerdings schränken Ausschüttungsrestriktionen die anschließende Ausschüttung der so generierten Liquidität ein und senken so den Anreiz zur Liquidation bestehender Investitionsprojekte und zur Aufnahme zusätzlichen Fremdkapitals.

Vor der nachträglichen Erhöhung des Investitionsrisikos seitens des Eigentümers schützen Ausschüttungsrestriktionen den Gläubiger nur unzureichend.[474] Je geringer die Eigenkapitalquote[475] und damit die Schuldendeckung des Schuldnerunternehmens zum Zeitpunkt der Erhöhung des Investitionsrisikos, umso höher ist das die Gläubigerposition gefährdende Insolvenzeintritts- und Insolvenzverlustrisiko. Da Ausschüttungsrestriktionen zum Erhalt des Eigenkapitals beitra-

473 So auch ARNOLD (2007), S. 120.

474 Vgl. MÜLBERT/BIRKE (2002), S. 710; MARX (2006), S. 74; ARNOLD (2007), S. 120.

475 Die Eigenkapitalquote ist der Quotient aus Eigenkapital und Gesamtkapital.

gen, senken sie zwar den Anreiz des Eigentümers, das Investitionsrisiko nachträglich zu erhöhen, können es jedoch nicht verhindern. Befindet sich das Unternehmen bereits in der Krise, geben Ausschüttungsrestriktionen gar Anreize zur Überinvestition, d. h. zur Investition in riskante Projekte mit negativem Kapitalwert.[476]

Die nachträgliche Aufnahme hoher Darlehen hingegen vermögen Ausschüttungsrestriktionen – auch indirekt – nicht zu unterbinden. Im Gegenteil: Da Ausschüttungsrestriktionen dem Erhalt des Eigenkapitals dienen, begünstigen sie die nachträgliche Darlehensaufnahme, da Fremdkapitalgeber umso eher einer Darlehensbeziehung zustimmen werden, je mehr Eigenkapital im potentiellen Schuldnerunternehmen gebunden ist.

Zusammenfassend ist festzuhalten: Ausschüttungsrestriktionen tragen zur Reduktion des Insolvenzrisikos bei, indem sie Anreizen des Eigentümers zur Unterinvestition und der damit verbundenen Reduktion der Schuldendeckung und/oder Liquidität entgegenwirken.

Vor dem Hintergrund der beschriebenen Charakteristika von Ausschüttungsrestriktionen, insbesondere ihres Beitrags zur Kapitalerhaltung, werden im folgenden Abschnitt 42 Anforderungen hinsichtlich der Effektivität von Ausschüttungsrestriktionen formuliert. Diese bilden den Maßstab zur anschließenden Beurteilung der derzeit diskutierten, oben in Kapitel 2 und 3 dargestellten, Ausschüttungsrestriktionen. Die an Ausschüttungsrestriktionen zu stellenden Effektivitätsanforderungen werden dabei in Randbedingungen und Zielanforderungen unterteilt. Randbedingungen (siehe Abschnitt 422.2) sind an Ausschüttungsrestriktionen zu stellende Anforderungen, welche der Kapitalerhaltung nur insofern dienen, als sie die konfliktreduzierende Wirkung der Ausschüttungsrestriktionen erst ermöglichen. Die Zielanforderungen (siehe Abschnitt 422.3) dagegen sind der Beitrag der Ausschüttungsrestriktionen zur Sicherung der Schuldendeckung und Zahlungsfähigkeit des Unternehmens.

Ergänzend werden Anforderungen der Effizienz von Ausschüttungsrestriktionen (siehe Abschnitt 423.) formuliert, wenngleich die Effizienz der zu vergleichenden Kapitalerhaltungssysteme im Rahmen dieser Arbeit nicht beurteilt werden soll.

---

476 Vgl. WAGENHOFER/EWERT (2007), S. 216; kritisch dazu WATRIN (2001a), S. 227 sowie KUHNER (2005), S. 770.

42 An Ausschüttungsrestriktionen zu stellende Anforderungen

421. Die Effektivität und Effizienz von Ausschüttungsrestriktionen

Die Effektivität von Ausschüttungsrestriktionen ist ein Maß dafür, inwieweit Ausschüttungsrestriktionen ihre Zielsetzung erreichen. Das Ziel von Ausschüttungsrestriktionen besteht – wie in Abschnitt 415.1 ausgeführt – darin, Vermögenstransfers des Eigentümers vom Unternehmen in sein Privatvermögen zu begrenzen, um der damit verbundenen Zunahme des Insolvenzrisikos infolge reduzierter Schuldendeckung und Liquidität entgegenzuwirken. Die Effektivität von Ausschüttungsrestriktionen ist umso höher, je stärker Ausschüttungsrestriktionen das Insolvenzrisiko c. p. senken. Das Insolvenzrisiko zerfällt in das Insolvenzeintrittsrisiko und das Insolvenzverlustrisiko.[477] Die an Ausschüttungsrestriktionen hinsichtlich ihrer Effektivität zu stellenden Anforderungen sind daher in Bezug auf das Insolvenzeintritts- und das Insolvenzverlustrisiko zu konkretisieren.

Der Gläubiger wäre vor der Zunahme seines Forderungsausfallrisikos infolge überhöhter Ausschüttungen unter Vernachlässigung der damit einhergehenden Überinvestitionsproblematik[478] zwar am besten geschützt, wären dem Eigentümer jegliche Kapitalentnahmen vor der Liquidation des Unternehmens untersagt.[479] Ein solch umfassendes Ausschüttungsverbot ist allerdings im Sinne eines Interessenausgleichs zwischen Eigentümer und Gläubiger nicht zu rechtfertigen.[480] Dem Eigentümer sind Kapitalentnahmen in begrenztem Umfang bereits während der Fortführung des Unternehmens zu gewähren. Ausschüttungsrestriktionen können außerdem weder das Insolvenzeintritts- noch das Insolvenzverlustrisiko vollständig ausschließen.[481] Da Ausschüttungsrestriktionen also den Insolvenzeintritt nicht gänzlich ausschließen können, müssen sie mit dem Ziel, das Ausfallrisiko der Gläubiger zu reduzieren, gleichermaßen das Insolvenzeintrittsrisiko und das Insolvenzverlustrisiko reduzieren. Das Insolvenzverlustrisiko steigt bei sinkender Schuldendeckung und sinkt bei steigender Schuldendeckung. Es ist weitestgehend unabhängig von der Liquiditätssituation des Unternehmens.

---

477 Vgl. zu den Begriffen Insolvenzeintrittsrisiko und Insolvenzverlustrisiko oben Abschnitt 411.23 bzw. Abschnitt 411.24.

478 Siehe oben Abschnitt 415.3.

479 Vgl. BITZ/HEMMERDE/RAUSCH (1986), S. 87.

480 Siehe oben Abschnitt 414.2.

481 Vgl. SIEGEL (1997), S. 125; JUNGMANN (2006), S. 642 f. sowie PELLENS/KEMPER/SCHMIDT (2008), S. 384.

Die Liquiditätssituation des Unternehmens beeinflusst über den Insolvenztatbestand der Zahlungsunfähigkeit lediglich dessen Insolvenzeintrittsrisiko.[482] Die Schuldendeckung bietet damit im Gegensatz zur Liquidität nicht nur einen ex ante-Schutz vor Insolvenzeintritt, sondern auch einen ex post-Schutz, welcher mit Eintritt der Insolvenz wirksam wird. Mit dem Ziel, das Insolvenzverlustrisiko zu reduzieren, müssen Ausschüttungsrestriktionen folglich zur Sicherung der Schuldendeckung beitragen. Um gleichzeitig auch das Insolvenzeintrittsrisiko zu reduzieren, müssen Ausschüttungsrestriktionen darüber hinaus auch zur Sicherung der Zahlungsfähigkeit beitragen. Die Effektivität von Ausschüttungsrestriktionen ist damit umso höher, je stärker sie zur Sicherung der Schuldendeckung und zur Sicherung der Zahlungsfähigkeit beitragen.

Effizienz beschreibt das Verhältnis zwischen dem mit einer bestimmten Maßnahme erreichbaren Zielerreichungsgrad, also deren Effektivität, und den dafür erforderlichen Kosten. Aus der Anforderung der Effizienz von Ausschüttungsrestriktionen sind folglich entsprechend den Ausprägungen des ökonomischen Prinzips zwei Schlussfolgerungen zu ziehen:

1. Verursachen verschiedene Ausschüttungsrestriktionen gleich hohe Kosten, ist die Effizienz derjenigen Ausschüttungsrestriktion am höchsten, die den höchsten Zielerreichungsgrad aufweist (Maximum-Prinzip).
2. Sind verschiedene Ausschüttungsrestriktionen gleich effektiv, ist also deren Zielerreichungsgrad gleich, ist die Effizienz derjenigen Ausschüttungsrestriktion am höchsten, welche die geringsten Kosten verursacht (Minimum-Prinzip).

422. Anforderungen hinsichtlich der Effektivität von Ausschüttungsrestriktionen

422.1 Vorbemerkung zur Systematisierung der Anforderungen

Für den sich anschließenden Vergleich der Effektivität von Nennkapitalsystem und Solvenztest werden die Effektivitätsanforderungen in zwei Klassen geteilt: Zunächst müssen Ausschüttungsrestriktionen bestimmten Randbedingungen genügen, um überhaupt als solche unter realen Bedingungen geeignet zu sein. Diese

482 Dies gilt zumindest, sofern von der im Vergleich zu anderen Vermögensgegenständen höheren Wertsicherheit und leichteren Vewertbarkeit liquider Mittel abgesehen wird.

Randbedingungen werden in Abschnitt 422.2 erläutert. Erfüllen Nennkapitalsystem und Solvenztest diese Randbedingungen, ist im zweiten Schritt zu prüfen, in welchem Maße beide Instrumente bestimmten Zielanforderungen hinsichtlich ihrer Effektivität genügen. Die zu erfüllenden Zielanforderungen werden in Abschnitt 422.3 erläutert.

422.2 Randbedingungen

422.21 Kompensation der Informationsasymmetrie zwischen Eigentümer und Gläubiger

Als erste Randbedingung müssen Ausschüttungsrestriktionen dem Informationsnachteil des Gläubigers gegenüber dem Eigentümer[483] Rechnung tragen. Eine Ausschüttungsrestriktion, welche der Eigentümer umgehen kann, ohne dass dies dem Gläubiger bekannt wird, ist wirkungslos. Da der Eigentümer die Daten, auf welchen Ausschüttungsrestriktionen basieren, im Rahmen der Rechnungslegung und internen Finanzplanung selbst generiert, kann dieser die kapitalerhaltende Wirkung von Ausschüttungsrestriktionen sonst durch Manipulation dieser Daten zum Nachteil des Gläubigers unterlaufen. Die Gefahr der Manipulation ist umso höher, je mehr Prognosen in die Ermittlung des ausschüttungsfähigen Betrages einfließen. Um zu verhindern, dass der Eigentümer die Datenbasis unter Ausnutzung seines Informationsvorteils zum Nachteil des Gläubigers manipuliert, muss die Datenbasis von Ausschüttungsrestriktionen objektiviert, d. h. von einem Dritten – sei es dem Gläubiger selbst oder einem Wirtschaftsprüfer – nachvollziehbar und nachprüfbar sein.[484] Aus dem Erfordernis der Objektivierung resultieren die folgenden weiteren Randbedingungen:

Basieren Ausschüttungsrestriktionen auf Prognosen[485], so sind gegenüber dem Gläubiger oder dem ihn vertretenden Wirtschaftsprüfer neben den Prognosedaten sämtliche den Prognosen zugrunde liegenden Annahmen offenzulegen.[486]

483 Siehe oben Abschnitt 411.33.

484 Vgl. SCHILDBACH (2008), S. 15. „Prognosen müssen auf objektivierbaren Urteilen beruhen" (AK EXTERNE UND INTERNE ÜBERWACHUNG DER UNTERNEHMUNG DER SG (2003), S. 106), d. h. Grundlage einer Prognose müssen stets „nachprüfbare Fakten" (AK EXTERNE UND INTERNE ÜBERWACHUNG DER UNTERNEHMUNG DER SG (2003), S. 106) sein, welche die Prognose plausibilisieren.

485 Liquiditätsbezogene Ausschüttungsrestriktionen basieren zwingend auf Prognosen, da diese die künftige Zahlungsfähigkeit des Unternehmens berücksichtigen müssen (siehe dazu auch unten Abschnitt 522.

486 Ähnlich bereits ENGERT (2006), S. 326; siehe auch oben Abschnitt 342.

Der Gläubiger kann so beurteilen, ob die getroffenen Annahmen den tatsächlichen Verhältnissen angemessen sind, und Manipulationen seitens des Eigentümers erkennen.[487] Liquiditätsbezogene Ausschüttungsrestriktionen sollten daher, um nachprüfbar zu sein, auf einer Plan-Cashflow-Rechnung basieren. Unter Rückgriff auf die Regelungen des IAS 7 zur nach IFRS verpflichtend aufzustellenden Kapitalflussrechnung könnten die in den Solvenztest einzubeziehenden Daten standardisiert und damit deren Nachprüfbarkeit verbessert werden.[488]

Zur Objektivierung von Ausschüttungsrestriktionen ist außerdem zu fordern, dass bisher unrealisierte Erträge und Aufwendungen sowie künftige Einzahlungen und Auszahlungen nur bei jeweils hinreichender Eintrittswahrscheinlichkeit berücksichtigt werden. Dies gilt gleichermaßen für die Ermittlung der Schuldendeckung auf Basis diskontierter künftiger Zahlungsströme und für die Beurteilung der Zahlungsfähigkeit. Vor dem Hintergrund, dass die durchschnittliche Eintrittswahrscheinlichkeit künftiger Zahlungsströme umso geringer ist, je weiter diese in der Zukunft liegen[489], kann dieser Forderung nachgekommen werden, indem der Prognosezeitraum pauschal begrenzt wird und nur die innerhalb dieses Zeitraumes wahrscheinlich auftretenden Zahlungsströme berücksichtigt werden. Somit ist den in Abschnitt 342. genannten Vorschlägen zuzustimmen, einen Standardprognosezeitraum von 12 bis 24 Monaten gesetzlich festzulegen[490] und vorzuschreiben, dass ein darüber hinausgehender in den Solvenztest einfließender Detailprognosezeitraum umfassend zu rechtfertigen sei[491]. Zwar wird mit der Begrenzung des Prognosezeitraumes in Kauf genommen, dass spätere Zahlungsströme nicht berücksichtigt werden, obwohl deren Eintritt gegebenenfalls aufgrund eines bereits bestehenden Vertrages oder aus sonstigem nachprüfbarem

487 Vgl. PELLENS/SELLHORN (2006), S. 477. Zur Manipulationsgefahr finanzplanbasierter Informationen vgl. BALLWIESER (1996), S. 16 sowie MOXTER (2003), S. 252 f. Entsprechend konstatiert SCHILDBACH zur Nachprüfbarkeit von Prognosen: „Wenn die Ausschüttungsansprüche der Eigner also an zukunftsorientierte und prognoseabhängige Vermögens- und Erfolgsmaße geknüpft würden [und nicht nachprüfbar wären *(Anm. d. Verf.)*], läge es praktisch im Belieben der rechnungslegenden Manager, was ausgeschüttet werden darf" (SCHILDBACH (2008), S. 15).

488 Vgl. LIENAU (2008), S. 85.

489 Vgl. FUCHS (2007), S. 22. Im Einzelfall – beispielsweise bei langfristiger Auftragsfertigung – mag dies in Zweifel stehen, da in solchen Fällen selbst in weiter Zukunft liegende Zahlungen bereits vertraglich vereinbart sind. Dennoch ist auch hier denkbar, dass der Vertragspartner insolvent wird und die Forderung letztlich ausfällt.

490 Vgl. im Einzelnen etwa HIGH LEVEL GROUP (2002), S. 95; RICKFORD (2004), S. 921; IDW PS 800.12; ENGERT (2006), S. 325 f.; PELLENS/SELLHORN (2006), S. 476 f. sowie VEIL (2006), S. 97.

491 Vgl. MARX (2006), S. 196 f.

Grunde hinreichend wahrscheinlich ist.[492] Doch nur einzelne spätere Zahlungsströme zu berücksichtigen, ist problematisch, da die künftige Zahlungsfähigkeit nur unter Einbezug aller hinreichend wahrscheinlicher Zahlungsströme zutreffend beurteilt werden kann.[493] Die Frage, ob nur vertraglich bereits bestimmte oder auch geplante künftige Zahlungsströme einzubeziehen sind, „gleicht (...) [dabei der Wahl] zwischen Scylla und Charybdis“[494]. Der Einbezug bisher nur geplanter Zahlungsströme eröffnet dem Eigentümer einen weiten Ermessens- und damit Manipulationsspielraum; der Einbezug ausschließlich bereits vertraglich bestimmter Zahlungsströme dagegen lässt wesentliche Geschäftsvorfälle außer Acht, welche künftig sicher eintreten werden, indes zuvor in keinem Vertrag geregelt sind.[495]

Aus den genannten Gründen ist auch die zum Teil geforderte langfristige Kapitalbedarfsplanung[496] kritisch zu sehen. Wie eine übermäßige Ausweitung des Detailprognosezeitraumes müsste jede langfristige Kapitalbedarfsplanung unvollständig bleiben, sollen nur hinreichend wahrscheinliche Zahlungsströme darin einbezogen werden. Zudem ist eine langfristige Kapitalbedarfsplanung nur in sehr begrenztem Maße nachprüfbar. Der Ermessens- und Manipulationsspielraum des Eigentümers zur Umgehung der Ausschüttungsrestriktion würde somit nicht reduziert.

Zur Kompensation der Informationsasymmetrie zwischen Eigentümer und Gläubiger ist außerdem zu fordern, dass sowohl vermögens- als auch liquiditätsbezogene Ausschüttungsrestriktionen auf Jahres- und Konzernabschlussebene greifen.[497] Andernfalls kann der Eigentümer seinen Informationsvorteil gegenüber dem Gläubiger nutzen, um ohne dessen Wissen überhöhte Ausschüttungen mittels konzerninterner Vermögens-, Liquiditäts- und/oder Schuldenverlagerung zu „legalisieren“.

Schließlich ist vor dem Hintergrund der Informationsasymmetrie zwischen Eigentümer und Gläubiger der in den Reformvorschlägen überwiegend vertretenen

492 So beispielsweise im Falle von erst in späteren Perioden auszuzahlenden Pensionsansprüchen.

493 Gleiches gilt für die Bewertung des Vermögens und der Schulden auf der Basis diskontierter künftiger Zahlungen und somit für liquiditäts- und vermögensbezogene Ausschüttungsrestriktionen gleichermaßen.

494 GROTTKE (2009), S. 355.

495 Vgl. PELLENS/CRASSELT/SELLHORN (2007), S. 278; GROTTKE (2009), S. 355.

496 Siehe oben Abschnitt 342.

497 Vgl. PELLENS/JÖDICKE/RICHARD (2005), S. 1398; PELLENS/SELLHORN (2006), S. 476 f. sowie COENENBERG (2007), S. 278. Siehe dazu entsprechend Abschnitt 342.

Forderung zuzustimmen, als Ausschüttungsvoraussetzung eine Solvenzbescheinigung sowie deren Offenlegung und Prüfung zu verlangen. Die Prüfung der Solvenzbescheinigung muss allerdings auf die Aussage beschränkt bleiben, ob die dem Solvenztest zugrundeliegenden Daten und Annahmen realistisch und verzerrungsfrei sind.[498] Spätestens die zu fordernde Prüfung des Solvenztests setzt voraus, dass dieser entsprechend den vorangegangenen Ausführungen nachvollziehbar und nachprüfbar ist.

422.22 Kompensation der Prognosen inhärenten Unsicherheit

Basieren Ausschüttungsrestriktionen auf Prognosen, so ist als zweite Randbedingung die Unsicherheit und Subjektivität zu kompensieren, welche Prognosen künftiger Ereignisse in hohem Maße innewohnen.[499] Zur Erfüllung dieser Randbedingung ist die maximal zulässige Ausschüttungshöhe vorsichtig, d. h. im Zweifel niedriger, zu ermitteln. Dies resultiert auch bereits aus der Begrenzung der dem Gläubiger zur Verfügung stehenden Haftungsmasse. Werden Gewinne im Vorgriff auf künftig zu erwartende Einzahlungen ausgewiesen und ausgeschüttet, trägt der Gläubiger das Risiko, dass sich die Prognose der künftigen Einzahlungen im Nachhinein als zu optimistisch erweist und die ihm zur Verfügung stehende Haftungsmasse infolgedessen sinkt.[500]

Im Nennkapitalsystem ist das Vorsichtsprinzip, welches der Kompensation der Prognosen inhärenten Unsicherheit dienen soll, bislang durch Rückgriff auf den handelsrechtlichen Jahresabschluss verankert.[501] Die vorsichtige Ermittlung der maximal zulässigen Ausschüttungshöhe ist entsprechend auch für den Solvenztest zu fordern.[502] Bislang fraglich ist allerdings, auf welche Weise das Vorsichtsprinzip in den Solvenztest einfließen sollte.

Wenngleich bereits verschiedene Ansätze diskutiert wurden, wie der Prognoseunsicherheit im Solvenztest Rechnung getragen werden könne[503], konnte bislang keine zufriedenstellende Lösung gefunden werden.[504] Zwar wird auch in dieser

498 Vgl. IDW (2006), S. 7; siehe oben Abschnitt 335.

499 Vgl. AK Externe und Interne Überwachung der Unternehmung der SG (2003), S. 160; Fuchs (2007), S. 20. Siehe entsprechend oben zum Solvenztest Abschnitt 342.

500 Vgl. Schildbach (2008), S. 16.

501 Vgl. § 252 Abs. 1 Nr. 4 HGB; dazu ausführlich Baetge/Kirsch/Thiele (2009a), S. 136-139.

502 So auch Fuchs (2007), S. 20.

503 Vgl. dazu ausführlich Pellens/Crasselt/Sellhorn (2007), S. 264-283.

504 Siehe zur Würdigung der von Pellens/Crasselt/Sellhorn (2007) vorgestellten Ansätze oben Abschnitt 342.

Untersuchung kein zielführender Ansatz für diese Problematik gezeigt, doch soll zumindest aufgezeigt werden, an welchen Stellen einer Ausschüttungsrestriktion, insbesondere des Solvenztests, der Vorsichtsaspekt einfließen kann und sollte.

Der Vorsichtsaspekt kann an der Messgröße und/oder der Zielgröße einer Ausschüttungsrestriktion ansetzen. Die Messgröße ist die tatsächliche und mit der Zielgröße zu vergleichende Schuldendeckung (im Falle des Nennkapitalsystems) bzw. Liquidität (im Falle des Solvenztests) zum Zeitpunkt und infolge der geplanten Ausschüttung. Die Zielgröße ist entsprechend der zu fordernde Schwellenwert bezüglich Schuldendeckung bzw. Liquidität, welcher zu überschreiten ist, damit ein bestimmter Ausschüttungsbetrag gerade noch zulässig ist. Setzt der Vorsichtsaspekt nur an der Messgröße an, besteht die Gefahr, dass der bei der vorsichtigen Ermittlung der Messgröße berücksichtigte *worst case* tatsächlich eintritt und das Unternehmen dann bereits infolge der Ausschüttung einem erheblich erhöhten Insolvenzrisiko ausgesetzt wäre. Setzt der Vorsichtsaspekt dagegen nur an der Zielgröße an, besteht die Gefahr, dass der vorsichtig gewählte Schwellenwert dennoch nicht ausreicht, um die fehlende Vorsicht bei der Ermittlung der Messgröße auszugleichen. Der Vorsichtsaspekt sollte daher im Sinne eines doppelten Boden sowohl in die Ermittlung der Zielgrößen als auch in die Ermittlung der Messgrößen einfließen.

Mit Blick auf die Zielgröße ist ein bestimmter Vermögens- und Liquiditätspuffer zu fordern. Das Eigenkapital bildet „eine Pufferzone der Überschuldung“[505]. Um diese Pufferzone zu erhalten, sind Ausschüttungen bereits dann zu untersagen, wenn das Eigenkapital einen bestimmten Wert größer Null unterschreitet. Ein solcher Vermögenspuffer ist zu fordern, um Verluste aufzufangen, welche andernfalls unmittelbar zur Überschuldung des Unternehmens führen würden. Ebenso wäre kein Gläubiger bereit, einem bereits vollständig fremdfinanzierten Unternehmen (weiteres) Fremdkapital zu überlassen.[506] Die Liquidität eines Unternehmens bildet entsprechend eine Pufferzone der Zahlungsunfähigkeit. Ausschüttungen sind damit liquiditätsbezogen bereits zu untersagen, wenn die Liquidität infolgedessen unter einen kritischen Wert größer Null sinken würde. Würde eine Ausschüttung selbst dann noch zugelassen, wenn die Liquidität infolge der Ausschüttung innerhalb des Prognosezeitraumes bereits nahezu auf Null sinkt, so würde die Ausschüttung im Falle der Unterschätzung künftiger Auszahlungen bzw. der Überschätzung künftiger Einzahlungen unmittelbar zur Zahlungsunfähigkeit des Unternehmens führen.

505 LUTTER (1998), S. 375.

506 Vgl. EIDENMÜLLER/ENGERT (2005), S. 105.

Mit Blick auf die Ermittlung der Messgrößen wurde bereits im vorhergehenden Abschnitt gefordert, dass künftige Zahlungsströme nur in Ausschüttungsrestriktionen einbezogen werden sollten, wenn sie eine bestimmte festzulegende Eintrittswahrscheinlichkeit übersteigen. Im Sinne des ebenfalls in § 252 Abs. 1 Nr. 4 HGB kodifizierten Imparitätsprinzips[507] sollten überdies unrealisierte Aufwendungen und künftige Auszahlungen bereits bei einer niedrigeren Eintrittswahrscheinlichkeit einbezogen werden als unrealisierte Erträge und künftige Einzahlungen.[508]

Die Höhe des zu fordernden Liquiditäts- und Vermögenspuffers und die für den Einbezug von künftigen Zahlungsströmen zu fordernde Eintrittswahrscheinlichkeit sind ökonomisch kaum begründbar und überdies abhängig von der individuellen Risikostruktur eines Unternehmens. Sie müssen folglich im politischen Diskurs basierend auf Gerechtigkeitsüberlegungen gefunden werden.[509]

422.3 Zielanforderungen

422.31 Sicherung der Schuldendeckung

Zur Quantifizierung der mittels Ausschüttungsrestriktionen zu sichernden Schuldendeckung sollte im Sinne eines Interessenausgleichs zwischen Eigentümer und Gläubiger zwischen dem ursprünglich vom Eigentümer eingebrachten Vermögen und dem in der Zwischenzeit erzielten Reinvermögenszuwachs unterschieden werden.

Das vom Eigentümer eingebrachte Vermögen dient als Verlustpuffer zum Ausgleich der fehlenden persönlichen Haftung des Eigentümers. Es sollte seinem Wert nach zu erhalten und regelmäßig an das Kapitalstruktur- und Investitionsrisiko des Unternehmens anzupassen sein. Eine bestimmte absolute Eigenkapitalhöhe zu fordern, genügt damit nicht. In diesem Fall bliebe bei nachträglicher

507 Zur Entwicklung und Funktion des Imparitätsprinzips im handelsrechtlichen Jahresabschluss als Kapitalerhaltungsgrundsatz vgl. KOCH (1957); LEFFSON (1987), S. 339-426 sowie BAETGE/KIRSCH/THIELE (2009a), S. 134-136.

508 Vgl. FUCHS (2007), S. 21, dort allerdings nur bezogen auf den Solvenztest.

509 Vgl. ENGERT (2006), S. 327 f.; Auch die von ENGERT vorgeschlagene Vorgabe eines Wahrscheinlichkeitsmaßes (vgl. ENGERT (2006), S. 328) löst dieses Problem nicht, denn auch dessen Höhe ist ökonomisch nicht begründbar und kann damit nur auf Gerechtigkeitserwägungen fußen (siehe dazu bereits Abschnitt 414.2). Vgl. in Bezug auf den Solvenztest ähnlich PELLENS/CRASSELT/SELLHORN (2007), S. 272 f., 281.

Fremdkapitalaufnahme zwar die absolute Schuldendeckung konstant, die Eigenkapitalquote würde jedoch zum Nachteil der Gläubiger reduziert. Zur Sicherung der Schuldendeckung ist folglich eine bestimmte Mindesteigenkapitalquote größer Null[510] zu fordern, da damit das Kapitalstrukturrisiko konstant bleibt.[511] Sänke die Eigenkapitalquote dann infolge nachträglicher Fremdkapitalaufnahme oder infolge eines Verlustes unter den zu fordernden Wert, wären Ausschüttungen entsprechend solange untersagt, bis die zu fordernde Eigenkapitalquote durch nachträgliche Einlage des Eigentümers oder durch einbehaltene Gewinne wieder erreicht wäre. Wird von der Möglichkeit der nachträglichen Einlage abgesehen, bände die nachträgliche Fremdkapitalaufnahme folglich neben der ursprünglichen Kapitaleinlage einen Teil des Reinvermögenszuwachses.

Die Höhe der zu fordernden Eigenkapitalquote ist ebenso wenig ökonomisch begründbar wie die zu fordernde Wahrscheinlichkeit künftiger Liquidität und Schuldendeckung[512]. Einen Anhaltspunkt für die zu fordernde Einkapitalquote mag der § 500 des California Corporation Act (Cal. Corp. Act) geben. Danach besteht eine Ausschüttungsrestriktion darin, dass das Vermögen nach Ausschüttung noch mindestens das 1,25fache der Schulden betragen muss (§ 500 (b) (1) Cal. Corp. Act). Dies entspricht einer zu fordernden Eigenkapitalquote von 20 %. Die zu fordernde Eigenkapitalquote sollte branchenspezifisch festgelegt werden sowie mit zunehmendem Investitionsrisiko steigen und mit abnehmendem Investitionsrisiko sinken. Hieraus ergibt sich allerdings die Problematik, dass die Höhe des Investitionsrisikos kaum nachprüfbar ermittelbar ist. Vor dem Hintergrund der genannten Schwierigkeiten, die zu fordernde Mindesteigenkapitalquote festzulegen, sei die an Ausschüttungsrestriktionen zu stellende Anforderung, die Schuldendeckung zu sichern, für den nachfolgenden Vergleich von Nennkapitalsystem und Solvenztest in Anlehnung an § 500 Cal. Corp. Act dahingehend konkretisiert, dass eine Mindesteigenkapitalquote von 20 % zu erhalten ist.

An dieser Stelle sei auch kurz auf die Frage eingegangen, ob weiterhin ein bestimmtes Mindestnennkapital gefordert werden sollte oder nicht. Während sich die High Level Group und der Arbeitskreis „Kapital in Europa“ für die Beibehaltung des Mindestnennkapitals aussprachen, plädierten die Rickford-Gruppe,

510 Eine Mindesteigenkapitalquote größer Null zu fordern, folgt dem in Abschnitt 414.2 beschriebenen Ziel, einen Verlustpuffer vorzuhalten, welcher im Falle unerwarteter künftiger Verluste den sofortigen Eintritt der Überschuldung vermeidet. Vgl. dazu auch die bereits in Abschnitt 422.22 formulierte Forderung eines Verlustpuffers.

511 Hierzu allerdings kritisch LUTTER (1998), S. 376.

512 Vgl. hierzu SCHNEIDER (1987), S. 98; WALTER (1998), S. 371; HAAS (2006), S. E 138; siehe oben Abschnitt 414.2.

die Arbeitsgruppe der Universität Groningen sowie das IDW für eine Abschaffung des Mindestnennkapitals.[513] Vor dem Hintergrund der aus der ökonomischen Analyse abgeleiteten Anforderung der Schuldendeckung ist der Beibehaltung des Mindestnennkapitals zuzustimmen. Das Mindestnennkapital ist der Preis für die beschränkte Haftung der Anteilseigner einer Kapitalgesellschaft und somit von diesen aufzubringen. Einem Absolutbetrag als Mindestnennkapital wird allerdings immer als Nachteil anhaften, für Gesellschaftsgründungen mit sehr geringem Kapitalbedarf eine zu hohe Eintrittsschwelle darzustellen, für Großunternehmen keine relevante Schutzwirkung zu entfalten und überdies nicht im Bezug zum Unternehmensrisiko zu stehen. Die Höhe des zu fordernden Mindestnennkapitals sollte folglich nicht als Absolutbetrag, sondern vergleichbar den für Kreditinstitute im Gesetz über das Kreditwesen (KWG) bereits bestehenden Bestimmungen[514] als zu fordernde Nennkapitalquote definiert werden, welche mit zunehmendem Unternehmensrisiko steigen und mit abnehmendem Unternehmensrisiko sinken sollte.

422.32 Sicherung der Zahlungsfähigkeit

Mit der im vorhergehenden Abschnitt beschriebenen Anforderung, nur den Teil des Reinvermögens zur Ausschüttung zuzulassen, welcher die zu fordernde Mindesteigenkapitalquote übersteigt, ist nicht gewährleistet, dass das Unternehmen nach Ausschüttung noch mit hinreichender Wahrscheinlichkeit zahlungsfähig bleibt.

> *Beispiel:*
> Verfügt ein Unternehmen über ein Reinvermögen von 30.000 GE gegenüber einem Gesamtvermögen von 100.000 GE und wird eine Mindesteigenkapitalquote von 20 % gefordert, dürfte es 10.000 GE ausschütten. Zahlungsfähig bleibt das Unternehmen nach Ausschüttung der 10.000 GE allerdings nur, falls es auch infolge der Ausschüttung noch über ausreichend Liquidität verfügt, um die künftigen Zahlungsverpflichtungen zu erfüllen. Die künftige Zahlungsfähigkeit ist wird zwar durch die Schuldendeckung begünstigt, allerdings nicht durch diese bedingt.

513 Siehe oben Tabelle 3.1 in Abschnitt 336.

514 Siehe § 10 KWG.

Deshalb muss zur Sicherung der Schuldendeckung die Sicherung der Zahlungsfähigkeit als zweite an Ausschüttungsrestriktionen zu stellende Anforderung hinzutreten. Der über das zur Sicherung der Mindesteigenkapitalquote einzubehaltende Reinvermögen hinaus kumuliert erzielte und bisher nicht ausgeschüttete Reinvermögenszuwachs darf für Ausschüttungen folglich nur zur Verfügung stehen, soweit die künftige Zahlungsfähigkeit nach Ausschüttung hinreichend wahrscheinlich ist. Umgekehrt formuliert: Zur Sicherung der Zahlungsfähigkeit sind Ausschüttungen zu untersagen, falls das ausschüttende Unternehmen unmittelbar infolge der Ausschüttung zahlungsunfähig wäre und/oder der verbleibende Liquiditätspuffer so gering wäre, dass die zu fordernde Wahrscheinlichkeit künftiger Zahlungsfähigkeit unterschritten würde. Die zu fordernde Wahrscheinlichkeit künftiger Zahlungsfähigkeit ist – wie oben bereits beschrieben – ökonomisch nicht begründbar.[515] Für den nachfolgenden Vergleich von Nennkapitalsystem und Solvenztest sei die an Ausschüttungsrestriktionen zu stellende Anforderung, die Zahlungsfähigkeit zu sichern, dahingehend konkretisiert, dass eine Mindestliquidität von 500.000 EUR zu erhalten ist.

Die maximal zulässige Ausschüttungshöhe ist damit das Minimum des zur Sicherung der Schuldendeckung einerseits und des zur Sicherung der Zahlungsfähigkeit andererseits maximal zuzulassenden Ausschüttungsbetrages (siehe Abbildung 4.10). Damit ist die Sicherung der Zahlungsfähigkeit als an Ausschüttungsrestriktionen zu stellende Anforderung umso relevanter, je niedriger die zu fordernde Mindesteigenkapitalquote ist.

423. Anforderungen hinsichtlich der Effizienz von Ausschüttungsrestriktionen

Erfüllen sowohl liquiditätsbezogene als auch vermögensbezogene Ausschüttungsrestriktionen die genannten Effektivitätsanforderungen, so sind liquiditätsbezogene Ausschüttungsrestriktionen vermögensbezogenen unter dem Aspekt der Effizienz dann und nur dann vorzuziehen, wenn sie entweder bei gleichen Kosten ein höheres Kapitalerhaltungsniveau (hinsichtlich Schuldendeckung, Liquidität und Verlässlichkeit) erzielen oder bei gleichem Kapitalerhaltungsniveau geringere Kosten verursachen. Andernfalls sind vermögensbezogene Ausschüttungsrestriktionen liquiditätsbezogenenen vorzuziehen.[516]

515 Siehe oben in Bezug auf die zu fordernde Schuldendeckung Abschnitt 422.31 sowie allgemein Abschnitt 414.2. Vgl. hierzu SCHNEIDER (1987), S. 98; WALTER (1998), S. 371; HAAS (2006), S. E 138.

516 Siehe auch oben Abschnitt 421.

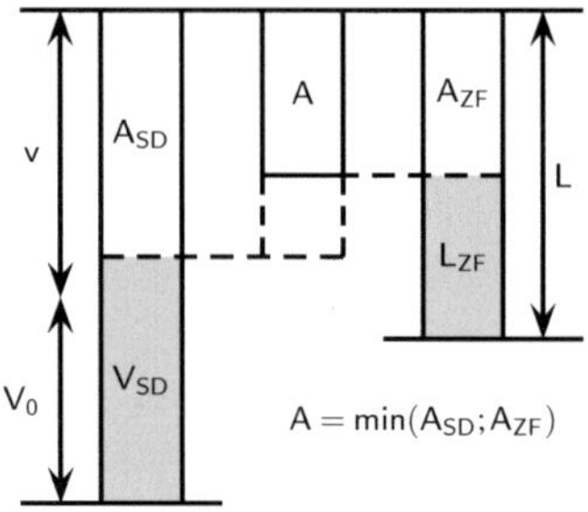

V_0 = vom Eigentümer eingebrachtes Vermögen;
v = Reinvermögenszuwachs;
L = Liquidität;
A = maximal ausschüttungsfähiger Betrag;
V_{SD} = zum Erhalt der Schuldendeckung einzubehaltendes Vermögen;
A_{SD} = maximal ausschüttungsfähiger Betrag zum Erhalt der Schuldendeckung;
L_{ZF} = zum Erhalt der Zahlungsfähigkeit einzubehaltende Liquidität;
A_{ZF} = maximal ausschüttungsfähiger Betrag zum Erhalt der Zahlungsfähigkeit.

Abbildung 4.10: Zunehmende Bedeutung der Liquiditätsprüfung bei Reduktion der als erforderlich anzusehenden Schuldendeckung

Problematisch bei der Beurteilung der Effizienz von Ausschüttungsrestriktionen ist, dass die mit verschiedenen bestehenden und diskutierten Ausschüttungsrestriktionen verbundenen Kosten (derzeit) kaum vollumfänglich zu quantifizieren sind. Zwar liegt eine entsprechende Studie der Wirtschaftsprüfungsgesellschaft KPMG im Auftrag der Europäischen Kommission[517] vor, doch auch diese kommt zu dem Schluss, dass die mit den diskutierten Reformvorschlägen verbundenen Kosten bisher nicht verlässlich zu beurteilen sind, da die Reformvorschläge noch zu viele Detailfragen offenlassen. Insbesondere die Gestaltung eines gegebenenfalls einzuführenden Solvenztests sei noch zu diskutieren und habe erheblichen Einfluss auf die Kostenhöhe.[518] Im folgenden Vergleich zwischen Nennkapitalsystem und Solvenztest bleibt der Aspekt der Effizienz von Ausschüttungsrestriktionen unberücksichtigt. Nennkapitalsystem und Solvenztest werden ausschließlich hinsichtlich ihrer Effektivität als Ausschüttungsrestriktion beurteilt.

517 Vgl. KPMG (2008a).

518 Vgl. KPMG (2008a), S. 313.

43 Zusammenfassung und weiteres Vorgehen

In diesem Kapitel wurde gezeigt, dass Gläubiger im Rahmen der Gläubiger-Eigentümer-Beziehung dem Informationsrisiko, dem Insolvenzeintrittsrisiko und dem Insolvenzverlustrisiko ausgesetzt sind. Weiter wurde gezeigt, dass ein Konflikt zwischen Eigentümer und Gläubiger erst infolge der Haftungsbeschränkung des Eigentümers einer Kapitalgesellschaft entsteht. Die Haftungsbeschränkung ermöglicht dem Eigentümer, sich opportunistisch gegenüber dem Gläubiger zu verhalten und Gesellschaftsvermögen in sein vor dem Gläubigerzugriff geschütztes Privatvermögen zu verlagern. Vor dem Hintergrund dieses Konfliktes zwischen Eigentümer und Gläubiger besteht das Ziel kapitalerhaltender Maßnahmen darin, zum Schutze der Gläubiger den Anreiz und die Möglichkeiten des Eigentümers zu Vermögensverlagerungen in sein Privatvermögen zu reduzieren. Aus den Ergebnissen der Analyse der Eigentümer-Gläubiger-Beziehung und der Zielsetzung der Kapitalerhaltung wurden schließlich die an Ausschüttungsrestriktionen zu stellenden Anforderungen der Effektivitiät und Effizienz abgeleitet, wobei die Effizienz nicht weiter betrachtet werden soll.

Die Anforderungen hinsichtlich der Effektivität von Ausschüttungsrestriktionen wurden unterteilt in Randbedingungen und Zielanforderungen. Als Randbedingung konnten die bereits im Schrifttum formulierten und hier vorgestellten[519] Anforderungen an die Gestaltung des Solvenztests bestätigt und in den mit der ökonomischen Analyse aufgespannten Rahmen eingeordnet werden. Zum einen ist die Informationsasymmetrie zwischen Eigentümer und Gläubiger zu kompensieren. Ausschüttungsrestriktionen müssen daher auf einer objektivierten Basis beruhen, um nachprüfbar zu sein und so die Aufdeckung von Manipulationen seitens des Eigentümers zu ermöglichen. Zum anderen ist die Prognosen inhärente Unsicherheit zu kompensieren – durch die Wahl eines nur begrenzt prognosebasierten Restriktionskriteriums und durch die genannten Arten von Sicherheitspuffern.

Aufbauend auf diesen Randbedingungen wurden folgende Zielanforderungen formuliert: Ausschüttungsrestriktionen sollen zur Sicherung der Schuldendeckung sowie zur Sicherung der Zahlungsfähigkeit beitragen. Die zu fordernde Schuldendeckung sollte dabei als eine bestimmte zu erhaltende Mindesteigenkapitalquote formuliert werden, die zu fordernde Zahlungsfähigkeit als eine bestimmte zu erhaltende Mindestliquidität. Dabei kann die genaue Höhe der zu

519 Siehe oben Abschnitt 342.

fordernden Mindesteigenkapitalquote und Mindestliquidität ökonomisch nur insoweit begründet werden, als mithilfe der Ausschüttungsrestriktionen eine bestimmte Insolvenzwahrscheinlichkeit nicht überschritten werden soll. Doch die zu unterbietende Wahrscheinlichkeitsgrenze muss letztlich doch ökonomisch unbegründet bleiben.

Im folgenden Kapitel 5 werden nun die Effektivität des Nennkapitalsystems und des Solvenztests basierend auf den genannten Anforderungen analysiert und verglichen. Dazu wird zunächst betrachtet, auf welche Weise Nennkapitalsystem und Solvenztest vor dem Hintergrund der zwischen beiden Systemen bestehenden konzeptionellen Unterschiede (siehe Abschnitt 52) dem aus der zu fordernden Nachprüfbarkeit von Ausschüttungsrestriktionen resultierenden Objektivierungserfordernis gerecht werden und wie die Objektivierung der beiden Systeme deren Effektivität beeinflusst (siehe Abschnitt 53). Darauf aufbauend werden der Beitrag zur Sicherung der Schuldendeckung und Zahlungsfähigkeit eines objektivierten Nennkapitalsystem-Modells einerseits und eines objektiverten Solvenztest-Modells andererseits basierend auf einer Monte-Carlo-Simulation verglichen. In Kapitel 5 werden somit die Fragen des Fragenkomplexes 4[520] beantwortet:

4a) Wie beeinflusst das Erfordernis der Objektivierung die Effektivität von Nennkapitalsystem und Solvenztest?

4b) Ist die Effektivität eines objektivierten Solvenztests – isoliert betrachtet und unter Vernachlässigung von Manipulationseinflüssen – signifikant und wesentlich höher als die eines objektivierten Nennkapitalsystems?

4c) Wie ist die Effektivität von Nennkapitalsystem und Solvenztest vor dem Hintergrund der gewonnenen Erkenntnisse zu beurteilen?

4d) Bedarf es der doppelten Ausschüttungsbegrenzung mittels Nennkapitalsystem und Solvenztest oder kann entweder auf das Nennkapitalsystem oder den Solvenztest jeweils zugunsten des anderen Instrumentes verzichtet werden?

520 Siehe oben Abschnitt 12.

5 Vergleich der Effektivität des Nennkapitalsystems und des Solvenztests vor dem Hintergrund der formulierten Anforderungen

51 Vorbemerkung zum Aufbau des Vergleiches

Im Folgenden wird die Effektivität des Nennkapitalsystems mit der des Solvenztests unter Einbezug einer Monte-Carlo-Simulation verglichen. Damit soll der in Abschnitt 12 formulierte Fragenkomplex 4 beantwortet werden. Die folgenden Ausführungen führen schließlich zur Antwort auf Teilfrage 4d):

Bedarf es einer doppelten Ausschüttungsbegrenzung mittels Nennkapitalsystem und Solvenztest oder kann entweder auf das Nennkapitalsystem oder den Solvenztest jeweils zugunsten des anderen Instrumentes verzichtet werden?

Die Effektivität von Nennkapitalsystem und Solvenztest sei entsprechend den Ausführungen im vorhergehenden Kapitel gegeben, wenn die folgenden dort formulierten Anforderungen an die Effektivität von Ausschüttungsrestriktionen kumulativ erfüllt sind:

1. die Nachprüfbarkeit der Ermittlung des maximal ausschüttungsfähigen Betrages zum Ausgleich der Informationsasymmetrie zwischen Eigentümer und Gläubiger (siehe Abschnitt 422.21),
2. der Ausgleich der Prognosen inhärenten Unsicherheit bei der Festlegung der zu sichernden Liquidität und Schuldendeckung (siehe Abschnitt 422.22),
3. die Sicherung der Schuldendeckung (siehe Abschnitt 422.31) sowie
4. die Sicherung der Zahlungsfähigkeit (siehe Abschnitt 422.32).

Im folgenden Abschnitt 52 werden zunächst die konzeptionellen Unterschiede beider Systeme aufgezeigt. In Abschnitt 53 wird sodann dargelegt, ob und auf welche Weise sich die konzeptionellen Unterschiede auf die Effektivität beider Systeme unter Berücksichtigung der genannten Randbedingungen auswirken (Teilfrage 4a). Dabei wird unterschieden zwischen

- einer Modellwelt mit sicheren Erwartungen (Abschnitt 531.),
- einer Modellwelt bei unsicheren Erwartungen unter Idealbedingungen, insbesondere unter der Annahme des vollkommenen Kapitalmarktes (Abschnitt 532.1), sowie
- einer Modellwelt bei unsicheren Erwartungen unter Realbedingungen, in welcher einzelne idealtypische Annahmen fallen gelassen werden, welche als in der Realität nicht haltbar einzustufen sind (Abschnitt 532.2).

Als Zwischenergebnis des konzeptionellen Vergleiches wird in Abschnitt 533. vor dem Hintergrund der konzeptionellen Unterschiede von Nennkapitalsystem und Solvenztest dargestellt, wie beide Instrumente jeweils zu gestalten sind, um unter Realbedingungen den geforderten Randbedingungen zu entsprechen. In Abschnitt 54 werden der Aufbau und die Ergebnisse der im Rahmen der vorliegenden Arbeit entwickelten Monte-Carlo-Simulation vorgestellt und kritisch gewürdigt. Auf Basis der Monte-Carlo-Simulation wird gezeigt, in welchem Maße Nennkapitalsystem und Solvenztest isoliert betrachtet und unter (vereinfachten) Realbedingungen den beiden erstgenannten Anforderungen – der Sicherung der Schuldendeckung und Zahlungsfähigkeit – gerecht werden (Teilfrage 4b). Nennkapitalsystem und Solvenztest werden dabei bereits so modelliert, dass sie die zuvor erörterten Randbedingungen erfüllen. Die Verknüpfung des konzeptionellen Vergleiches mit den Ergebnissen der Monte-Carlo-Simulation mündet in die Beantwortung der Frage, ob es unter Realbedingungen einer kombinierten Ausschüttungsrestriktion basierend auf Nennkapitalsystem und Solvenztest bedarf oder nicht (Teilfrage 4c). In Abschnitt 55 schließlich werden die aus dem Vergleich der Effektivität von Nennkapitalsystem und Solvenztest gewonnenen Erkenntnisse zusammengefasst und kritisch gewürdigt (Teilfrage 4d).

52 Konzeptionelle Unterschiede zwischen Nennkapitalsystem und Solvenztest

521. Das Restriktionskriterium

Der wesentliche konzeptionelle Unterschied zwischen Nennkapitalsystem und Solvenztest besteht darin, dass diese auf unterschiedlichen Restriktionskriterien basieren. Zwar wird mit Nennkapitalsystem und Solvenztest gleichermaßen das

Ziel verfolgt, die Höhe des maximal zulässigen Ausschüttungsbetrages zu bestimmen. Doch begehen Nennkapitalsystem und Solvenztest dabei unterschiedliche Wege.

Der Begriff des Restriktionskriteriums wurde in Abschnitt 11 bereits eingeführt: Restriktionen wurden in Bezug auf die Beziehung zwischen Eigentümer und Gläubiger definiert als Regelungen, welche den Handlungsfreiraum des Eigentümers bei Eintritt bestimmter festgelegter Bedingungen einschränken. Das Restriktionskriterium ist der Maßstab der festzulegenden Bedingung und die erste festzulegende Komponente bei der Gestaltung von Restriktionen. Die zweite Komponente der festzulegenden Bedingung ist die anhand des Restriktionskriteriums zu beschreibende Restriktionsgrenze, bei deren Überschreitung die Restriktion wirksam wird.

Das Restriktionskriterium des Nennkapitalsystems ist das zur Deckung der Schulden zur Verfügung stehende Vermögen. Der maximal ausschüttbare Betrag ist entsprechend der Betrag, nach dessen Ausschüttung gerade noch eine ausreichende Schuldendeckung, d. h. ausreichend Reinvermögen, verbleibt. Das Nennkapitalsystem stellt somit eine vermögensbezogene Ausschüttungsrestriktion dar und korrespondiert mit dem Insolvenztatbestand der Überschuldung.[521] Im Falle einer rein vermögensbezogenen Ausschüttungsrestriktion ohne ergänzenden Liquiditätsschutz wären Ausschüttungen auch bei drohender Zahlungsunfähigkeit zulässig.

Das Restriktionskriterium des Solvenztests dagegen ist die zur Deckung künftiger Zahlungsverpflichtungen zur Verfügung stehende Liquidität. Der maximal ausschüttbare Betrag ist entsprechend der Betrag, nach dessen Ausschüttung gerade noch ausreichend Liquidität zu Verfügung steht, so dass das Unternehmen voraussichtlich weiterhin zahlungsfähig bleibt.[522] Der Solvenztest stellt somit eine liquiditätsbezogene Ausschüttungsrestriktion dar und korrespondiert mit dem Insolvenztatbestand der Zahlungsunfähigkeit.[523] Im Falle einer rein liquiditätsbezogenen Ausschüttungsrestriktion ist eine Ausschüttung bis zu der Höhe zulässig, bis zu der das Unternehmen unter Berücksichtigung der Ausschüttung voraussichtlich weiterhin zahlungsfähig bleiben wird. Ausschüttungen können

521 Vgl. ARNOLD (2007), S. 125; HENNRICHS (2008b), S. 48; PELLENS/KEMPER/SCHMIDT (2008), S. 424 f.

522 Vgl. oben Abschnitt 341.

523 Vgl. ARNOLD (2007), S. 125; HENNRICHS (2008b), S. 48; PELLENS/KEMPER/SCHMIDT (2008), S. 424 f.

dann gegebenenfalls selbst bei nicht mehr hinreichender Schuldendeckung noch zulässig sein.

522. Die Berücksichtigung der zeitlichen Abfolge von Zahlungsströmen

Die Schutzwirkung von Ausschüttungsrestriktionen ist auch davon abhängig, ob und auf welche Weise Ausschüttungsrestriktionen zur Sicherung der Schuldendeckung und Liquidität nicht nur unmittelbar, sondern auch innerhalb eines bestimmten Zeitraums nach einer Ausschüttung beitragen. Der zweite wesentliche Unterschied zwischen Nennkapitalsystem und Solvenztest besteht nun darin, dass die zeitliche Entwicklung des Vermögens und der Liquidität in beide Instrumente auf unterschiedlichem Wege einfließt:

Vermögensbezogene Ausschüttungsrestriktionen wie das Nennkapitalsystem gleichen einer Zeitpunktbetrachtung: Ausschüttungen sind zulässig, falls der Wert des Vermögens zum Zeitpunkt der Ausschüttung – vereinfachend zum letzten Abschlussstichtag – den Wert der Schulden um einen bestimmten Betrag übersteigt. In welchem Maße die zeitliche Abfolge künftiger Zahlungsströme dabei implizit berücksichtigt wird, ist abhängig von der Methode, nach welcher das Vermögen bewertet wird.

In vermögensbezogenen Ausschüttungsrestriktionen kann die zeitliche Entwicklung des Vermögens und der Liquidität nur berücksichtigt werden, indem die Vermögenswerte zum Barwert der in Verbindung mit diesen zu erwartetenden künftigen Zahlungsströme bewertet werden. Im Zuge der Barwertermittlung wird allerdings der zeitliche Verlauf der künftigen Zahlungsströme auf den Ausschüttungszeitpunkt verdichtet. Informationen über intertemporäre Liquiditätsengpässe gehen damit verloren.[524] Eine auf dem Barwertkalkül basierende Ausschüttungsrestriktion kann so einerseits ergeben, dass der Gesamtwert des Vermögens geringer ist als der Rückzahlungsbetrag der Schulden, das Unternehmen also überschuldet ist, obwohl laut Solvenztest voraussichtlich kein Liquiditätsengpass entsteht. Andererseits mag ein auf dem Barwertkalkül basierender Bilanztest ergeben, dass der Gesamtwert des Vermögens den Rückzahlungsbetrag der Schulden übersteigt, das Unternehmen also noch über ein positives Reinvermögen verfügt, obwohl laut Solvenztest bereits innerhalb des Prognosezeitraumes ein nicht zu deckender Liquiditätsengpass auftritt.[525] Werden die Ver-

524 Vgl. MOXTER (1984), S. 88 f.; WAGENHOFER (2001), S. 441; BIEKER (2006), S. 57; SCHÖN (2006), S. 189 sowie HEATON (2007), S. 1003 f.

525 Vgl. HEATON (2007), S. 1004.

mögenswerte dagegen nicht zum Barwert der in Verbindung mit diesen zu erwartetenden künftigen Zahlungsströme, sondern zu fortgeführten Anschaffungs- oder Herstellungskosten bewertet, wird die Verknüpfung zwischen der Vermögensbewertung und künftigen Zahlungsströmen aufgegeben. Mit der Bewertung zu fortgeführten Anschaffungs- oder Herstellungskosten wird der Werteverzehr eines Vermögenswertes planmäßig und unabhängig von künftigen Zahlungsströmen über dessen voraussichtliche Nutzungsdauer verteilt. Auch außerplanmäßige Wertänderungen beruhen nicht zwingend auf diskontierten künftigen Zahlungsströmen.

Darüber hinaus berücksichtigen vermögensbezogene Ausschüttungsrestriktionen nicht die Bindungsdauer des Vermögens, ob also ein bestimmter zur Deckung der Schulden verfügbarer Vermögenswert dauerhaft gebunden ist oder aber bei Eintritt eines Liquiditätsengpasses kurzfristig zur Liquiditätssicherung veräußert werden könnte.[526]

Die Höhe der zu einem bestimmten Zeitpunkt verfügbaren und für liquiditätsbezogene Ausschüttungsrestriktionen maßgebenden Liquidität ist im Unterschied zur Bewertung anderer Vermögenswerte unabhängig von den künftig zu erwartenden Ein- und Auszahlungen. Künftige Ein- und Auszahlungen erhöhen bzw. reduzieren zwar die künftige Liquidität, beeinflussen allerdings nicht die Höhe der zuvor verfügbaren Liquidität. Im Fall rein liquiditätsbezogener Ausschüttungsrestriktionen kann die zeitliche Abfolge der Zahlungsströme folglich nur als Zeitraumbetrachtung in einem finanzplanbasierten Solvenztest abgebildet werden.

523. Vorsichtige Ermittlung des maximal ausschüttungsfähigen Betrages

Wie beschrieben ist an Ausschüttungsrestriktionen die Anforderung zu stellen, den maximal ausschüttungsfähigen Betrag vorsichtig zu ermitteln.[527] Für den Vergleich der Effektivität von Nennkapitalsystem und Solvenztest in diesem Kapitel wurde diese Anforderung als zweite Randbedingung definiert.[528] Der dritte konzeptionelle Unterschied zwischen Nennkapitalsystem und Solvenztest besteht nun darin, dass der Vorsichtsaspekt bei Anwendung eines Solvenztests nicht in gleicher Weise in die Ermittlung des maximal ausschüttungsfähigen Betrages einbezogen werden kann wie im Nennkapitalsystem.

526 Vgl. SCHÖN (2006), S. 189.

527 Siehe oben Abschnitt 422.22.

528 Siehe oben Abschnitt 51.

Bei vermögensbezogenenen Ausschüttungsrestriktionen kann der Vorsichtsaspekt bei der Ermittlung des maximal ausschüttungsfähigen Betrages berücksichtigt werden, indem das zur Ausschüttung verfügbare Reinvermögen bereits im für die Ausschüttungsbegrenzung relevanten Rechenwerk, in Deutschland also bislang im Jahresabschluss, vorsorglich niedriger bewertet wird. Dazu werden das Vermögen tendenziell zu niedrig und die Schulden tendenziell zu hoch bewertet. Im Rahmen der Gewinnermittlung werden künftige (positive und negative) Erfolgsbeiträge imparitätisch berücksichtigt. Im deutschen Handelsrecht sind diese Kapitalerhaltungsgrundsätze als Vorsichts- und Imparitätsprinzip in § 252 Abs. 1 Nr. 4 HGB verankert.[529] Wird das zur Schuldendeckung zur Verfügung stehende Vermögen auf der Grundlage von Fair Values im Sinne diskontierter künftiger Zahlungsströme bewertet, kann der Vorsichtsaspekt wie bei liquiditätsbezogenen Ausschüttungsrestriktionen berücksichtigt werden, indem nur hinreichend wahrscheinliche künftige Zahlungsströme in die Ermittlung der Fair Values einfließen.

Bei liquiditätsbezogenen Ausschüttungsrestriktionen kann der maximal ausschüttungsfähige Betrag wie erwähnt ausschließlich basierend auf der bestehenden Liquidität und den künftig zu erwartenden Zahlungsströmen ermittelt werden. Entsprechend kann auch der Vorsichtsaspekt im Unterschied zu vermögensbezogenen Ausschüttungsrestriktionen ausschließlich liquiditätsbezogen berücksichtigt werden. Bei liquiditätsbezogenen Ausschüttungsrestriktionen kann der Vorsicht folglich nur Rechnung getragen werden, indem künftige Ein- und Auszahlungen in die Ausschüttungsrestriktion so einbezogen werden, dass ein tendenziell zu geringer Betrag zur Ausschüttung freigegeben wird. Folglich ist eine Mindestwahrscheinlichkeit festzulegen, mit der künftige Ein- und Auszahlungen eintreten müssen, um in den Solvenztest einbezogen zu werden. Im Sinne des Vorsichtsprinzips wäre dann weiter zu fordern, dass künftige Auszahlungen bereits bei geringerer Eintrittswahrscheinlichkeit einzubeziehen wären als künftige Einzahlungen.[530] Mit der Festlegung einer zu überschreitenden Eintrittswahrscheinlichkeit künftiger Ein- und Auszahlungen wäre implizit auch ein liquiditätsbezogener Sicherheitspuffer gegeben[531], wie er in Abschnitt 422.22 gefordert wurde. Alternativ und pauschaliert könnte ein Liquiditätspuffer ebenso geschaffen werden, indem über den Prognosezeitraum des Solvenztests ein bestimmter Mindestbestand liquider Mittel gefordert würde. Würde dieser Mindestbestand laut Solvenztest mindestens einmal im Laufe des betrachteten Zeitraumes an-

529 Vgl. BAETGE/KIRSCH/THIELE (2009a), S. 134-136 (zum Imparitätsprinzip) sowie S. 136-139 (zum Vorsichtsprinzip).

530 Vgl. FUCHS (2007), S. 21.

531 Vgl. ENGERT (2006), S. 328.

gegriffen, wäre der maximal zulässige Ausschüttungsbetrag zu reduzieren und die Ausschüttung ggf. vollständig zu untersagen. Das bereits angesprochene Problem, dass weder die Höhe der zu fordernden Mindestwahrscheinlichkeit noch die Höhe des zu fordernden Liquiditätspuffers ökonomisch begründbar ist, bleibt allerdings bestehen.

Im folgenden Abschnitt 53 wird nun zunächst vor dem Hintergrund der von Ausschüttungsrestriktionen zu erfüllenden Randbedingungen analysiert, wie die genannten konzeptionellen Unterschiede zwischen Nennkapitalsystem und Solvenztest deren Effektivität beeinflussen. Dabei wird unterschieden zwischen einem Szenario mit sicheren Erwartungen, einem Szenario mit unsicheren Erwartungen unter noch näher zu bestimmenden Idealbedingungen sowie einem Szenario mit unsicheren Erwartungen unter Realbedingungen.

53 Der Einfluss der konzeptionellen Unterschiede zwischen Nennkapitalsystem und Solvenztest auf deren Effektivität vor dem Hintergrund der zu erfüllenden Randbedingungen

531. Der Einfluss der konzeptionellen Unterschiede bei sicheren Erwartungen

Unter der Annahme sicherer Erwartungen können sämtliche künftigen Ein- und Auszahlungen sowohl vom Eigentümer als auch vom Gläubiger sicher prognostiziert werden. Damit können im Falle einer liquiditätsbezogenen Ausschüttungsrestriktion auch sämtliche auftretenden Liquiditätsengpässe sicher prognostiziert werden; im Falle einer vermögensbezogenen Ausschüttungsrestriktion kann das Vermögen vollständig auf Basis diskontierter künftiger Zahlungsströme bewertet werden. Vorübergehende Liquiditätsengpässe können dann über den Kapitalmarkt solange ausgeglichen werden, solange das Unternehmen laut Bilanztest noch über ein positives Reinvermögen verfügt. Unter der Annahme sicherer Erwartungen führen also liquiditätsbezogene und vermögensbezogene Ausschüttungsrestriktionen zum identischen maximal ausschüttungsfähigen Betrag.[532]

Die unter Abschnitt 422.2 geforderten Randbedingungen sind dabei implizit erfüllt, da der Gläubiger keinen Informationsnachteil gegenüber dem Eigentümer hat und es keiner Kompensation unsicherer Erwartungen bedarf. Der in Abschnitt 523. angesprochene Unterschied hinsichtlich der Berücksichtigung des

532 Vgl. CRASSELT (2007), S. 4.

Vorsichtsaspektes ist bei sicheren Erwartungen irrelevant, da in diesem Fall der Vorsichtsaspekt nicht berücksichtigt zu werden braucht. Unter der Annahme sicherer Erwartungen beeinflussen die konzeptionellen Unterschiede zwischen Nennkapitalsystem und Solvenztest somit nicht deren Effektivität.

PELLENS/JÖDICKE/SCHMIDT argumentieren überdies, Solvenztest und Bilanztest seien unter der Annahme sicherer Erwartungen entbehrlich, da in diesem Fall sicher beurteilt werden könne, ob eine Ausschüttung zur Insolvenz führe oder nicht.[533] Dem ist allerdings entgegenzuhalten, dass es selbst bei sicheren Erwartungen einer – liquiditäts- oder vermögensbezogenen – Ausschüttungsrestriktion bedürfte, um Ausschüttungen zu unterbinden, welche zur Insolvenz des Unternehmens führen würden.

532. Der Einfluss der konzeptionellen Unterschiede bei unsicheren Erwartungen

532.1 Der Einfluss der konzeptionellen Unterschiede bei unsicheren Erwartungen unter Idealbedingungen

Im nächsten Schritt wird nun zunächst die Annahme sicherer Erwartungen aufgegeben und durch die realistischere Annahme unsicherer Erwartungen ersetzt. Begleitend sei von folgenden Idealbedingungen ausgegangen[534]:

(1) Es gelte zunächst die Annahme eines vollkommenen Kapitalmarktes: Überschüssige oder fehlende Liquidität kann jederzeit zum gleichen Zinssatz am Kapitalmarkt angelegt bzw. aufgenommen werden.[535]

(2) Prämisse (1) einschränkend seien potentielle Fremdkapitalgeber nur zur Überlassung von Fremdkapital bereit, wenn das Schuldnerunternehmen zum Zeitpunkt der Kapitalüberlassung nicht überschuldet ist.

(3) Eintritt und Höhe künftiger Zahlungen können zwar nicht sicher prognostiziert werden, doch Eigentümer und Gläubiger verfügen über identische Informationen und Erwartungen hinsichtlich des Eintritts und der Höhe künftiger Zahlungen. Die den Prognosen zugrundeliegenden Prämissen seien bekannt und die Prognosen folglich nachprüfbar.

533 Vgl. PELLENS/JÖDICKE/SCHMIDT (2007), S. 432.

534 Vgl. zum Vergleich der Effektivität von Nennkapitalsystem und Solvenztest unter den im Folgenden beschriebenen Idealbedingungen PELLENS/JÖDICKE/SCHMIDT (2007), S. 432.

535 Vgl. zur Annahme des vollkommenen Kapitalmarktes auch SÜCHTING (1995), S. 370.

(4) Sämtliche Vermögenswerte werden mit den Barwerten der aus den einzelnen Vermögenswerten jeweils künftig zu erwartenden Ein- bzw. Auszahlungen bewertet. Sämtliche Verbindlichkeiten werden zu ihrem Rückzahlungsbetrag angesetzt.

Die in Abschnitt 422.2 formulierten Randbedingungen sind unter diesen Prämissen trotz nun unsicherer Erwartungen weiterhin erfüllt: Gemäß Prämisse (3) ist die Nachprüfbarkeit der in die Ausschüttungsrestriktionen einfließenden Prognosen stets gegeben und der Gläubiger hat gegenüber dem Eigentümer keinen Informationsnachteil. Die Unsicherheit der Prognosen kann ausgeglichen werden, indem nur hinreichend verlässlich bestimmbare künftige Zahlungsströme in die Ermittlung des maximal ausschüttungsfähigen Betrages einbezogen werden. Da gemäß Prämisse (4) sämtliche Vermögenswerte mit ihrem Fair Value als dem Barwert der aus diesen jeweils künftig zu erwartenden Einzahlungen bewertet werden, fließt der selektive Einbezug künftiger Zahlungsströme in gleicher Weise in den Bilanztest und den Solvenztest ein.

Im Sinne einer vermögensbezogenen Ausschüttungsrestriktion wären Ausschüttungen unter diesen Prämissen zu untersagen, wenn das Eigenkapital infolge der Ausschüttung negativ würde, das zu Marktwerten bewertete Vermögen also die zu Rückzahlungsbeträgen bewerteten Schulden nicht mehr decken würde. Im Sinne einer liquiditätsbezogenen Ausschüttungsrestriktion wären Ausschüttungen zu untersagen, wenn das Unternehmen infolge der Ausschüttung nicht mehr zu jeder Zeit in der Lage wäre, den jeweils fälligen Zahlungsverpflichtungen nachzukommen.

Da ein Liquiditätsengpass gemäß Annahme (2) bei positiver Schuldendeckung jederzeit ausgeglichen werden kann, dominiert der Insolvenzeintrittsgrund der Überschuldung den der Zahlungsunfähigkeit: Ist das Unternehmen überschuldet, deckt das zu Barwerten bewertete Vermögen also nicht mehr die Schulden des Unternehmens, so kann das Unternehmen fehlende Liquidität nicht mehr über den Kapitalmarkt aufnehmen. In dieser Situation tritt Zahlungsunfähigkeit ein, sobald die verfügbare Liquidität zu einem bestimmten Zeitpunkt die zu diesem Zeitpunkt fälligen Zahlungsverpflichtungen nicht mehr deckt. Im Umkehrschluss impliziert die Zahlungsunfähigkeit die Überschuldung.[536]

Unter den genannten Prämissen führen vermögens- und liquiditätsbezogene Ausschüttungsrestriktionen folglich zum gleichen maximal ausschüttungsfähigen

536 Mit der gleichen Überlegung kann die Überschuldung auch „als Antizipation künftiger Zahlungsunfähigkeit interpretiert werden" (FUCHS (2007), S. 22; vgl. sinngemäß auch IDW (1996), S. 523).

Betrag.[537] Die Effektivität von Nennkapitalsystem und Solvenztest ist trotz der zwischen diesen bestehenden konzeptionellen Unterschiede weiterhin identisch.

532.2 Der Einfluss der konzeptionellen Unterschiede bei unsicheren Erwartungen unter Realbedingungen

Im Unterschied zu den im vorhergehenden Abschnitt definierten Idealbedingungen hat der Gläubiger unter Realbedingungen einen Informationsnachteil gegenüber dem Eigentümer. Prämisse (3) Satz 1 Halbsatz 2 ist damit zu negieren. Der Gläubiger kann die Angemessenheit der Prämissen, welche den Prognosen des Eigentümers zugrundeliegen, sowie die Prognosegüte nicht beurteilen.[538] Aufgrund der Prognosen inhärenten Unsicherheit sind künftige Ein- und Auszahlungen allerdings weiterhin – auch und erst recht unter Realbedingungen – weder der Höhe noch dem Zeitpunkt nach sicher vorhersehbar. Prämisse (3) Satz 1 Halbsatz 1 gilt somit weiterhin.

Um die Nachprüfbarkeit der einseitig bereitgestellten Informationen zu gewährleisten und damit den Informationsnachteil des Gläubigers unter Realbedingungen zu kompensieren, sind die der Ausschüttungsrestriktion zugrunde liegenden Daten zu objektivieren.

Im Falle vermögensbezogener Ausschüttungsrestriktionen kann diese Objektivierung erzielt werden, indem die Vermögenswerte nicht auf Basis daraus zu erwartender künftiger Einzahlungen, sondern zu ihren fortgeführten Anschaffungs- oder Herstellungskosten bewertet werden. Prämisse (4) ist entsprechend zu negieren. Damit ist die Bewertung zwar von subjektiven Schätzungen künftiger Zahlungsströme befreit, doch bleibt damit auch der zeitliche Verlauf künftiger Ein- und Auszahlungen unberücksichtigt. Basierend auf fortgeführten Anschaffungs- oder Herstellungskosten mögen vermögensbezogene Ausschüttungsrestriktionen zwar weiterhin hinreichend Schutz vor Überschuldung bieten. Sie bieten allerdings aufgrund des dann fehlenden Bezugs zur zeitlichen Abfolge künftiger Zahlungsströme keinen hinreichenden Schutz vor Zahlungsunfähigkeit. Hierfür bedürfte es einer ergänzenden liquiditätsbezogenen Ausschüttungsrestriktion.

Liquiditätsbezogene Ausschüttungsrestriktionen hingegen betrachten ausschließlich die künftig zu erwartenden Zahlungsströme. Die in der Vergangenheit vor-

537 Vgl. PELLENS/JÖDICKE/SCHMIDT (2007), S. 432.

538 Der Informationsnachteil des Gläubigers gegenüber dem Eigentümer wurde bereits in Abschnitt 411.33 als Determinante des Eigentümer-Gläubiger-Konfliktes identifiziert, welche dazu beiträgt, dass der Gläubiger eines besonderen Schutzes bedarf.

handene Liquidität bzw. die Herkunft und Zusammensetzung der bestehenden Liquidität sind irrelevant. Liquiditätsbezogene Ausschüttungsrestriktionen können folglich nur objektiviert werden, indem der Zeitraum, über welchen künftige Ein- und Auszahlungen gegenübergestellt werden, verkürzt wird. So objektivierte liquiditätsbezogene Ausschüttungsrestriktionen gestatten Ausschüttungen, wenn wahrscheinlich ist, dass das Unternehmen innerhalb des betrachteten Prognosezeitraums zahlungsfähig bleibt. Für die Effektivität hinsichtlich der zu erfüllenden Zielanforderungen bedeutet dies: Objektivierte liquiditätsbezogene Ausschüttungsrestriktionen bieten nur einen kurzfristigen Liquiditätsschutz.[539] Vor Überschuldung innerhalb des Prognosezeitraumes schützen liquiditätsbezogene Ausschüttungsrestriktionen nur für den Fall, dass die Überschuldung bereits innerhalb des Prognosezeitraumes zu einem nicht ausgleichbaren Liquiditätsengpass führt. Tritt dagegen während des Prognosezeitraumes kein Liquiditätsengpass auf, so sind Ausschüttungen bei ausschließlich liquiditätsbezogener Ausschüttungsrestriktion auch zulässig, falls das Unternehmen bereits während des Prognosezeitraumes überschuldet ist. Die Begrenzung des Prognosezeitraumes hat zudem zur Folge, dass liquiditätsbezogene Ausschüttungsrestriktionen mittels Sachverhaltsgestaltung umgangen werden können. Gelingt es dem Unternehmen durch Sachverhaltsgestaltung, Einzahlungen in den Prognosezeitraum vorzuziehen und Auszahlungen auf einen späteren, vom Solvenztest nicht erfassten, Zeitraum zu verlagern, so kann es den laut Solvenztest maximal ausschüttungsfähigen Betrag manipulativ erhöhen. Dies gelingt beispielsweise durch die Liquidation langfristig gebundener Vermögenswerte oder durch die Aufnahme weiteren Fremdkapitals.[540] Mit diesem Verhalten steigt allerdings zugleich das Risiko künftiger Zahlungsunfähigkeit und Überschuldung.

Die konzeptionellen Unterschiede zwischen Nennkapitalsystem und Solvenztest – insbesondere die infolge des begrenzten Prognosezeitraumes des Solvenztests bestehenden Manipulationsrisiken – führen also dazu, dass liquiditätsbezogene Ausschüttungsrestriktionen einer ergänzenden vermögensbezogenen Ausschüttungsrestriktion bedürfen, welche einer späteren Erhöhung des Insolvenzrisikos durch die Sicherung der Schuldendeckung entgegenwirken.

---

539 Vgl. BOSCHMA/LENNARTS/SCHUTTE-VEENSTRA (2005), S. 72; NAUMANN (2007), S. 425; CRASSELT (2007), S. 9.

540 Vgl. zum Problem liquidations- und fremdfinanzierter Ausschüttungen bereits oben Abschnitt 413.

533. Zwischenergebnis

Der Einfluss der konzeptionellen Unterschiede von Nennkapitalsystem und Solvenztest auf deren Effektivität ist vor dem Hintergrund der zu erfüllenden Randbedingungen wie folgt zusammenzufassen:

Bei Annahme sicherer Erwartungen führen Nennkapitalsystem und Solvenztest zu identischen maximal ausschüttungsfähigen Beträgen. Die zwischen beiden Systemen bestehenden konzeptionellen Unterschiede haben unter dieser Prämisse folglich keinen Einfluss auf deren Effektivität. Bei Annahme unsicherer Erwartungen wurde weiter zwischen Ideal- und Realbedingungen differenziert: Unter den genannten Idealbedingungen sind die geforderten Randbedingungen stets erfüllt. Damit ist die Effektivität beider Systeme auch für diesen Fall identisch. Unter Realbedingungen sind Nennkapitalsystem und Solvenztest zur Erfüllung der geforderten Randbedingungen auf unterschiedliche Weise zu objektivieren. Infolgedessen führen Bilanz- und Solvenztest zu inhaltlich unterschiedlichen Aussagen. Entgegen den zuvor beschriebenen Idealbedingungen divergiert die Effektivität beider Systeme nun: Das Nennkapitalsystem allein scheint unter Realbedingungen keinen hinreichenden Schutz vor Zahlungsunfähigkeit infolge punktuell auftretender Liquiditätsengpässe zu bieten. Der Solvenztest allein scheint vor dem Hintergrund der bestehenden Manipulationsgefahr nur einen kurzfristigen Schutz vor Zahlungsunfähigkeit zu bieten.

Das mit der Informationsasymmetrie zwischen Eigentümer und Gläubiger einhergehende Objektivierungserfordernis sowie die daraus resultierende Manipulationsgefahr legen im Ergebnis den Schluss nahe, die an Ausschüttungsrestriktionen gestellten Zielanforderungen – die Sicherung der Schuldendeckung und die Sicherung der Zahlungsfähigkeit – seien nur durch eine Kombination von Nennkapitalsystem und Solvenztest zu erfüllen. Offen bleibt allerdings die Frage, ob und inwieweit dieses Ergebnis allein auf die genannte Manipulationsgefahr zurückzuführen ist. Der folgende simulative Vergleich von Nennkapitalsystem und Solvenztest soll daher zur Beantwortung der Frage beitragen, ob der Solvenztest allein den an Ausschüttungsrestriktionen gestellten Zielanforderungen gerecht würde, wenn der Manipulationsgefahr auf anderem Wege begegnet werden könnte.

54 Der Einfluss der konzeptionellen Unterschiede zwischen Nennkapitalsystem und Solvenztest auf deren Effektivität vor dem Hintergrund der zu erfüllenden Zielanforderungen

541. Zu beurteilende Fragestellung

Mit einer Ausschüttung wird einem Unternehmen liquides Vermögen entzogen, d. h. mit einer Ausschüttung sinken das haftende Vermögen und die Liquidität (eine Teilmenge des haftenden Vermögens) um den gleichen absoluten Betrag.[541] Ausschüttungsrestriktionen begrenzen somit – unabhängig vom zugrundeliegenden Restriktionskriterium – die Auskehrung liquiden Vermögens an die Eigentümer. Sie tragen damit stets sowohl zum Erhalt der Schuldendeckung als auch zum Erhalt der Liquidität bei. Vor diesem Hintergrund ist zu fragen, ob sowohl Schuldendeckung als auch Liquidität als explizite Restriktionskriterien erforderlich sind oder ob eine vermögensbezogene Ausschüttungsrestriktion oder eine liquiditätsbezogene Ausschüttungsrestriktion allein die in 422. an die Effektivität von Ausschüttungsrestriktionen gestellten Anforderungen erfüllt und dann – aus Gründen der Vereinfachung – der Kombination von vermögens- und liquiditätsbezogener Ausschüttungsrestriktion vorzuziehen wäre. Der Verzicht auf eines der Restriktionskriterien würde also voraussetzen, dass die Sicherung der Schuldendeckung implizit eine ausreichende Liquidität bzw. die Sicherung der Liquidität implizit eine ausreichende Schuldendeckung gewährleistet.

Im vorhergehenden Abschnitt 53 wurde gezeigt, dass Ausschüttungsrestriktionen zum Ausgleich der Informationsasymmetrie zwischen Eigentümer und Gläubiger zu objektivieren sind und dass der Solvenztest infolge der Objektivierung anfällig für Manipulationen auf Sachverhaltsebene ist. Daraus wurde geschlossen, dass es aufgrund der Manipulationsgefahr einer doppelten Ausschüttungsrestriktion bestehend aus Nennkapitalsystem und Solvenztest bedarf, um sowohl der Sicherung der Schuldendeckung als auch der Sicherung der Zahlungsfähigkeit zu dienen.

Mit der im Folgenden beschriebenen Monte-Carlo-Simulation soll nun die Teilfrage 4b)[542] beantwortet werden:

541 Von Sachausschüttungen sei an dieser Stelle wie bereits oben abgesehen.

542 Siehe oben Abschnitt 12.

Ist die Effektivität eines objektivierten Solvenztests – isoliert betrachtet und unter Vernachlässigung von Manipulationseinflüssen – signifikant und wesentlich höher als die eines objektivierten Nennkapitalsystems?

Die Kombination beider Ausschüttungsrestriktionen, d. h. eine kombinierte vermögens- und liquiditätsbezogene Ausschüttungsrestriktion wird hier nicht betrachtet. Eine kombinierte Ausschüttungsrestriktionen bietet stets die höchste Effektivität, da in jeder Periode das jeweils strengere Restriktionskriterium dominiert. Aus der Simulation einer kombinierten Ausschüttungsrestriktion ist folglich kein zusätzlicher Erkenntnisgewinn zu erwarten.

Die Effektivität beider Ausschüttungsrestriktionen wird auf Basis des Beitrags jeder einzelnen Ausschüttungsrestriktion zur Sicherung der Schuldendeckung und Liquidität gemessen. Entscheidende Untersuchungsgrößen sind damit die durchschnittliche Ausschüttungshöhe je Periode bis zum Eintritt der Insolvenz sowie die zeitliche Verteilung der Ausschüttungen. Infolge abweichender Ausschüttungshöhen bei Solvenztest und Nennkapitalsystem differieren auch der Zeitpunkt des Insolvenzeintritts sowie die Höhe der Schuldendeckung und Liquidität in den Perioden bis zum Eintritt der Insolvenz. Ist die Effektivität des simulierten Solvenztests signifikant höher als die des simulierten Nennkapitalsystems, spräche dies, sofern sachverhaltsbasierten Manipulationen des Solvenztests auf anderem Wege begegnet werden kann, dafür, das Nennkapitalsystem durch den Solvenztest zu ersetzen. Ist dagegen die Effektivität des simulierten Solvenztests signifikant geringer als die des simulierten Nennkapitalsystems, spräche dies entssprechend dafür, das Nennkapitalsystem ohne ergänzenden Solvenztest beizubehalten.

Im Rahmen der Monte-Carlo-Simulation werden das Nennkapitalsystem und der Solvenztest auf Basis vereinfachender Modelle verglichen. Entsprechend den in Abschnitt 422.3 an Ausschüttungsrestriktionen gestellten Zielanforderungen – der Sicherung der Schuldendeckung und der Zahlungsfähigkeit – wird auf Basis der folgenden Indikatoren untersucht, in welchem Maße das Nennkapitalsystem-Modell (NKS-Modell) und das Solvenztest-Modell zur Sicherung der Schuldendeckung und Liquidität beitragen:

- die Wahrscheinlichkeit, mit welcher das betrachtete Unternehmen innerhalb des betrachteten Zeitraumes insolvent wird;
- der durchschnittliche Zeitpunkt des Insolvenzeintritts bei den Szenarien, in welchen das Unternehmen innerhalb des betrachteten Zeitraumes insolvent wurde;

- die durchschnittliche Ausschüttungshöhe je Periode sowie der durchschnittliche Ausschüttungsbarwert bis zum Insolvenzeintritt, maximal bis zum Ende des betrachteten Zeitraumes;
- die durchschnittliche Eigenkapitalquote zum Zeitpunkt des Insolvenzeintritts;
- die durchschnittliche minimale Eigenkapitalquote vor Insolvenzeintritt sowie
- der durchschnittliche minimale Kassenbestand vor Insolvenzeintritt[543].

Basierend auf diesen Indikatoren lauten die (gerichteten und als Alternativhypothesen formulierten) Forschungshypothesen:

$H1_A$ Die Insolvenz tritt im Solvenztest-Modell durchschnittlich später ein als im NKS-Modell.

$H2_A$ Die durchschnittliche Ausschüttungshöhe je Periode bis zum Insolvenzeintritt ist im Solvenztest-Modell durchschnittlich geringer als im NKS-Modell.

$H3_A$ Die Eigenkapitalquote zum Zeitpunkt des Insolvenzeintritts ist im Solvenztest-Modell durchschnittlich höher als im NKS-Modell.

$H4_A$ Die minimale Eigenkapitalquote vor Insolvenzeintritt ist im Solvenztest-Modell durchschnittlich höher als im NKS-Modell.

$H5_A$ Der minimale Kassenbestand vor Insolvenzeintritt ist im Solvenztest-Modell durchschnittlich höher als im NKS-Modell.

542. Das Simulationsmodell

542.1 Überblick über den Aufbau des Simulationsmodells

Im Rahmen der Monte-Carlo-Simulation wird die Entwicklung eines fiktiven Unternehmens in der Rechtsform der AG unter Unsicherheit simuliert. Dazu werden

543 Der Kassenbestand zum Zeitpunkt des Insolvenzeintritts sei als Indikator der Effektivität nicht berücksichtigt, da die Höhe des Kassenbestandes mit Eintritt der Insolvenz irrelevant wird. Dass die liquiden Mittel die Vermögenswerte mit dem geringsten Verwertungsrisiko sind und somit ein hoher Kassenbestand bei Eintritt der Insolvenz das Insolvenzverlustrisiko reduziert (siehe hierzu oben Abschnitt 411.24), sei vernachlässigt.

die Posten der Bilanz sowie der Gewinn- und Verlustrechnung (GuV) der Ausgangsperiode[544] über 20 Perioden in 20.000 Szenarien fortgeschrieben. Eine Periode entspricht einem Geschäftsjahr und umfasst zwölf Monate oder 360 Tage. Jedes simulierte Szenario spiegelt eine mögliche Entwicklung der Vermögens-, Finanz- und Ertragslage des fiktiven Unternehmens wider.

Sämtliche Posten der Bilanz und der GuV sind unter Einbezug einer ergänzenden Kapitalflussrechnung untereinander funktional verknüpft. Auf dieser Basis wird dem Nennkapitalsystem ein auf einem objektivierten Solvenztest beruhendes System der Kapitalerhaltung gegenübergestellt. Beide Systeme unterscheiden sich ausschließlich hinsichtlich der Ermittlung des maximal ausschüttungsfähigen Betrages. Alle übrigen Modellannahmen und funktionalen Verknüpfungen sind identisch.

Zur Ermittlung der Bilanz, GuV und Kapitalflussrechnung einer Periode wird ein Teil der Bilanz- und GuV-Posten auf Basis stochastischer Wachstumsfaktoren[545] fortgeschrieben. Die übrigen Bilanz- und GuV-Posten sowie die Posten der Kapitalflussrechnung werden auf Basis ihrer funktionalen Verknüpfungen mit anderen Posten deterministisch berechnet. Einzelne Posten werden als konstant angenommen.[546] Die in das Simulationsmodell einfließenden Posten der Bilanz und der GuV sind in den Tabellen 5.1 und 5.2 aufgeführt.

Die Bilanzposten Beteiligungen, Wertpapiere des Anlagevermögens, langfristige Forderungen, Vorräte, sonstige kurzfristige Forderungen, Wertpapiere des Umlaufvermögens, sonstige Rückstellungen sowie der GuV-Posten sonstige betriebliche Erträge wachsen in jeder Periode entsprechend dem jeweils für diese Posten hinterlegten stochastischen Wachstumsfaktor.[547] Die Bilanzposten immaterielle Vermögensgegenstände, Sachanlagen, Pensionsrückstellungen, Verbindlichkeiten aus Lieferungen und Leistungen (LuL) sowie die GuV-Posten Materialaufwand und Personalaufwand sind zwar funktional mit anderen Posten verknüpft. Die Funktionen zur Berechnung dieser Posten enthalten allerdings auch den jeweils für diese Posten hinterlegten stochastischen Wachstumsfaktor.[548]

---

544 Vgl. hierzu die Erläuterungen zur Datenbasis im folgenden Abschnitt 542.2.

545 Vgl. hierzu die Erläuterungen zur Datenbasis im folgenden Abschnitt 542.2.

546 Die Idee zu diesem strukturellen Aufbau des Simulationsmodells geht zurück auf KNIRSCH (2007), S. 487-507.

547 Die stochastisch ermittelten Bilanz- und GuV-Posten sind in Tabelle 5.1 bzw. Tabelle 5.2 mit ** gekennzeichnet.

548 Die teils stochastisch und teils deterministisch ermittelten Posten sind in Tabelle 5.1 und Tabelle 5.2 mit * gekennzeichnet.

Aktiva	Passiva
Bilanz	
A. Anlagevermögen (AV)	A. Eigenkapital
I. immater. Vermögensgegenstände*	I. gezeichnetes Kapital†
II. Sachanlagen*	II. Kapitalrücklage†
III. Finanzanlagen	III. Gewinnrücklagen
1. Beteiligungen**	1. gesetzliche Rücklage
2. Wertpapiere des AV**	2. andere Gewinnrücklagen
3. langfristige Forderungen**	IV. Verlustvortrag
B. Umlaufvermögen (UV)	B. Rückstellungen
I. Vorräte**	1. Pensionsrückstellungen*
II. Forderungen	2. sonstige Rückstellungen**
1. Forderungen aus LuL	
2. sonst. kurzfristige Forderungen**	C. Verbindlichkeiten
3. Wertpapiere des UV**	1. Verbindlichkeiten aus LuL*
III. Kasse und Bankguthaben	2. kurzfristige Verbindlichkeiten
	3. langfristige Verbindlichkeiten
C. aktive RAP†	4. Überbrückungskreditlinie
	D. passive RAP†
Summe der Aktiva	Summe der Passiva

Tabelle 5.1: Aufbau der Bilanz im Simulationsmodell

	Gewinn- und Verlustrechnung (GuV)
1.	Umsatzerlöse†
2.	Bestandsveränderungen an Erzeugnissen
3.	sonstige betriebliche Erträge**
4.	Materialaufwand*
5.	Personalaufwand*
6.	Abschreibungen auf Immaterielle Vermögensgegenstände und Sachanlagen
7.	Abschreibungen auf Forderungen aus LuL
8.	Beteiligungserträge
9.	Zinserträge und Erträge aus Wertpapieren des Umlaufvermögens
10.	Zinsaufwendungen
11.	Aufwand aus der Bildung sonstiger Rückstellungen
12.	übrige Aufwendungen
13.	**Jahresüberschuss/-fehlbetrag vor Steuern**
14.	Steuern vom Einkommen und Ertrag
15.	**Jahresüberschuss/-fehlbetrag**

Tabelle 5.2: Aufbau der GuV im Simulationsmodell

Die Bilanzposten aktive Rechnungsabgrenzungsposten (RAP) und passive RAP sowie das gezeichnete Kapital und die Kapitalrücklage gehen mit ihrem Ausgangswert als Konstante in das Simulationsmodell ein. Der GuV-Posten Umsatzerlöse fließt mit periodenspezifisch definierten konstanten Werten in das Simulationsmodell ein.[549] Allerdings wird für jede zu simulierende Periode ein separater konstanter Betrag der Umsatzerlös vorgegeben.[550]

Die in das Simulationsmodell einfließenden Posten der Kapitalflussrechnung sind in Tabelle 5.3 aufgeführt.

	Kapitalflussrechnung
	Umsatzeinzahlungen und Veränderungen der Forderungen aus LuL
–	Erhöhung des Forderungsbestandes
–	Investitionsauszahlungen für Beteiligungen und Wertpapiere des AV und UV
+	Erhöhung der langfristigen Verbindlichkeiten
–	Rückzahlung der langfristigen Verbindlichkeiten
+	Erhöhung der kurzfristigen Verbindlichkeiten
–	Rückzahlung der kurzfristigen Verbindlichkeiten
–	Auszahlungen aus der Inanspruchnahme sonstiger Rückstellungen
+	sonstige betriebliche Einzahlungen
–	Materialauszahlungen und Veränderungen der Verbindlichkeiten aus LuL
–	Personalauszahlungen
–	Investitionsauszahlungen für immat. Vermögensgegenstände und Sachanlagen
–	sonstige betriebliche Auszahlungen
+	Einzahlungen aus Beteiligungen
+	Zinseinzahlungen
–	Veränderung der langfristigen Forderungen
–	Zinsauszahlungen
=	**Mittelzu-/Mittelabfluss vor Steuern (Cashflow 0)**
–	Steuerauszahlungen
=	**Mittelzu-/Mittelabfluss nach Steuern (Cashflow 1)**
–	Auszahlungen aus der Tilgung eines Überbrückungskredits
+	Einzahlungen aus der Aufnahme eines Überbrückungskredits
=	**Mittelzu-/Mittelabfluss vor Gewinnverwendung (Cashflow 2)**
–	Auszahlung aus Gewinnverwendung
=	**Mittelzu-/Mittelabfluss nach Gewinnverwendung (Cashflow 3)**

Tabelle 5.3: Aufbau der Kapitalflussrechnung im Simulationsmodell

Sämtliche Posten der Kapitalflussrechnung werden deterministisch über funktionale Verknüpfungen mit Bilanz- und GuV-Posten ermittelt.

549 Vgl. zur Entwicklung der Umsatzerlöse unten Abschnitt 542.43.

550 Die auf Konstanten beruhenden Bilanz- und GuV-Posten sind in Tabelle 5.1 bzw. Tabelle 5.2 mit † gekennzeichnet.

542.2 Die empirische Datenbasis des Simulationsmodells

Die Bilanz- und GuV-Posten sowie deren Buchwerte werden aus der Unternehmensbilanzstatistik der Deutschen Bundesbank für das Verarbeitende Gewerbe (einschließlich Bergbau und Gewinnung von Steinen und Erden) für das Jahr 2004 abgeleitet.[551] In der Unternehmensbilanzstatistik sind die kumulierten Buchwerte der Bilanz- und GuV-Posten aller einbezogenen Jahresabschlüsse ausgewiesen. Um aus diesen kumulierten Daten die Jahresabschlussdaten eines fiktiven Unternehmens durchschnittlicher Größe abzuleiten, werden die für das Jahr 2004 ausgewiesenen Buchwerte jeweils dividiert durch die Zahl der damit erfassten Unternehmen. In der betrachteten Statistik sind 10.369 Unternehmen des Verarbeitenden Gewerbes erfasst (davon 133 Unternehmen des Bergbaus und zur Gewinnung von Steinen und Erden). Die kumulierten Bilanzsummen des Verarbeitenden Gewerbes sowie des Bergbau und der Unternehmen zur Gewinnung von Steinen und Erden betragen 587,8 Mrd. EUR bzw. 19,2 Mrd. EUR, in Summe damit 607 Mrd. EUR.[552] Diese kumulierte Bilanzsumme dividiert durch die 10.369 erfassten Unternehmen ergibt eine durchschnittliche Bilanzsumme von 58.539.878 EUR. Daher wird für die Simulation von einer anfänglichen Bilanzsumme des fiktiven zu betrachtenden Unternehmens von 60.000.000 EUR ausgegangen. Die Bilanz und GuV des zu betrachtenden Unternehmens sind in den Tabellen 5.4 und 5.5 dargestellt.

551 Vgl. DEUTSCHE BUNDESBANK (2006), S. 26 f., ergänzt um Daten für die Jahre 2004 bis 2007 (Daten abrufbar unter http://www.bundesbank.de > Statistik > Sonderveröffentlichungen).

552 Vgl. DEUTSCHE BUNDESBANK (2007), S. 28 und 34. Damit werden zwar alle Kapitalgesellschaften und nicht nur Aktiengesellschaften erfasst. Da jedoch keine weiterführenden Daten für Aktiengesellschaften vorliegen, wurde dennoch auf diese Werte zurückgegriffen.

Bilanz			
Aktiva [EUR]			Passiva [EUR]
A. Anlagevermögen (AV)	27.753.287	A. Eigenkapital	16.246.289
I. immaterielle VG	1.366.559	I. gezeichnetes Kapital	10.000.000
II. Sachanlagen	12.830.019	II. Kapitalrücklage	0
III. Finanzanlagen	13.556.709	III. Gewinnrücklagen	6.246.289
1. Beteiligungen	10.838.726	1. gesetzliche Rücklage	1.000.000
2. Wertpapiere des AV	1.075.552	2. andere Rücklagen	5.246.289
3. lgfr. Forderungen	1.642.431	IV. Verlustvortrag	0
B. Umlaufvermögen	32.051.769	B. Rückstellungen	14.050.662
I. Vorräte	9.933.171	1. Pensionsrückstellungen	6.573.877
II. Forderungen	18.743.243	2. sonst. Rückstellungen	7.476.785
1. Forderungen aus LuL	6.201.660		
2. sonst. kfr. Forderungen	11.479.622	C. Verbindlichkeiten	29.601.509
3. Wertpapiere des UV	1.061.962	1. Verbindlk. aus LuL	4.496.763
III. Kasse/Bankguthaben	3.375.355	2. kfr. Verbindlk.	18.141.224
		3. lgfr. Verbindlk.	6.963.521
C. aktive RAP	194.943	4. Überbrückungskredit	0
		D. passive RAP	101.541
Summe der Aktiva	60.000.000	Summe der Passiva	60.000.000

Tabelle 5.4: Bilanz mit den Ausgangswerten der Simulation

	Gewinn- und Verlustrechnung (GuV)	[EUR]
1.	Umsatzerlöse	80.496.481
2.	Bestandsveränderungen an Erzeugnissen	324.810
3.	sonstige betriebliche Erträge	3.622.276
4.	Materialaufwand	47.330.961
5.	Personalaufwand	16.429.338
6.	Abschreibungen auf immaterielle VG und Sachanlagen	2.821.625
7.	Abschreibungen auf Forderungen aus LuL	308.662
8.	Beteiligungserträge	571.365
9.	Zinserträge und Erträge aus Wertpapieren des UV	509.329
10.	Zinsaufwendungen	1.013.969
11.	Aufwand aus der Bildung sonstiger Rückstellungen	0
12.	Übrige Aufwendungen	14.480.534
13.	**Jahresüberschuss/-fehlbetrag vor Steuern**	3.139.173
14.	Steuern vom Einkommen und Ertrag	842.028
15.	**Jahresüberschuss/-fehlbetrag**	2.297.145

Tabelle 5.5: Gewinn- und Verlustrechnung mit den Ausgangswerten der Simulation

542.3 Modellannahmen

Das Simulationsmodell basiert auf vereinfachenden Annahmen. Diese werden im Folgenden zusammenhängend genannt und in Abschnitt 542.4 bei der Erläuterung der einzelnen Modellgrößen wieder aufgegriffen.

Annahme 1: Soweit nicht explizit abweichend angegeben, werden Veränderungen der Modellgrößen, insbesondere Zahlungsströme, jeweils erst zum Ende einer Periode wirksam.

Annahme 2: Der Bestand immaterieller Vermögensgegenstände und Sachanlagen wird jährlich pauschal um 10 % abgeschrieben. Nicht abnutzbare Vermögensgegenstände wie Grundstücke werden somit vernachlässigt. Die Abschreibungen auf immaterielle Vermögensgegenstände und Sachanlagen (GuV-Posten 6) in Höhe von 10 % des Bestandes an immateriellen Vermögensgegenständen und Sachanlagen enthalten damit sämtliche planmäßigen und außerplanmäßigen Abschreibungen dieser Vermögensgegenstände.

Annahme 3: Beteiligungen und Wertpapiere werden jeweils zum Ende eines Geschäftsjahres verkauft und unmittelbar wieder zurückgekauft. Im Laufe eines Geschäftsjahres entstandene Kursgewinne und -verluste sind damit zwar erfolgswirksam, jedoch zahlungsunwirksam, da die Einzahlung aus dem Verkauf eines Wertpapiers betragsmäßig der unmittelbar folgenden Auszahlung aus dem Rückkauf des Wertpapiers entspricht. Von Transaktionskosten sei abgesehen. Die Zusammensetzung des Wertpapierportfolios bleibe über die gesamte Laufzeit der Simulation unverändert. Wertpapierkäufe und -verkäufe dienen damit ausschließlich der Realisierung von Kursgewinnen und -verlusten.[553]

Annahme 4: Dividendenerträge aus Beteiligungen und Wertpapieren werden zum Ende der Folgeperiode vereinnahmt. Sie sind erfolgswirksam und zahlungswirksam. Die Dividendenrendite betrage konstant 4,5 % für sämtliche Beteiligungen und Wertpapiere.

Annahme 5: Abweichend zu Annahme 1 gehen Forderungen aus Lieferungen und Leistungen mit einem durchschnittlichen Zahlungsziel von 30 Tagen beim Unternehmen ein. Der Umsatz einer Periode, d. h. eines Geschäftsjahres, werde gleichmäßig über diese Periode erzielt.

553 Annahme 3 wird in Abschnitt 542.5 eingehend gewürdigt und erläutert.

Annahme 6: Das gezeichnete Kapital der betrachteten AG (das Grundkapital) betrage konstant 10.000.000 EUR.[554] Das betrachtete Unternehmen hält keine eigenen Anteile, welche vom gezeichneten Kapital abzusetzen wären. Die Kapitalrücklage betrage konstant 0 EUR und fließe somit nicht in das Simulationsmodell ein. Diese Annahme ist damit zu rechtfertigen, dass die Kapitalrücklage von der gesetzlichen Rücklage lediglich zu Ausweiszwecken getrennt ist. Der getrennte Ausweis entfaltet jedoch keine Auswirkung auf die kapitalerhaltende Wirkung des Nennkapitalsystems .[555] Die Rücklage für Anteile an einem herrschenden oder mehrheitlich beteiligten Unternehmen sowie die satzungsmäßigen Rücklagen bleiben ebenfalls unberücksichtigt.

Annahme 7: Zuführungen zu Rückstellungen seien stets erfolgswirksam und zahlungsunwirksam. Inanspruchnahmen von Rückstellungen seien stets erfolgsneutral und zahlungswirksam. Von der Auflösung nicht benötigter Rückstellungen sei abgesehen.

Annahme 8: Liquiditätsengpässe werden solange durch die Aufnahme eines Überbrückungskredites ausgeglichen, solange die Überbrückungskreditlinie von 10 Mio. EUR noch nicht erreicht ist. Wird ein Überbrückungskredit aufgenommen, so werde dieser linear über die folgenden fünf Perioden getilgt.

Annahme 9: Sonstige betriebliche Erträge und sonstige betriebliche Aufwendungen seien vollständig zahlungswirksam.

Annahme 10: Kurzfristige Verbindlichkeiten und Forderungen werden (mit Ausnahme der Verbindlichkeiten bzw. Forderungen aus Lieferungen und Leistungen) mit einem Zinssatz von 2,5 % verzinst. Langfristige Verbindlichkeiten inkl. des Überziehungskredits sowie langfristige Forderungen werden mit einem Zinssatz von 3 % verzinst.

Annahme 11: Die Steuern vom Einkommen und Ertrag setzen sich zusammen aus 25 % Körperschaftsteuer zuzüglich 5,5 % Solidaritätszuschlag auf den zu zahlenden Körperschaftsteuerbetrag. Der Gesamtsteuersatz

---

554 Die Höhe des gezeichneten Kapitals ist frei gewählt und wird in Abschnitt 543.34 einer Sensitivitätsanalyse unterzogen.

555 Vgl. zum Verhältnis von Kapitalrücklage und gesetzlicher Rücklage bereits oben Abschnitt 222.32.

beträgt damit 26,375 %. Ein aus einem Jahresfehlbetrag resultierender steuerlicher Verlustvortrag mindert nicht die Steuerlast künftiger Perioden. Die Steuerzahllast einer Periode sei unmittelbar am Ende der Periode zahlungswirksam.

Annahme 12: Unabhängig von der Gestaltung der Ausschüttungsrestriktion ist eine Annahme darüber zu treffen, in welcher Höhe und basierend auf welcher Entscheidungsgröße die Anteilseigner Liquidität ausschütteten, bestünden keine ihre Entscheidungsfreiheit einschränkenden Ausschüttungsrestriktionen. Für das vorliegende Simulationsmodell gelte daher, dass die Anteilseigner den von ihnen beabsichtigten auszuschüttenden Betrag – ungeachtet künftiger Liquiditätsanforderungen – als Anteil der zum Zeitpunkt der Ausschüttung verfügbaren Liquidität bestimmen. Die jährlich von den Anteilseignern beabsichtigte Ausschüttungsquote τ betrage 80 % der verfügbaren Liquidität, d. h. des Liquiditätsbestandes am Ende des Vorjahres zuzüglich des im abgelaufenen Jahr erwirtschafteten Cashflow 2[556].[557] Damit implizit verbunden ist die Annahme, dass Ausschüttungen von Seiten der Anteilseigner nur veranlasst werden, falls der Liquiditätsbestand am Ende des Vorjahres zuzüglich des im abgelaufenen Jahr erwirtschafteten Cashflow 2 größer Null ist. Mit anderen Worten: Unabhängig von der Unterscheidung zwischen Nennkapitalsystem und Solvenztest erfolgen Ausschüttungen nur, falls das Unternehmen zum Zeitpunkt der Ausschüttung nicht bereits einen nicht ausgleichbaren Kassenfehlbetrag aufweist. Die Ermittlung des auszuschüttenden Betrages auf Basis des Cashflow 2 und damit nach eventueller Inanspruchnahme eines Überbrückungskredites trägt dazu bei, den gläubigerschädigenden Effekt fremdfinanzierter Ausschüttungen im Simulationsmodell zu berücksichtigen.

Annahme 13: Die Ermittlung des maximal ausschüttungsfähigen Betrages basiere im Falle des Solvenztest-Modells auf der Fortschreibung der Bilanz-, GuV- und Kapitalflussrechnung-Posten bis zum Ende der Folgeperiode $(t+1)$. Dazu sei angenommen, dass die für die Periode t generierten Wachstumsfaktoren der stochastisch fortzuschrei-

556 Zur Definition des Cashflow 2 siehe unten Abschnitt 542.44.

557 Der Betrag der jährlich von den Anteilseignern beabsichtigten Ausschüttungsquote τ ist frei gewählt und wird in Abschnitt 543.31 einer Sensitivitätsanalyse unterzogen.

benden Bilanz- und GuV-Posten identisch auch für die Periode $t+1$ gelten.

Annahme 14: Ausgehend von Annahme 13 ist zusätzlich eine Annahme über die Ausschüttungshöhe am Ende der zu prognostizierenden Folgeperiode zu treffen. Die Ausschüttungshöhe zum Ende der Folgeperiode ebenfalls auf Basis eines Solvenztests zu ermitteln, würde zu einem infiniten Prozess führen. Da davon auszugehen ist, dass einerseits auch in der Folgeperiode eine Ausschüttungsrestriktion existiert, dass allerdings andererseits Ausschüttungen nicht vollständig auszuschließen sind, sei angenommen, dass in der zu prognostizierenden Folgeperiode die Hälfte des gemäß Annahme 12 von den Anteilseigner beabsichtigten Betrages ausgeschüttet werde. Die Ausschüttungshöhe am Ende der Folgeperiode betrage somit 40 % der zum Ende der Folgeperiode verfügbaren Liquidität.

Annahme 15: In den Abschnitten 422.31 und 422.32 wurde gefordert, dass Ausschüttungsrestriktionen einen bestimmten Verlustpuffer zur Sicherung der Schuldendeckung sowie einen bestimmten Liquiditätspuffer zur Sicherung der Zahlungsfähigkeit gewährleisten sollen. Der zu fordernde Verlustpuffer sei repräsentiert durch eine jederzeit zu gewährleistende Mindesteigenkapitalquote von 20 %, der zu fordernde Liquiditätspuffer durch eine jederzeit zu gewährleistende Mindestliquidität von 500.000 EUR. Mindesteigenkapitalquote und Mindestliquidität dienen dabei als Maßstab zur Beurteilung der Effektivität von Nennkapitalsystem und Solvenztest. Sie fließen nicht in die Ermittlung des ausschüttungsfähigen Betrages ein.

Weiter kann ein prozentualer restriktionsbezogener Sicherheitsabschlag κ gefordert werden. Für das NKS-Modell sei dieser auf 0 % gesetzt ($\kappa^{NKS} = 0$). Im Falle des Nennkapitalsystems stehen damit – entsprechend den bestehenden gesetzlichen Regelungen[558] – 100 % der freien Gewinnrücklagen nach Berücksichtigung des während der abgelaufenen Periode erwirtschafteten Jahreserfolges zur Ausschüttung zur Verfügung.[559] Im Falle des Solvenztests betrage der prozentuale restriktionsbezogene Sicherheits-

558 Vgl. dazu oben Abschnitt 22.

559 Ungeachtet dessen sieht das bestehende Nennkapitalsystem mit dem gezeichneten Kapital, der Kapitalrücklage sowie den ausschüttungsgesperrten Gewinnrücklagen bereits explizit einen Verlustpuffer vor.

> abschlag 10 % ($\kappa^{ST} = 0,1$).[560] Damit soll das Risiko innerhalb der prognostizierten Periode auftretender Liquiditätsengpässe, welches auf direktem Wege nicht in das Simulationsmodell einbezogen werden kann[561], zumindest pauschal berücksichtigt werden. Vorab sei im Solvenztest-Modell – analog zum gezeichneten Kapital und zur gesetzlichen Rücklage im NKS-Modell – ein Liquiditätspuffer in absoluter Höhe vorgesehen. Ohne diesen bestünde im Solvenztest-Modell kein Sicherheitspuffer zum Ausgleich der Prognoseunsicherheit. Der Liquiditätspuffer betrage 500.000 EUR. Folglich stehen im Solvenztest-Modell 90 % der liquiden Mittel, welche nicht zum Ausgleich eines in der Folgeperiode voraussichtlich eintretenden negativen Cashflow bereitzuhalten sind, abzüglich 500.000 EUR zur Ausschüttung zur Verfügung.[562]

Weitere Annahmen ergeben sich implizit aus der Modellierung des Nennkapitalsystems und des Solvenztests im Simulationsmodell. Diesbezüglich sei auf die Ausführungen zu beiden Modellvarianten in Abschnitt 542.45 verwiesen.

542.4 Die Struktur des Simulationsmodells

542.41 Ermittlung der stochastischen Wachstumsfaktoren

Der mit einer Monte-Carlo-Simulation abzubildende Zufallseinfluss wird im vorliegenden Simulationsmodell über die stochastische Variation der Wachstumsfaktoren berücksichtigt. Jeder stochastisch fortzuschreibenden Modellgröße i wird je Periode t ein spezifischer Wachstumsfaktor $w(i)_t$ zugewiesen, welcher auf der Grundlage der der Unternehmensbilanzstatistik der Deutschen Bundesbank entnommenen empirischen Wachstumsfaktoren $W(i)_s$ des Postens i in den Jahren 1997 bis 2004 ($s = 1997..2004$) berechnet wird. Der Algorithmus zur Generierung der Wachstumsfaktoren ist determiniert durch die Methode der Zufallszahlenerzeugung, die Annahme über die Verteilungsfunktion der zufällig zu generierenden Wachstumsfaktoren sowie den Erwartungswert und die Standardabwei-

560 Der prozentuale restriktionsbezogene Sicherheitsabschlag κ wurde für beide Modelle frei gewählt und wird daher in Abschnitt 543.32 einer Sensitivitätsanalyse unterzogen.

561 Siehe Annahme 1.

562 Die in Annahme 13 und Annahme 15 definierten Beträge der Ausschüttungsquote, des prozentualen restriktionsbezogenen Sicherheitsabschlages sowie des Liquiditätspuffers sind willkürlich gewählt. Sie sollen daher in Abschnitt 543.3 im Rahmen einer Sensitivitätsanalyse variiert werden, um zu testen, ob die Ergebnisse der Monte-Carlo-Simulation dann weiterhin Bestand haben.

chung dieser Zufallsverteilung. Zur Erzeugung der Zufallswerte entsprechend der vorgegebenen Verteilungsfunktion werden softwarebasiert zunächst rechteckverteilte Pseudozufallszahlen[563] generiert. Erst in einem zweiten Schritt werden diese – im vorliegenden Fall nach der Polar-Marsaglia-Methode – in die benötigte Normalverteilung transformiert.

Sämtliche in das Simulationsmodell einfließenden Wachstumsfaktoren sind $N(\mu;\sigma)$-verteilt. Dabei gilt:

$$\mu(w(i)) = 1 \; \forall \, i \tag{5.1}$$

$$\sigma(w(i)) = \sqrt{\frac{\sum\limits_{s=1997}^{2004} (W(i)_s - 1)^2}{7}} \; \forall \, i \tag{5.2}$$

Um unrealistisch hohe oder niedrige Wachstumsfaktoren in den Randbereichen der Normalverteilung auszuschließen, ist das Intervall zulässiger Wachstumsfaktoren $w(i)$ durch den im Zeitraum 1997 bis 2004 maximalen oder minimalen empirischen Wachstumsfaktor $W(i)^{max}$ bzw. $W(i)^{min}$ begrenzt. Um die Symmetrie der Verteilung zu wahren, wird die Differenz von $W(i)^{max}$ zum geometrischen Mittel der empirischen Wachstumsfaktoren $\overline{W}(i)^{geom}$ mit der Differenz von $\overline{W}(i)^{geom}$ zu $W(i)^{min}$ verglichen. Die höhere Differenz fließt schließlich in die Ermittlung der Intervallgrenzen von $w(i)$ ein. Das Intervall zulässiger Wachstumsfaktoren ist somit $[w(i)^{min} : w(i)^{max}]$, wobei:

$$w(i)^{max} = 1 + max\left[W(i)^{max} - \overline{W}(i)^{geom}; \overline{W}(i)^{geom} - W(i)^{min}\right] \tag{5.3}$$

$$w(i)^{min} = 1 - max\left[W(i)^{max} - \overline{W}(i)^{geom}; \overline{W}(i)^{geom} - W(i)^{min}\right] \tag{5.4}$$

563 Die generierten Werte werden als Pseudozufallszahlen bezeichnet, da deren Generierung einem Algorithmus folgt. In der vorliegenden Monte-Carlo-Simulation werden diese Pseudozufallszahlen mithilfe eines Multiplikativen Kongruenzgenerator nach der Iterationsformel $r_n = -(62.089.911 \cdot r) mod (2^{31} - 1)$ generiert. Die Verwendung eines Algorithmus ist nicht nur bedingt durch softwarebasierte Umsetzung der Simulation. Sie hat auch den Vorteil, dass bei gleichem Startwert stets identische Zufallszahlen erzeugt werden und so der Einfluss von Modellveränderungen zwischen zwei Simulationsläufen eindeutig bestimmt werden kann. In der vorliegenden Simulation wurde der Startwert 23 gewählt.

Abbildung 5.1 veranschaulicht den möglichen Wertebereich, aus welchem den stochastischen Wachstumsfaktoren Werte zugewiesen werden, sowie die Wahrscheinlichkeit *p* der einzelnen Werte. Ergänzend werden die Wachstumsfakto-

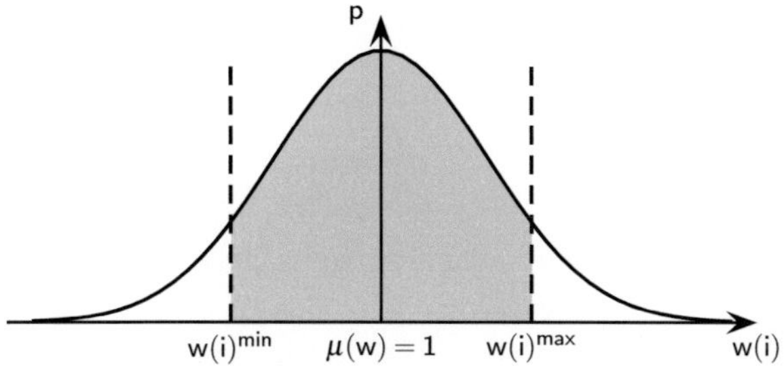

Abbildung 5.1: Zulässiger Wertebereich der stochastisch zu ermittelnden Wachstumsfaktoren

ren einzelner Bilanz- und GuV-Posten, welche in einem engen sachlichen Zusammenhang mit einem anderen Posten stehen und innerhalb der empirischen Datenbasis tatsächlich eine hohe Korrelation mit dieser aufweisen, mit dem entsprechenden anderen Posten korreliert. Im Einzelnen werden im Simulationsmodell miteinander korreliert: Verbindlichkeiten aus Lieferungen und Leistungen mit dem Materialaufwand, die Pensionsrückstellungen mit dem Personalaufwand sowie der Material- und Personalaufwand jeweils mit den Umsatzerlösen.[564] Dabei ist zu berücksichtigen, dass die Korrelation zweier Werte softwarebasiert nur möglich ist, falls diese ausschließlich stochastisch fortgeschrieben werden. Die genannten Werte jedoch werden – direkt oder indirekt – unter Rückgriff auf deterministisch verknüpfte Bilanz- oder GuV-Posten fortgeschrieben, in welche ein stochastischer Wachstumsfaktor nicht oder nur zum Teil einfließt. Die Verbindlichkeiten aus Lieferungen und Leistungen werden mit dem Materialaufwand, der Materialaufwand wird wiederum mit der Gesamtleistung verknüpft. Die Pensionsrückstellungen werden mit dem Personalaufwand und der Personalaufwand wird wiederum mit den Umsatzerlösen verknüpft. Sowohl die Gesamtleistung als auch die Umsatzerlöse werden deterministisch berechnet.[565] Folglich ist die Korrelation dieser Werte auf anderem Wege zu realisieren. Dabei ist ergänzend zu berücksichtigen, dass in den empirischen Beträgen der Bilanz- und GuV-Posten

564 Vgl. dazu im Einzelnen die Ausführungen zu den einzelnen Modellgrößen in den Abschnitten 542.42 und 542.43.

565 Siehe dazu unten Abschnitt 542.43.

die zwischen diesen bestehenden Korrelationen bereits implizit enthalten sind. Diese sind daher zunächst zu bereinigen. Ist der Bilanz- oder GuV-Posten i mit dem Bilanz- oder GuV-Posten j empirisch hoch korreliert und sollen i und j daher auch im Simulationsmodell miteinander korreliert werden, so gilt für den bereinigten empirischen Wachstumsfaktor des Postens i der historischen Periode s ($1997 \leq s \leq 2004$) $\widetilde{W}(i)_s$:

$$\widetilde{W}(i)_s = \frac{W(i)_s}{W(j)_s} \tag{5.5}$$

Für die bereinigte Standardabweichung $\sigma(\widetilde{w}(i))$ gilt entsprechend

$$\sigma(\widetilde{w}(i)) = \sqrt{\frac{\sum\limits_{s=1997}^{2004} (\widetilde{W}(i)_s - 1)^2}{7}} \tag{5.6}$$

Sei nun i ein Bilanz- oder GuV-Posten, welcher mit einem anderen Bilanz- oder GuV-Posten j korreliert ist und seien $a(i)_t$ bzw. $a(j)_t$ die diesen Posten in Periode t zuzuweisenden Beträge, so gilt:

$$a(i)_t = \frac{a(j)_t}{a(j)_{t-1}} \cdot \widetilde{w}(i)_t \cdot a(i)_{t-1} \tag{5.7}$$

542.42 Fortschreibung der Bilanzposten

Die Bilanz des zu betrachtenden fiktiven Unternehmens mit den Buchwerten zum Ende der Ausgangsperiode wurde oben bereits gezeigt.[566] Ausgehend von diesen Ausgangswerten werden die einzelnen Bilanzposten wie folgt fortgeschrieben:

Anlagevermögen:

Die immateriellen Vermögensgegenstände und Sachanlagen werden jeweils stochastisch durch Multiplikation mit dem periodenspezifisch generierten Wachstumsfaktor fortgeschrieben. Beträgt der Gesamtbestand von Kasse und Bankguthaben am Ende einer Periode mehr als 5 % der Bilanzsumme, so wird Liquidität in Höhe von jeweils 5 % des Buchwertes von immateriellen Vermögensgegenständen und Sachanlagen für Ersatzinvestitionen in diese Anlagewerte genutzt.

566 Siehe Tabelle 5.4 in Abschnitt 542.2.

Diese Vorgehensweise ist insoweit realitätsfern, als das Investitionsvolumen dabei nicht vom Investitionsbedarf, sondern ausschließlich von den hierfür verfügbaren liquiden Mitteln abhängig ist. Aus Vereinfachungsgründen ist sie jedoch gerechtfertigt. Die aus der Höhe des Liquiditätsbestandes und des periodenspezifisch generierten Wachstumsfaktors implizit resultierenden Ersatzinvestitionen kompensieren die planmäßigen Abschreibungen gemäß Annahme 2[567]. Außerplanmäßige Abschreibungen auf das Anlagevermögen werden vernachlässigt.

Die Finanzanlagen, d. h. die Beteiligungen, die Wertpapiere des Anlagevermögens sowie die langfristigen Forderungen, werden stochastisch durch Multiplikation mit dem jeweils periodenspezifisch generierten Wachstumsfaktor fortgeschrieben. Daraus resultierende Buchwertunterschiede stellen im Falle der Beteiligungen und Wertpapiere des Anlagevermögens gemäß Annahme 3 realisierte Kursgewinne bzw. -verluste dar und sind erfolgswirksam und zahlungsunwirksam. Im Falle der langfristigen Forderungen dagegen sind Buchwertunterschiede erfolgsunwirksam und zahlungswirksam.

Umlaufvermögen:

Die Vorräte werden stochastisch durch Multiplikation mit dem periodenspezifisch generierten Wachstumsfaktor fortgeschrieben. Im Verhältnis der Vorratsentwicklung zur Umsatzentwicklung sind zwei gegenläufige, sich überlagernde Beziehungen erkennbar: Kurzfristig kann die Zunahme der Umsatzerlöse auf einen Abverkauf der Lagerbestände hindeuten. Langfristig dagegen ist eine parallele Entwicklung beider Größen zu erwarten, da mit steigendem Umsatz auch eine betragsmäßig höhere Lagerhaltung erforderlich ist. Die umsatzunabhängige Fortschreibung der Vorräte ist vor dem Hintergrund, dass eine bestimmte Korrelation der Vorrats- und Umsatzentwicklung nicht eindeutig begründbar ist, folglich gerechtfertigt. Die Zu- oder Abnahme des Vorratsbestandes gegenüber der Vorperiode ist erfolgswirksam und zahlungsunwirksam.

Die Forderungen aus Lieferungen und Leistungen werden deterministisch ermittelt. Sie betragen aufgrund des angenommenen durchschnittlichen Zahlungsziels von 30 Tagen (siehe Annahme 5) ein Zwölftel der in der abgelaufenen Periode erzielten Umsatzerlöse. Die sonstigen kurzfristigen Forderungen sowie die Wertpapiere des Umlaufvermögens werden stochastisch durch Multiplikation mit dem jeweils periodenspezifisch generierten Wachstumsfaktor fortgeschrieben.

567 Siehe dazu auch unten Abschnitt 542.43.

Der Posten Kasse und Bankguthaben wird errechnet aus dem Vorjahresbestand zuzüglich des Cashflow nach Gewinnverwendung (Cashflow 3).[568]

Eigenkapital:

Das gezeichnete Kapital wird mit seinem Startwert von 10.000.000 EUR als Konstante über die simulierten Perioden gehalten. Dieser Wert ist im Vergleich zum für Aktiengesellschaften vorgeschriebenen Mindestnennkapital von 50.000 EUR[569] hoch. Dieser hohe Wert wurde vor dem Hintergrund gewählt, dass das gezeichnete Kapital im Nennkapitalsystem die einzig maßgebende Ausschüttungsrestriktion ist[570] und Unternehmen meist deutlich höhere Nennkapitalbeträge festlegen als gesetzlich gefordert. Sollte sich der Solvenztest selbst bei diesem hohen Nennkapitalbetrag als effektiveres Kapitalschutzsystem im Vergleich zum Nennkapitalsystem erweisen, würde sich der Vorsprung des Solvenztests gegenüber dem Nennkapitalsystem bei niedrigerem gezeichneten Kapital noch erhöhen. Die Kapitalrücklage betrage konstant Null Euro.[571] Die gesetzliche Rücklage wird nur im NKS-Modell berücksichtigt. Im Solvenztest-Modell sind die anfänglichen „anderen Gewinnrücklagen" entsprechend um den Betrag der gesetzlichen Rücklage höher als im NKS-Modell und betragen damit 6.246.289 EUR. In beiden Modellen beträgt das Eigenkapital damit insgesamt 16.246.289 EUR. Zur Fortschreibung der gesetzlichen Rücklage, der „anderen Gewinnrücklagen" sowie des Verlustvortrages siehe die Ausführungen zur Ermittlung des maximal ausschüttungsfähigen Betrages in Abschnitt 542.45.

Rückstellungen:

Die Pensionsrückstellungen werden stochastisch unter Berücksichtigung der Korrelation zwischen der Entwicklung der Pensionsrückstellungen und des Personalaufwandes fortgeschrieben. Die Pensionsrückstellungen der Periode t (rp_t) werden somit entsprechend den Ausführungen in Abschnitt 542.41 unter Berücksichtigung der Entwicklung des Personalaufwandes (pa) ermittelt:

$$rp_t = \frac{pa_t}{pa_{t-1}} \cdot \widetilde{w}(rp)_t \cdot rp_{t-1} \tag{5.8}$$

568 Siehe zur Ermittlung des Cashflow 3 Abschnitt 542.44.

569 Vgl. § 7 AktG. Vgl. dazu auch oben Abschnitt 222.1.

570 Zwar begrenzen auch die Kapitalrücklage und die gesetzliche Rücklage den maximal zulässigen Ausschüttungsbetrag. Deren Höhe ist allerdings indirekt durch die Höhe des gezeichneten Kapitals determiniert.

571 Siehe bereits oben Abschnitt 542.1.

Dabei ist $\widetilde{w}(rp)_t$ der aus den Bundesbank-Daten errechnete und stochastisch simulierte Wachstumsfaktor der Pensionsrückstellungen nach Bereinigung um den Einfluss des Wachstums des Personalaufwandes auf die Höhe der Pensionsrückstellungen.[572] Die sonstigen Rückstellungen werden stochastisch durch Multiplikation mit dem periodenspezifisch generierten Wachstumsfaktor fortgeschrieben. Gemäß Annahme 7 sind Zuführungen zu den Rückstellungen erfolgswirksam und zahlungsunwirksam. Inanspruchnahmen von Rückstellungen dagegen sind erfolgsneutral und zahlungswirksam. Sinkt der Bestand der sonstigen Rückstellungen gegenüber dem Vorjahr, wird eine Auszahlung in Höhe der Beständedifferenz erfasst. Steigt der Bestand der sonstigen Rückstellungen dagegen gegenüber dem Vorjahr, werden Aufwendungen aus der Bildung von Rückstellungen erfasst. Der regelmäßige Fall der gleichzeitigen Bildung und Inanspruchnahme verschiedener Rückstellungen innerhalb einer Periode bleibt damit unberücksichtigt. Dies ist wiederum damit zu rechtfertigen, dass im Rahmen des vorliegenden Simulationsmodells keine Einzelgeschäftsvorfälle betrachtet werden und die Kombination aus Zuführung und Inanspruchnahme folglich beliebig festzusetzen wäre.

Verbindlichkeiten:

Die Verbindlichkeiten aus Lieferungen und Leistungen stehen in einem engen sachlichen Zusammenhang mit dem Materialaufwand. Entsprechend wird bei deren stochastischer Fortschreibung die Korrelation zwischen der Entwicklung dieser Verbindlichkeiten und des Materialaufwandes berücksichtigt. Die Verbindlichkeiten aus Lieferungen und Leistungen der Periode t (vl_t) werden somit unter Berücksichtigung der Entwicklung des Materialaufwandes (ma) berechnet:

$$vl_t = \frac{ma_t}{ma_{t-1}} \cdot \widetilde{w}(vl)_t \cdot vl_{t-1} \tag{5.9}$$

$\widetilde{w}_{(vl)t}$ ist der stochastisch simulierte Wachstumsfaktor der Verbindlichkeiten aus Lieferungen und Leistungen in der Periode t nach Bereinigung um den Einfluss des Wachstums des Materialaufwandes.[573]

Die Posten kurzfristige Verbindlichkeiten sowie langfristige Verbindlichkeiten werden stochastisch durch Multiplikation mit dem jeweils periodenspezifisch generierten Wachstumsfaktor fortgeschrieben. Sämtliche Veränderungen des Bestandes an kurz- und langfristigen Verbindlichkeiten seien erfolgsunwirksam. Die Zahlungswirkung der Zunahme von Verbindlichkeiten ist nicht eindeutig.

572 Zur Berechnung von $\widetilde{w}(rp)_t$ siehe die allgemeine Erläuterung oben in Abschnitt 542.41.

573 Zur Berechnung von $\widetilde{w}(vl)_t$ siehe die allgemeine Erläuterung oben in Abschnitt 542.41.

Die Zunahme der Verbindlichkeiten im Zusammenhang mit der Aufnahme von Darlehen ist stets zahlungswirksam. Die Bezahlung von Eingangsrechnungen auf Ziel hingegen ist zum Zeitpunkt der Erhöhung der Verbindlichkeiten zahlungsunwirksam. Argumentativ zu lösen ist dieser Unterschied, indem die Nutzung eines eingeräumten Zahlungsziels in eine Direktzahlung (Warengeschäft) und die Gewährung eines zinslosen Darlehens für die Dauer des Zahlungsaufschubs (Kreditgeschäft) gespalten wird. Mit dieser Begründung seien sämtliche Veränderungen des Bestandes an kurz- und langfristigen Verbindlichkeiten zahlungswirksam.

Im Posten Überziehungskredit wird die zum Ende einer Periode in Verbindung mit einem Überziehungskredit bestehende Verbindlichkeit ausgewiesen. Ein Überbrückungskredit kann in Anspruch genommen werden, um der Aufzehrung der Liquidität im Falle eines hohen negativen Cashflows zu begegnen. Die maximale Überbrückungskreditlinie betrage 10.000.000 EUR. Jeder zwischenzeitlich aufgenommene Überbrückungskredit wird – beginnend zum Ende der Folgeperiode – in fünf gleichen Tilungsraten zurückgeführt. Die Aufnahme eines zusätzlichen Überbrückungskredits setzt erstens voraus, dass der Kassenbestand zuzüglich des Mittelzuflusses nach Steuern (Cashflow 1) negativ ist (auslösender Tatbestand) und dass das Unternehmen zum Ende der Vorperiode eine Eigenkapitalquote von mindestens 20 % bei positivem Eigenkapital aufweist. Sind diese Voraussetzungen erfüllt, so wird die maximale Kreditaufnahme zweitens begrenzt durch das zu diesem Zeitpunkt noch verbleibende freie Überziehungskreditlimit sowie den maximal noch verfügbaren Beleihungswert des Vermögens. Die Beleihungsgrenzen betragen 60 % für das Anlagevermögen sowie 30 % für das Umlaufvermögen abzüglich Kasse und Bankguthaben. Unterhalb dieser maximal möglichen Kredithöhe ist die tatsächlich aufzunehmende Kreditsumme davon abhängig, ob der Mittelzufluss nach Steuern (Cashflow 1) der abgelaufenen Periode negativ ist oder nicht. Ist dieser negativ, wird ein Überziehungskredit in der Höhe aufgenommen, dass der Kassenbestand nach Kreditaufnahme gerade dem Betrag des negativen Mittelzuflusses nach Steuern entspricht. Damit wird das Risiko berücksichtigt, dass das Unternehmen in der Folgeperiode abermals einen negativen Cashflow in ähnlicher Höhe erzielen könnte und dann mit hoher Wahrscheinlichkeit erneut zahlungsunfähig würde. Ist der Mittelzufluss nach Steuern der abgelaufenen Periode dagegen positiv, so wird nur der Kassenfehlbetrag abzüglich des positiven Mittelzuflusses ausgeglichen.

Die aktiven und passiven RAP werden mit ihrem Startwert von 194.943 EUR bzw. 101.541 EUR als Konstante über die simulierten Perioden gehalten. Diese Posten ebenfalls stochastisch durch Multiplikation mit dem jeweiligen periodenspezifisch generierten Wachstumsfaktor fortzuschreiben, hätte keinen signifikanten Einfluss auf das Simulationsergebnis. Deren Definition als Konstanten dient der Vereinfachung des Simulationsmodells.

542.43 Fortschreibung der GuV-Posten

Auch die GuV des zu betrachtenden fiktiven Unternehmens mit den Aufwendungen und Erträgen der Ausgangsperiode wurde oben bereits gezeigt.[574] Ausgehend von diesen Werten werden die einzelnen GuV-Posten wie folgt fortgeschrieben:

Die Umsatzerlöse der Periode t (u_t) werden deterministisch mittels folgender Sinus-Funktion aus den Umsatzerlösen der Periode $t-1$ (u_{t-1}) berechnet:

$$u_t = u_{t-1} \cdot [1 + 0,4 \cdot \sin(0,05 \cdot t \cdot \pi + \pi)] \tag{5.10}$$

Die höchsten Umsatzerlöse von jeweils 80.496.481 EUR (dem vorgegebenen Startwert) werden damit in den Perioden 0 und 20 erzielt. Die niedrigsten Umsatzerlöse von 48.297.889 EUR werden in Periode 10 erzielt. Auf diese Weise wird in der ersten Hälfte des simulierten Zeitraumes ein wirtschaftlicher Abschwung, in der zweiten Hälfte des simulierten Zeitraumes ein wirtschaftlicher Aufschwung simuliert (siehe Abbildung 5.2). In den Posten Bestandsveränderung an Erzeugnissen fließt die Differenz zwischen dem Vorratsbestand zum Zeitpunkt $t-1$ und dem Vorratsbestand zum Zeitpunkt t ein. Die Summe aus Umsatzerlösen und Bestandsveränderungen wird als Gesamtleistung (g) bezeichnet.

Die sonstigen betrieblichen Erträge werden stochastisch durch Multiplikation mit dem jeweils periodenspezifisch generierten Wachstumsfaktor fortgeschrieben. Die sonstigen betrieblichen Aufwendungen wachsen oder sinken parallel zur prozentualen Veränderung der Umsatzerlöse.

Der Materialaufwand (ma) und Personalaufwand (pa) sind – wie in Abschnitt 542.41 bereits erläutert – zum einen an die Entwicklung der Gesamtleistung bzw. des Umsatzes gebunden. Zum anderen unterliegen Materialaufwand und Personalaufwand dem Zufallseinfluss, indem sie durch Multiplikation mit ihren periodenspezifisch stochastisch generierten Wachstumsfaktoren fortgeschrieben werden. Die Wachstumsfaktoren sind entsprechend um die darin implizit einfließende Entwicklung der Gesamtleistung (g) im Falle des Materialaufwandes bzw.

574 Siehe Tabelle 5.5 in Abschnitt 542.2.

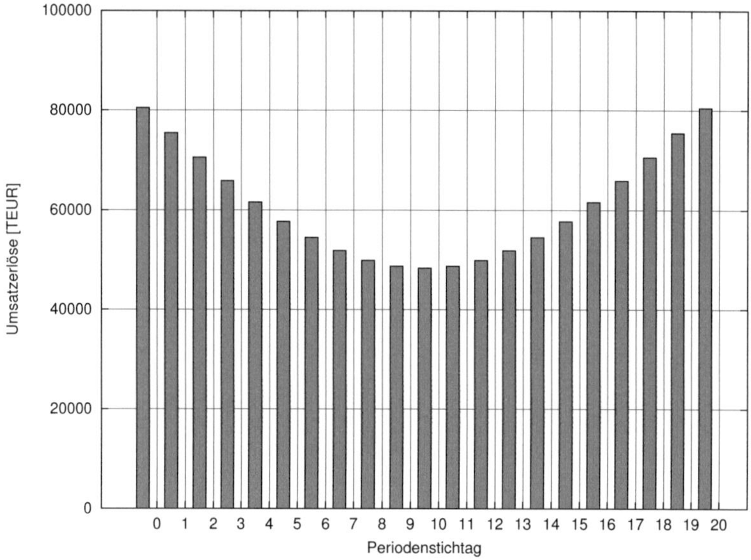

Abbildung 5.2: In das Simulationsmodell einfließende Umsatzerlöse

der Umsatzerlöse (u) im Falle des Personalaufwandes zu bereinigen.[575] In die Ermittlung des Personalaufwandes allerdings fließe das Umsatzwachstum nur zur Hälfte ein. Damit soll der Tatsache Rechnung getragen werden, dass der Personalaufwand im Gegensatz zum Materialaufwand kurzfristigen Umsatzänderungen gar nicht und der längerfristigen Umsatzentwicklung nur mit stärkerem Zeitverzug folgen kann. Der Aufwand aus der Bildung von Pensionsrückstellungen sei im Personalaufwand bereits implizit enthalten. Es gelte somit:

$$ma_t = ma_{t-1} \cdot \frac{g_t}{g_{t-1}} \cdot \widetilde{w}(ma)_t \tag{5.11}$$

$$pa_t = \left[1 + \frac{0,5(u_t - u_{t-1})}{u_{t-1}}\right] \cdot \widetilde{w}(pa)_t \cdot pa_{t-1} \tag{5.12}$$

$$= 0,5 \cdot \left[1 + \frac{u_t}{u_{t-1}}\right] \cdot \widetilde{w}(pa)_t \cdot pa_{t-1} \tag{5.13}$$

575 Siehe hierzu bereits oben Abschnitt 542.41.

$\widetilde{w}(ma)_t$ und $\widetilde{w}(pa)_t$ sind die stochastisch simulierten Wachstumsfaktoren des Material- bzw. Personalaufwandes in der Periode t nach Bereinigung um den Einfluss des Wachstums der Gesamtleistung bzw. der Umsatzerlöse.[576]

Die Abschreibungen auf immaterielle Vermögensgegenstände und Sachanlagen je Periode betragen gemäß Annahme 2 jährlich 10 % des jeweiligen Bestandes zu Beginn der Periode. Der Posten sonstige Abschreibungen wird proportional zur deterministisch vorgegebenen Entwicklung der Umsatzerlöse fortgeschrieben.

In das Finanzergebnis fließen sämtliche Kursgewinne und -verluste aus Beteiligungen und Wertpapieren[577], Dividendenerträge[578] sowie das Zinsergebnis[579] ein (siehe GuV-Posten 8 bis 10).

In den Aufwand aus der Bildung sonstiger Rückstellungen fließt die Differenz des Bestandes sonstiger Rückstellungen zum Ende der Periode und des Bestandes sonstiger Rückstellungen zum Ende der Vorperiode ein, falls die sonstigen Rückstellungen gegenüber dem Vorjahr gestiegen sind.

Als Steuern vom Einkommen und Ertrag werden Annahme 11 entsprechend 26,375 % des Jahresüberschusses vor Steuern ausgewiesen.[580] Ein Jahresfehlbetrag vor Steuern führt zu einer Steuerlast von 0 EUR. Jahresfehlbeträge mindern nicht die Steuerlast künftiger Perioden.

542.44 Ermittlung der Kapitalflussrechnung

In der Kapitalflussrechnung werden sämtliche zahlungswirksamen Veränderungen von Bilanz- und GuV-Posten systematisch dargestellt. Sie leitet damit vom Zahlungsmittelbestand am Ende der Vorperiode auf den Zahlungsmittelbestand am Ende der abgelaufenen Periode über. Im Rahmen des vorliegenden Simulationsmodells folgt die Kapitalflussrechnung der direkten Darstellungsweise.[581] Basierend auf der Kapitalflussrechnung werden vier Cashflow-Größen ermittelt (siehe dazu auch oben Tabelle 5.3): Der Mittelzufluss nach Steuern (Cashflow 1)

576 Zur Berechnung von $\widetilde{w}(ma)_t$ und $\widetilde{w}(pa)_t$ siehe die allgemeine Erläuterung oben in Abschnitt 542.41.

577 Siehe Annahme 3.

578 Siehe Annahme 4.

579 Siehe Annahme 10.

580 Aus den innerhalb der Ausgangswerte der Simulation ausgewiesenen Steuern vom Einkommen und Ertrag resultiert ein Gesamtsteuersatz von 26,823 %.

581 Zum Zweck und zur Darstellungsweise der Kapitalflussrechnung vgl. BAETGE/KIRSCH/THIELE (2009b), S. 460-462.

ergibt sich aus dem Mittelzufluss vor Steuern (Cashflow 0) abzüglich der Steuerzahllast der abgelaufenen Periode. Der Mittelzufluss vor Gewinnverwendung (Cashflow 2) ergibt sich aus dem Cashflow 1 unter Berücksichtigung des Liquiditätsausgleiches, d. h. der Aufnahme und Tilgung von Überbrückungskrediten.[582] Der Mittelzufluss nach Gewinnverwendung (Cashflow 3) schließlich entspricht dem Cashflow 2 nach Abzug der Ausschüttungsauszahlung.

542.45 Ermittlung der Ausschüttung

542.451. Vorbemerkung

Bei der Ermittlung der Ausschüttung ist zu unterscheiden zwischen der Ermittlung des maximal ausschüttungsfähigen Betrages $A(max)$ und der daraus resultierenden Ausschüttung A. Der maximal ausschüttungsfähige Betrag bildet zwar stets die Ausschüttungsobergrenze. Die tatsächliche Ausschüttung der Periode t (A_t) allerdings entspricht nur dann dem maximal ausschüttungsfähigen Betrag dieser Periode $A(max)_t$, falls der von den Anteilseignern angestrebte Ausschüttungsbetrag dieser Periode $A(Ziel)_t$ den maximal ausschüttungsfähigen Betrag übersteigt oder diesem gerade entspricht. Gemäß Annahme 12 entspreche $A(Ziel)_t$ der zum Ende der Periode t verfügbaren Liquidität, ermittelt aus dem Liquiditätsbestand am Ende der Vorperiode (L_{t-1}) zuzüglich des in der vergangenen Periode erwirtschafteten Cashflow 2 $(CF2_t)$, multipliziert mit der von den Anteilseignern beabsichtigten Ausschüttungsquote (τ). Negative Ausschüttungen seien ausgeschlossen. Für A_t gilt folglich:

$$A_t = max[min[A(Ziel)_t;\ A(max)_t];0] \tag{5.14}$$

$$= max[min[(L_{t-1} + CF2_t) \cdot \tau;\ A(max)_t];0] \tag{5.15}$$

In den folgenden beiden Abschnitten wird nun erläutert, wie $A(max)_t$ im Rahmen der Monte-Carlo-Simulation bei Anwendung des Nennkapitalsystems einerseits und bei Anwendung des vereinfacht simulierten Solvenztests andererseits ermittelt wird.

542.452. Ermittlung der Ausschüttung im Nennkapitalsystem-Modell

Gemäß Nennkapitalsystem darf eine AG maximal den Bilanzgewinn an die Anteilseigner ausschütten (§ 57 Abs. 3 AktG). Faktisch bedeutet dies, dass maximal

582 Vgl. dazu bereits oben Abschnitt 542.42.

die unter Berücksichtigung des im vergangenen Geschäftsjahr erwirtschafteten handelsrechtlichen Jahresergebnisses nach Ausgleich eines bestehenden Verlustvortrages und nach Dotierung der gesetzlichen Rücklage verbleibenden anderen Gewinnrücklagen an die Aktionäre ausgeschüttet werden dürfen.[583]

Bei der Ermittlung des maximal ausschüttungsfähigen Betrages ist damit zu differenzieren, ob in der vergangenen Periode ein Jahresüberschuss oder ein Jahresfehlbetrag erzielt wurde.

Wurde ein Jahresüberschuss erzielt, so ist zu prüfen, ob und in welchem Umfang dieser zum Ausgleich eines bestehenden Verlustvortrages zu verwenden und/oder der gesetzlichen Rücklage zuzuführen ist. Besteht ein Verlustvortrag, so ist dieser zunächst vollständig durch den erzielten Jahresüberschuss auszugleichen. Beträgt die gesetzliche Rücklage infolge früherer Verluste weniger als 1.000.000 EUR und damit gemäß Annahme 6 weniger als 10 % des Grundkapitals, so sind 5 % des nach Verlustausgleich verbleibenden Jahresüberschusses in die gesetzliche Rücklage einzustellen, bis die gesetzliche Rücklage wieder 1.000.000 EUR erreicht hat. Der nach Verlustausgleich und Dotierung der gesetzlichen Rücklage verbleibende Teil des Jahresüberschusses kann in die anderen Gewinnrücklagen eingestellt werden und erhöht somit den maximal ausschüttungsfähigen Betrag.

Im Falle eines Jahresfehlbetrages ist zu prüfen, ob die bestehenden anderen Gewinnrücklagen zur Deckung dieses Fehlbetrages ausreichen oder nicht. Übersteigt der Jahresfehlbetrag betragsmäßig die anderen Gewinnrücklagen, so wird der verbleibende Teil zunächst der gesetzlichen Rücklage belastet. In den Verlustvortrag ist der Teil eines Jahresfehlbetrages einzustellen, welcher nicht durch Auflösung anderer Gewinnrücklagen oder der gesetzlichen Rücklage ausgeglichen werden kann.

Bezeichnet $AGRL(vA)_t$ den Betrag der anderen Gewinnrücklagen am Ende der Periode t vor Ausschüttung, so gilt für den Ausschüttungsbetrag A_t^{NKS}:

$$A_t^{NKS} = max[min[A(Ziel)_t;\ A(max)_t^{NKS}];0] \tag{5.16}$$

$$= max[min[(L_{t-1} + CF2_t) \cdot \tau;\ AGRL(vA)_t \cdot (1 - \kappa^{NKS})];0] \tag{5.17}$$

τ bezeichnet dabei die von den Anteilseignern beabsichtigte Ausschüttungsquote, κ den prozentualen restriktionsbezogenen Sicherheitsabschlag bei der Ermitt-

583 Vgl. oben Abschnitt 223. Die Kapitalrücklage, die Rücklage für eigene Anteile sowie die satzungsmäßigen Rücklagen bleiben gemäß Annahme 6 unberücksichtigt.

lung des maximal ausschüttungsfähigen Betrages.[584] Den Annahmen 12 und 15 folgend sei $\tau = 0,8$ und $\kappa^{NKS} = 0$, so dass:

$$A_t^{NKS} = max[min[(L_{t-1} + CF2_t) \cdot 0,8;\ AGRL(vA)_t \cdot 1];0] \tag{5.18}$$

542.453. Ermittlung der Ausschüttung im Solvenztest-Modell

Im Solvenztest-Modell wird der maximal ausschüttungsfähige Betrag determiniert durch die Höhe des Liquiditätsüberschusses. Der Liquidititätsüberschuss ist der Teil der zum Zeitpunkt der Ausschüttung verfügbaren Liquidität, welcher laut Solvenztest nicht zur Deckung künftiger Zahlungsverpflichtungen benötigt wird.

Zur Ermittlung des Liquiditätsüberschusses werden die Bilanz, die GuV sowie die Kapitalflussrechnung der abgelaufenen Periode t bis zum Ende der Folgeperiode $t+1$ fortgeschrieben. Dazu werden die stochastisch fortzuschreibenden Bilanz- und GuV-Posten gemäß Annahme 13 nochmals mit ihrem jeweiligen für die Periode t generierten Wachstumsfaktor multipliziert. Die übrigen Bilanz- und GuV-Posten sowie die Posten der Kapitalflussrechnung werden auf Basis der hinterlegten Formeln berechnet. Ausgehend von diesen Daten wird die zum Ende der Periode t bei fiktiver Ausschüttung von 0 EUR verfügbare Liquidität $(\hat{L}_t)$ dem prognostizierten Cashflow 3 der Periode $t+1$ $(CF3_{t+1})$ gegenübergestellt. Ist $CF3_{t+1}$ positiv, so sei der Liquiditätsüberschuss die zum Ende der Periode t verfügbare Liquidität abzüglich einer vorzuhaltenden Mindestliquidität $(\overline{L})$ von 500.000 EUR.[585] Ist $CF3_{t+1}$ dagegen negativ, ist Liquidität in Höhe des Betrages des negativen Cashflow 3 der Periode $t+1$ zusätzlich zur geforderten Mindestliquidität von 500.000 EUR vorzuhalten, um der sonst drohenden Zahlungsunfähigkeit in der Periode $t+1$ zu begegnen. Somit gilt für den Liquiditätsüberschuss der Periode t LR_t:

$$LR_t = \hat{L}_t + min[CF3_{t+1};0] - \overline{L} \tag{5.19}$$

---

584 Siehe die Annahmen 12 und 15 in Abschnitt 542.3.

585 Diese Höhe der Mindestliquidität ist frei gewählt und wird aus diesem Grunde in Abschnitt 543.33 einer Sensitivitätsanalyse unterzogen.

Unter Berücksichtigung der von den Anteilseignern beabsichtigten Ausschüttungsquote τ sowie des für den Solvenztest geltenden prozentualen restriktionsbezogenen Sicherheitsabschlags κ^{ST} gilt für den Ausschüttungsbetrag A_t^{ST}:

$$A_t^{ST} = max[min[A(Ziel)_t;\ A(max)_t^{ST}];0] \quad (5.20)$$

$$= max[min[(L_{t-1} + CF2_t) \cdot \tau;\ LR_t \cdot (1 - \kappa^{ST})];0] \quad (5.21)$$

$$= max[min[(L_{t-1} + CF2_t) \cdot 0,8;\ LR_t \cdot 0,9];0] \quad (5.22)$$

Die Höhe des gezeichneten Kapitals, der gesetzlichen Rücklage sowie der anderen Gewinnrücklagen ist nun für die Ermittlung des maximal ausschüttungsfähigen Betrages irrelevant. Entsprechend wird der zu Beginn der Simulation in der gesetzlichen Rücklage ausgewiesene Betrag im Solvenztest-Modell vereinfachend in die anderen Gewinnrücklagen umgebucht. Damit betragen die anderen Gewinnrücklagen im Solvenztest-Modell anfänglich 6.246.289 EUR.

Klarstellend sei angemerkt: Aufgrund des fehlenden Kapitalbezugs des Solvenztest-Modells kann der maximal ausschüttungsfähige Betrag die anderen Gewinnrücklagen zum Zeitpunkt der Ausschüttung übersteigen. In diesem Fall ist – abhängig von der tatsächlichen Höhe der Ausschüttung – gegebenenfalls ein Verlustvortrag auszuweisen. Folgerichtig kann eine Ausschüttung im Solvenztest-Modell zulässig sein, obwohl die anderen Gewinnrücklagen bereits vollständig durch Verluste oder Ausschüttungen aufgezehrt wurden, also bereits vor Ausschüttung ein Verlustvortrag besteht.[586]

Bevor die Ergebnisse der Simulation in Abschnitt 543. vorgestellt und gewürdigt werden, sei zunächst das beschriebene Simulationsmodell im folgenden Abschnitt kritisch gewürdigt.

542.5 Kritische Würdigung des Simulationsmodells

Mit dem vorliegenden Simulationsmodell wird die Entwicklung eines fiktiven Unternehmens über 20 Perioden stochastisch simuliert. Die Struktur des Simulationsmodells ist dominiert von der Fortschreibung der Bilanz- und GuV-Posten über stochastisch variierte Wachstumsfaktoren. Diese Modellstruktur wurde gewählt, um eine zu hohe Modellkomplexität zu verhindern, welche die bilanzielle

586 Von dem unwahrscheinlichen Fall, dass die Ausschüttung einer Periode genau dem ausgewiesenen Betrag anderer Gewinnrücklagen entspricht und folglich nach Ausschüttung keine Gewinnrücklagen und kein Verlustvortrag bestünden, sei an dieser Stelle abgesehen.

Abbildung einzelner zu betrachtender Geschäftsvorfälle mit sich bringen würde. Infolge dieser Komplexitätsreduktion allerdings weist das Simulationsmodell drei Schwachpunkte auf, welche hier offen angesprochen und zur Diskussion gestellt werden sollen:

- Schwächen aufgrund der Beschaffenheit der in die Simulation einfließenden Eingabedaten,
- Schwächen aufgrund von im Modell geforderten Vereinfachungen sowie
- Schwächen aufgrund der freien Wertzuweisung bestimmter Modellparameter.

Die in die Simulation einfließenden Eingabedaten sind der Unternehmensbilanzstatistik der Deutschen Bundesbank entnommen.[587] Bei der Interpretation dieser Daten im Hinblick auf die vorliegende Fragestellung sind zwei Problembereiche in besonderem Maße zu würdigen:

Zum einen enthält die Unternehmensbilanzstatistik ausschließlich kumulierte Jahresabschlussdaten. Für das Simulationsmodell wurden die einzelnen Jahresabschlussposten durch die Anzahl der in der Statistik erfassten Unternehmen dividiert, um den Jahresabschluss eines fiktiven „Durchschnittsunternehmens" zu erhalten. Auf eine Variation der Unternehmensgröße, gemessen etwa am Umsatz oder an der Bilanzsumme, wurde verzichtet. Trotz der ursprünglich hohen Datenmenge der Unternehmensbilanzstatistik fließt somit nur ein einzelner fiktiver Jahresabschluss in die Simulation ein. Die verwendeten empirischen Wachstumsfaktoren basieren ebenfalls auf den kumulierten Daten der Unternehmensbilanzstatistik. Dabei ist zu berücksichtigen, dass die Volatilität der Wachstumsfaktoren infolge der Kumulation sinkt, da sich hohe und niedrige Wachstumsfaktoren hierdurch ausgleichen.

Zum anderen ist zu berücksichtigen, dass die in die Unternehmensbilanzstatistik einbezogenen Jahresabschlüsse der Jahre 1997 bis 2004 auf deutschem Handelsrecht basieren und somit keine erfolgswirksame Fair Value-Bewertung der Beteiligungen und Wertpapiere über die ursprünglichen Anschaffungskosten hinaus enthalten. Positive empirische Wachstumsfaktoren sind folglich nur zum Teil auf die zahlungsunwirksame Realisierung von Kursgewinnen im Wertpapierbestand zurückzuführen. Negative empirische Wachstumsfaktoren basieren auf (zahlungsunwirksamen) Wertminderungen im Bestand befindlicher Wertpapiere oder auf (zahlungswirksamen) Wertpapierverkäufen. Diese Differenzierung im

587 Siehe oben Abschnitt 542.2.

Rahmen des Simulationsmodells abzubilden, erforderte Informationen über den Anteil der zahlungswirksamen bzw. zahlungsunwirksamen Geschäftsvorfälle. Da weder die Unternehmensbilanzstatistik noch die Struktur des Simulationsmodells Aussagen über einzelne Geschäftsvorfälle zulässt, sind diese Informationen nicht verfügbar. Vor diesem Hintergrund wird gemäß Annahme 3 davon ausgegangen, dass sämtliche Wertpapiere zum Periodenende verkauft und unmittelbar zum gleichen Preis wieder zurückgekauft werden. Somit sind betragsmäßige Änderungen der Bilanzposten Beteiligungen, Wertpapiere des Anlagevermögens und Wertpapiere des Umlaufvermögens stets erfolgswirksam und zahlungsunwirksam.

Schwächen resultieren auch aus den zur Modellierung des Vergleiches zwischen Nennkapitalsystem und Solvenztest erforderlichen Vereinfachungen:

Bis auf wenige Ausnahmen werden im Simulationsmodell keine einzelnen Geschäftsvorfälle abgebildet. Lediglich die Bemessung der Ausschüttungshöhe sowie Maßnahmen zur Liquiditätsbeschaffung oder -reduktion werden in jeder Periode neu simuliert. Doch selbst diese Geschäftsvorfälle folgen einem vorgegebenen Algorithmus. Mit dieser Abkehr von einer rein geschäftsvorfallbezogenen Simulation werden zwei Nachteile bewusst in Kauf genommen: Zum einen verbleiben der Unternehmensleitung infolgedessen im Simulationsmodell keine Entscheidungsfreiräume. Somit können auch bilanzpolitisch motivierte sachverhaltsgestaltende Maßnahmen der Unternehmensleitung nicht abgebildet werden. Zum anderen erfordert die Abstraktion von der Geschäftsvorfallebene, Veränderungen innerhalb eines Bilanzpostens pauschal als erfolgswirksam oder erfolgsneutral sowie als zahlungswirksam oder zahlungsunwirksam zu definieren. Infolgedessen bleiben bestimmte Arten von Geschäftsvorfällen unter der Annahme außer Acht, dass diese keinen wesentlichen Einfluss auf das Simulationsergebnis ausüben. So wird vereinfachend von der Auflösung nicht benötigter Rückstellungen abgesehen[588], da andernfalls bei einem gegenüber dem Ende der Vorperiode insgesamt gesunkenen Rückstellungsbestand zu definieren wäre, welcher Teil der Reduktion auf erfolgsneutrale und zahlungswirksame Inanspruchnahmen und welcher Teil der Reduktion auf erfolgswirksame und zahlungsunwirksame Auflösungen von Rückstellungen entfällt.

Eine weitere Schwachstelle der Simulation ist die Modellierung der Investitions- und Finanzierungsentscheidungen. In der Realität basieren diese Entscheidungen auf entsprechenden Planrechnungen, welche den Investitions- und Liquiditätsbe-

588 Siehe Annahme 7 in Abschnitt 542.3.

darf der kommenden Perioden aufzeigen. Die in der Simulation generierten Jahresabschlussdaten um entsprechende Plandaten zu erweitern, würde allerdings erneut zu einer erheblichen Steigerung der Komplexität führen. Vor diesem Hintergrund basiert die Höhe der in einer Periode getätigten Investionen und Finanzierungen vereinfachend auf der zur Verfügung stehenden Liquidität.[589]

Die dritte der Komplexitätsreduktion geschuldete Schwäche des Modells ist die vereinfachte Simulation des Solvenztests[590]: Indem der modellierte Solvenztest auf den Daten der für die Folgeperiode prognostizierten Kapitalflussrechnung basiert, in welcher nur die Summen der in dieser Periode anfallenden Ein- und Auszahlungen gegenübergestellt werden, bleiben gegebenenfalls im Laufe einer Periode auftretende Liquiditätsengpässe unberücksichtigt. Um zu einer unterjährigen Betrachtung zu gelangen, müsste eine Simulationsperiode als Teil des Geschäftsjahres interpretiert werden. Gesamtperiodenbezogene Sachverhalte wie Zinszahlungen, Steuerzahlungen und Ausschüttungen würden dann etwa erst nach zwölf – als Monate zu interpretierenden – Simulationsperioden berücksichtigt. Schließlich wurde auf die Abbildung einer längerfristigen Kapitalbedarfsplanung im Rahmen des Solvenztests, wie sie zum Teil gefordert wird[591], verzichtet. Insgesamt ist festzuhalten, dass die Struktur des verwendeten Simulationsmodell nur einen vergleichsweise groben und stark standardisierten Solvenztest zulässt. In Realität können in den Solvenztest Kenntnisse über die voraussichtliche künftige Entwicklung sowie über Einzelsachverhalte einfließen. Die Verlässlichkeit und Prognosesicherheit eines realen Solvenztests sind damit wesentlich höher einzuschätzen als in diesem Solvenztest-Modell.

Der letzte hier zu nennende Schwachpunkt des Simulationsmodells ist schließlich die Tatsache, dass bestimmte Modellparameter zunächst frei mit einem Wert belegt werden mussten. Dies sind im Einzelnen die von den Anteilseignern geforderte Ausschüttungsquote τ[592], die Höhe des in beiden Modellen enthaltenen prozentualen restriktionsbezogenen Sicherheitspuffers κ^{NKS} bzw. κ^{ST}[593], die Höhe der im Solvenztest-Modell vorzuhaltenden Mindestliquidität $\overline{L}$[594] sowie

589 Siehe die Ausführungen zur Fortschreibung des Anlagevermögens und der Verbindlichkeiten in Abschnitt 542.42.

590 Siehe oben Abschnitt 542.453.

591 Vgl. PELLENS/JÖDICKE/RICHARD (2005), S. 1400; BOSCHMA/LENNARTS/SCHUTTE-VEENSTRA (2005), S. 71; ENGERT (2006), S. 326, 328; MARX (2006), S. 196 f. Siehe dazu auch oben Abschnitt 342.

592 Siehe Annahme 12 in Abschnitt 542.3.

593 Siehe Annahme 15 in Abschnitt 542.3.

594 Siehe Annahme 15 in Abschnitt 542.3.

die Höhe des gezeichneten Kapitals im NKS-Modell[595]. Vor diesem Hintergrund werden die Simulationsergebnisse in Abschnitt 543.3 einer Sensitivitätsanalyse unterzogen, um zu prüfen, wie sich die Variation der genannten willkürlich belegten Modellparameter auf die Ergebnisse der Simulation auswirkt.

In den folgenden Abschnitten werden nun die Ergebnisse der Monte-Carlo-Simulation dargestellt. Entsprechend der in Abschnitt 541. formulierten und mit der vorliegenden Monte-Carlo-Simulation zu beantwortenden Forschungsfrage wird gezeigt, welche der mit den gestellten Forschungshypothesen korrespondierenden Nullhypothesen auf Basis der gewonnenen Erkenntnisse zu verwerfen sind und welche nicht verworfen werden können. Die Darstellung der Simulationsergebnisse folgt dabei der Reihenfolge der Forschungshypothesen.

543. Die Ergebnisse der Monte-Carlo-Simulation

543.1 Vorbemerkung

Das mit der Monte-Carlo-Simulation verfolgte Ziel bestand darin, das NKS-Modell mit dem Solvenztest-Modell hinsichtlich ihrer Effektivität zu vergleichen. Entsprechend sei auf Basis der in Abschnitt 541. definierten Effektivitätsindikatoren geprüft, welche der mit den Forschungshypothesen korrespondierenden Nullhypothesen verworfen werden können und welche nicht.

Im ersten Schritt werden die als Mittelwerte berechneten Effektivitätsindikatoren für Nennkapitalsystem- und Solvenztest-Modell mit Absolutbeträgen erhoben, um daraus die jeweilige prozentuale Abweichung des Solvenztest-Modells gegenüber dem NKS-Modell zu ermitteln. Im zweiten Schritt werden die ermittelten Abweichungen zwischen den Modellen mithilfe eines t-Tests für gepaarte Stichproben auf Signifikanz getestet.[596] Dieser liefert als Ergebnis die Irrtumswahrscheinlichkeit p, dass das mit der Stichprobe gewonnene Ergebnis vom tatsächlichen Ergebnis, wie es auf Basis der Grundgesamtheit ermittelt worden wäre, abweicht. Die Aussagekraft dieses Tests allerdings ist dadurch begrenzt, dass dieser bei einer derart hohen Stichprobengröße (20.000 simulierte Szenarien) unabhängig von den zugrunde liegenden Daten eine sehr hohe Signifikanz anzeigt. Vor diesem Hintergrund wird im dritten Schritt geprüft, ob signifikante Abwei-

595 Siehe Annahme 6 in Abschnitt 542.3.

596 Die ausführlichen Ergebnisse der t-Tests finden sich in Anhang 1.

chungen zwischen beiden Modellen auch wesentlich sind. Dabei sei eine Wesentlichkeitsgrenze von 5 % angenommen.[597]

543.2 Auswertung der Simulation auf Basis der formulierten Hypothesen

543.21 Wahrscheinlichkeit und Periode des Insolvenzeintrittes

Mit der Forschungshypthese $H1_A$ bezüglich der Wahrscheinlichkeit und des Zeitpunkts des Insolvenzeintritts korrespondiert die Nullhypothese $H1_0$:

($H1_0$) *Die Insolvenz tritt im Solvenztest-Modell durchschnittlich zum gleichen Zeitpunkt wie im NKS-Modell oder früher ein.*

Die Wahrscheinlichkeit, dass das simulierte Unternehmen innerhalb der betrachteten 20 Perioden überhaupt insolvent wird, beträgt im Solvenztest-Modell 59,94 %, im NKS-Modell 65,92 %.[598] Betrachtet man anschließend nur die Simulationsszenarien, in welchen das Unternehmen spätestens zum Ende der 20. Periode insolvent wird, so beträgt der durchschnittliche Zeitraum vom Simulationsbeginn bis zum Insolvenzeintritt 8,23 Perioden im Solvenztest-Modell gegenüber 7,65 Perioden (-7,05 %) im NKS-Modell. Dieses Ergebnis ist auch in Abbildung 5.3 erkennbar, in welcher die Häufigkeit des Insolvenzeintritts in den einzelnen Perioden bei Anwendung des NKS-Modells einerseits und des Solvenztest-Modells andererseits dargestellt ist.

Innerhalb der ersten fünf Perioden beispielsweise treten im Solvenztest-Modell 2.144 Insolvenzfälle auf. Dies sind 35,77 % weniger Insolvenzfälle als im NKS-Modell (3.338 Insolvenzfälle). Unter Anwendung des Solvenztest-Modells wird folglich gegenüber dem NKS-Modell sowohl die Anzahl der Insolvenzfälle wesentlich reduziert als auch der Zeitpunkt des Insolvenzeintritts wesentlich hinausgezögert. Hypothese $H1_0$ ist somit unter den gesetzten Prämissen zu verwerfen.

543.22 Durchschnittliche Ausschüttungshöhe bis zum Insolvenzeintritt

Mit der Forschungshypthese $H2_A$ korrespondiert die Nullhypothese $H2_0$:

597 Wesentliche Abweichungen sind in den folgenden Tabellen mit * gekennzeichnet.

598 Diese extrem hohen Insolvenzquoten sind darauf zurückzuführen, dass mit der Vorgabe der Umsatzerlöse je Periode ein extreme Krise simuliert wurde, in deren Verlauf die Umsatzerlöse gegenüber dem Ausgangswert um 40 % sinken.

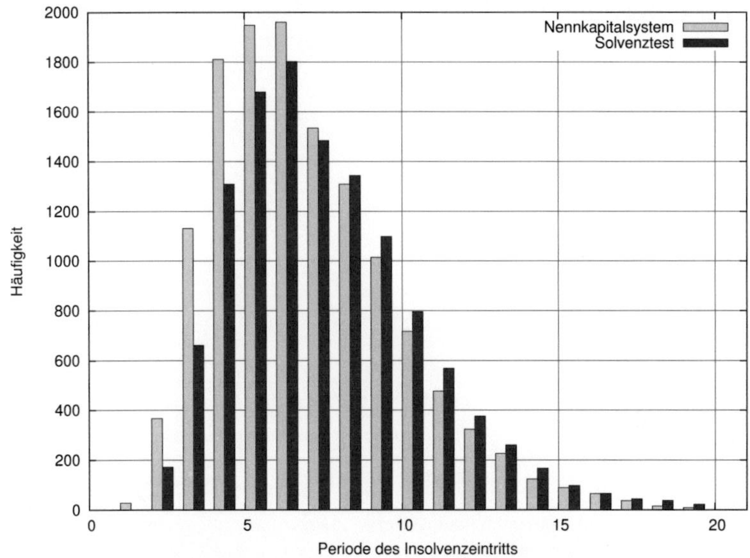

Abbildung 5.3: Periode des Insolvenzeintritts

($H2_0$) *Die durchschnittliche Ausschüttungshöhe je Periode bis zum Insolvenzeintritt ist im Solvenztest-Modell gleich der durchschnittlichen Ausschüttungshöhe je Periode bis zum Insolvenzeintritt im NKS-Modell oder höher.*

Die Verteilungsfunktionen der durchschnittlichen Ausschüttungshöhe je Periode bis zum Insolvenzeintritt im Solvenztest- und NKS-Modell sind in Abbildung 5.4 dargestellt. Der Mittelwert der durchschnittlichen Ausschüttungshöhe je Periode bis zum Insolvenzeintritt über alle simulierten Szenarien beträgt im Solvenztest-Modell 2.911.576 EUR und liegt damit um 9.151 EUR oder 0,31 % unter dem entsprechenden Mittelwert im NKS-Modell (2.920.727 EUR). Diese sehr geringe Abweichung ist zwar auf dem 5 %-Niveau signifikant ($p = 0{,}022$), allerdings unwesentlich vor dem Hintergrund der definierten Wesentlichkeitsgrenze.

Die Wahrscheinlichkeit etwa, mit der die durchschnittliche Ausschüttungshöhe je Periode bis zum Insolvenzeintritt 2.000.000 EUR übersteigt, beträgt im Solvenztest-Modell 54,92 % und liegt damit 5,55 % unter der entsprechenden Wahrscheinlichkeit im NKS-Modell (58,15 %). Ab einer durchschnittlichen Ausschüttungshöhe je Periode bis zum Insolvenzeintritt von ca. 2.300.000 EUR

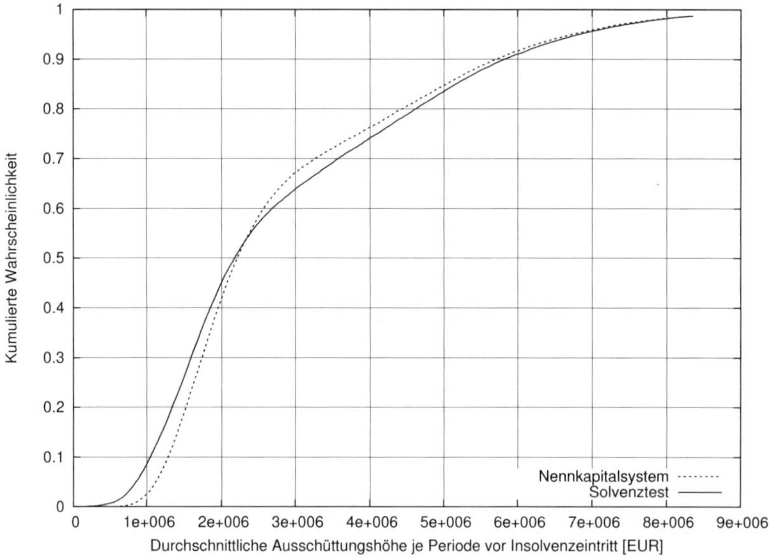

Abbildung 5.4: Kumulierte Eintrittswahrscheinlichkeiten der durchschnittlichen Ausschüttungshöhe je Periode bis zum Insolvenzeintritt

(Schnittpunkt der Graphen in Abbildung 5.4) allerdings kehrt sich das Verhältnis von Solvenztest- und NKS-Modell um. Die Wahrscheinlichkeit, höhere durchschnittliche Ausschüttungsbeträge zu überschreiten, ist dann im Falle des Solvenztest-Modells stets höher als im Falle des NKS-Modells. Folglich ist auch hieraus keine verlässliche Aussage zum Verhältnis beider Modelle ableitbar.

Ergänzend seien die Barwerte der in einem Simulationsszenario getätigten Ausschüttungen im Solvenztest-Modell einerseits und im NKS-Modell andererseits gegenübergestellt: Der Mittelwert der Ausschüttungsbarwerte im Solvenztest-Modell beträgt 13.897.917 EUR und ist damit um 1,29 % niedriger als der Mittelwert im NKS-Modell (14.079.878 EUR). Diese Abweichung ist auf dem 1 %-Niveau signifikant ($p < 0{,}001$) und legt, verbunden mit der deutlich geringeren Abweichung der durchschnittlichen Ausschüttungshöhe je Periode, den Schluss nahe, dass das Solvenztest-Modell zu einer zeitlichen Verzögerung der Ausschüttung beiträgt. Doch auch diese Abweichung beträgt weniger als 5 % und ist somit als unwesentlich einzustufen. Hypothese $H2_0$ kann somit nicht verworfen werden.

543.23 Eigenkapitalquote bei Insolvenzeintritt

Mit der Forschungshypthese $H3_A$ korrespondiert die Nullhypothese $H3_0$:

($H3_0$) *Die Eigenkapitalquote zum Zeitpunkt des Insolvenzeintritts ist im Solvenztest-Modell gleich der Eigenkapitalquote zum Zeitpunkt des Insolvenzeintritts im NKS-Modell oder niedriger.*

Abbildung 5.5 zeigt die Verteilungsfunktion der Eigenkapitalquote bei Insolvenzeintritt für das NKS-Modell und das Solvenztest-Modell. Der Mittelwert der

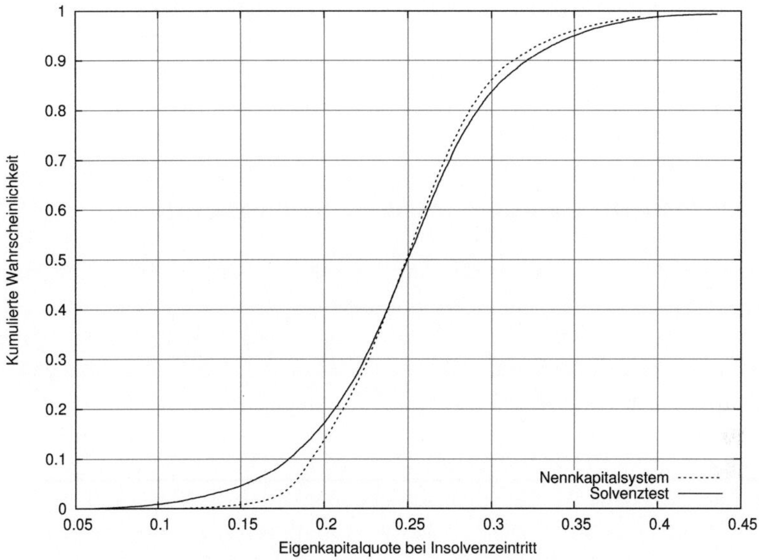

Abbildung 5.5: Kumulierte Eintrittswahrscheinlichkeiten der Eigenkapitalquote bei Insolvenzeintritt

Eigenkapitalquote bei Insolvenzeintritt über alle simulierten Szenarien beträgt 24,77 % im Solvenztest-Modell und ist damit um 1,39 % geringer als der entsprechende Mittelwert im NKS-Modell (25,12 %). Diese Abweichung ist zwar auf dem 1 %-Niveau signifkant ($p < 0{,}001$), allerdings unwesentlich vor dem Hintergrund der definierten Wesentlichkeitsgrenze.

Die Wahrscheinlichkeit, dass das simulierte Unternehmen zum Zeitpunkt der Insolvenz die geforderte Eigenkapitalquote von 20 % unterschreitet, beträgt im

Solvenztest-Modell 17,52 % und übersteigt damit die entsprechende Wahrscheinlichkeit im NKS-Modell (13,98 %) um 25,32 %. Dieses Verhältnis zwischen Solvenztest- und NKS-Modell kehrt sich hier bei einer Eigenkapitalquote bei Insolvenzeintritt von ca. 24 % um. Im Falle höherer Eigenkapitalquoten ist die Unterschreitungswahrscheinlichkeit im Falle des Solvenztest-Modells stets geringer als im Falle des NKS-Modells. Wie bereits bei der durchschnittlichen Ausschüttungshöhe je Periode ist auch hinsichtlich der durchschnittlichen Eigenkapitalquote auf diese Weise keine verlässliche, den Mittelwertvergleich ergänzende Aussage zum Verhältnis beider Modelle ableitbar.

Auf Basis der ermittelten Mittelwerte bleibt festzuhalten, dass das Solvenztest-Modell einen nur unwesentlich, wenn auch signifikant geringeren Beitrag zur Sicherung der zum Zeitpunkt des Insolvenzeintritts noch bestehenden Schuldendeckung bietet als das NKS-Modell. Auch Hypothese $H3_0$ kann somit nicht verworfen werden.

543.24 Minimale Eigenkapitalquote vor Insolvenzeintritt

Die soeben untersuchte Eigenkapitalquote zum Zeitpunkt des Insolvenzeintritts ist ein Indikator für die Schuldendeckung des simulierten Unternehmens bei Eröffnung des Insolvenzverfahrens. Je höher die Eigenkapitalquote zum Zeitpunkt des Insolvenzeintritts ist, umso geringer ist das Insolvenzverlustrisiko der Gläubiger. Mit der in Forschungshypothese $H4_A$ aufgegriffenen minimalen Eigenkapitalquote vor Insolvenzeintritt wird nun untersucht, inwieweit es unter Anwendung des Solvenztest-Modells einerseits und des NKS-Modells andererseits gelingt, die geforderte Mindesteigenkapitalquote von 20 % über die Lebensdauer des simulierten Unternehmens zu gewährleisten, inwieweit also beide Modelle zur Reduktion des Insolvenzeintrittsrisikos durch Überschuldung beitragen.

Mit der Forschungshypthese $H4_A$ korrespondiert die Nullhypothese $H4_0$:

($H4_0$) *Die minimale Eigenkapitalquote vor Insolvenzeintritt ist im Solvenztest-Modell gleich der minimalen Eigenkapitalquote vor Insolvenzeintritt im NKS-Modell oder niedriger.*

Die Verteilungsfunktionen der minimalen Eigenkapitalquote vor Insolvenzeintritt im Solvenztest- und NKS-Modell sind in Abbildung 5.6 dargestellt.

Der Mittelwert der minimalen Eigenkapitalquote vor Insolvenzeintritt über alle simulierten Szenarien beträgt 22,70 % im Solvenztest-Modell und ist damit um 1,73 % geringer als der entsprechende Mittelwert im NKS-Modell (23,10 %).

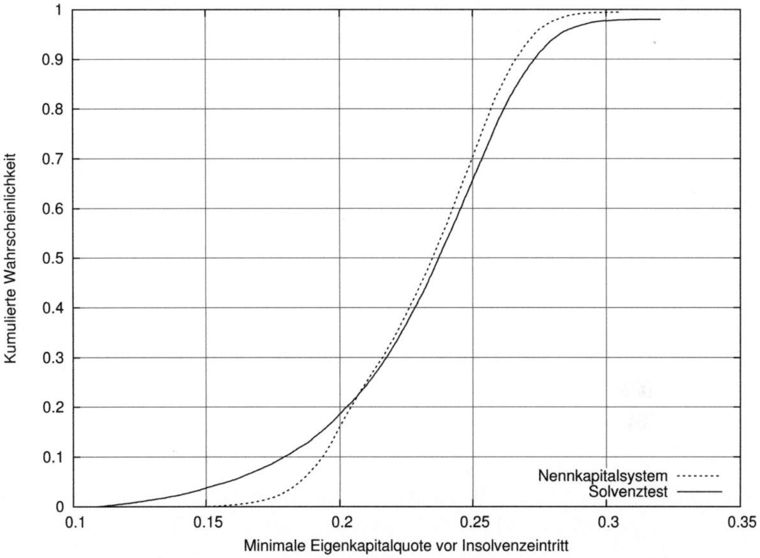

Abbildung 5.6: Kumulierte Eintrittswahrscheinlichkeiten der minimalen Eigenkapitalquote vor Insolvenzeintritt

Diese Abweichung ist zwar auf dem 1 %-Niveau signifkant ($p < 0{,}001$), allerdings unwesentlich.

Die Wahrscheinlichkeit, dass die minimale Eigenkapitalquote vor Insolvenzeintritt den Schwellenwert von 20 % unterschreitet, beträgt im Solvenztest-Modell 20,62 % und übersteigt damit die entsprechende Wahrscheinlichkeit im NKS-Modell (16,65 %) um 23,84 %. Dieses Verhältnis zwischen Solvenztest- und NKS-Modell kehrt sich hier bei einer Eigenkapitalquote bei Insolvenzeintritt von ca. 24 % um. Für höhere Eigenkapitalquoten ist die Unterschreitungswahrscheinlichkeit im Falle des Solvenztest-Modells stets geringer als im Falle des NKS-Modells. Damit ist auf diese Weise hinsichtlich der minimalen Eigenkapitalquote vor Insolvenzeintritt – wie bereits bei der durchschnittlichen Ausschüttungshöhe je Periode und der Eigenkapitalquote zum Zeitpunkt des Insolvenzeintritts – keine verlässliche Aussage zum Verhältnis beider Modelle ableitbar.

Das Simulationsergebnis deutet darauf hin, dass das Solvenztest-Modell einen unwesentlich geringeren Beitrag zur Sicherung der zum Zeitpunkt des Insolvenzeintritts noch bestehenden Schuldendeckung als das NKS-Modell bietet. Hypothese $H4_0$ kann damit nicht verworfen werden.

543.25 Minimaler Kassenbestand vor Insolvenzeintritt

Neben der Sicherung der Schuldendeckung zur Vermeidung des Insolvenzeintritts durch Überschuldung ist einem Insolvenzeintritt durch (drohende) Zahlungsunfähigkeit vorzubeugen. In Abschnitt 422.32 wurde als diesbezügliche Anforderung lediglich formuliert, dass Ausschüttungen zu untersagen sind, falls das ausschüttende Unternehmen unmittelbar infolge der Ausschüttung zahlungsunfähig wäre und/oder der verbleibende Liquiditätspuffer so gering wäre, dass die zu fordernde Wahrscheinlichkeit künftiger Zahlungsfähigkeit unterschritten würde. Nun ist es auf Basis der Simulationsergebnisse nicht möglich, die Wahrscheinlichkeit künftiger Zahlungsfähigkeit zu ermitteln und diesen Wert als Richtgröße zu nutzen. Somit bleibt zu prüfen, wie hoch die Wahrscheinlichkeit in beiden Modellen ist, dass der jeweils minimale Kassenbestand vor Insolvenzeintritt einen zu fordernden Mindestbetrag unterschreitet. Als zu fordernder Mindestbetrag seien hierzu 500.000 EUR angenommen.

Mit $H5_A$ wurde die Forschungshypothese aufgestellt, der minimale Kassenbestand vor Insolvenzeintritt sei im Solvenztest-Modell höher als im NKS-Modell. Die korrespondierende Nullhypothese $H5_0$ lautet folglich:

($H5_0$) *Der minimale Kassenbestand vor Insolvenzeintritt ist im Solvenztest-Modell gleich dem minimalen Kassenbestand vor Insolvenzeintritt im NKS-Modell oder niedriger.*

Abbildung 5.7 zeigt die Verteilungsfunktionen des minimalen Kassenbestandes vor Insolvenzeintritt im Solvenztest- und NKS-Modell. Der Mittelwert des minimalen Kassenbestandes vor Insolvenzeintritt über alle simulierten Szenarien liegt im Solvenztest-Modell mit 441.231 EUR wesentlich (+163,87 %) über dem entsprechenden Wert im NKS-Modell von 167.216 EUR. Diese Abweichung ist auf dem 1 %-Niveau signifkant ($p < 0{,}001$). Hypothese $H5_0$ ist damit zu verwerfen.

Die Wahrscheinlichkeit, dass der minimale Kassenbestand vor Insolvenzeintritt den gesetzten Schwellenwert von 500.000 EUR unterschreitet, beträgt im Solvenztest-Modell 44,30 % und ist damit wesentlich geringer (-53,55 %) als die entsprechende Wahrscheinlichkeit im NKS-Modell von 95,23 %. Wie in Abbildung 5.7 zu sehen, übersteigt die Wahrscheinlichkeit, den gesetzten Schwellenwert zu unterschreiten, im Falle des NKS-Modells die Wahrscheinlichkeit im Falle des Solvenztest-Modells für jeden beliebigen Schwellenwert.

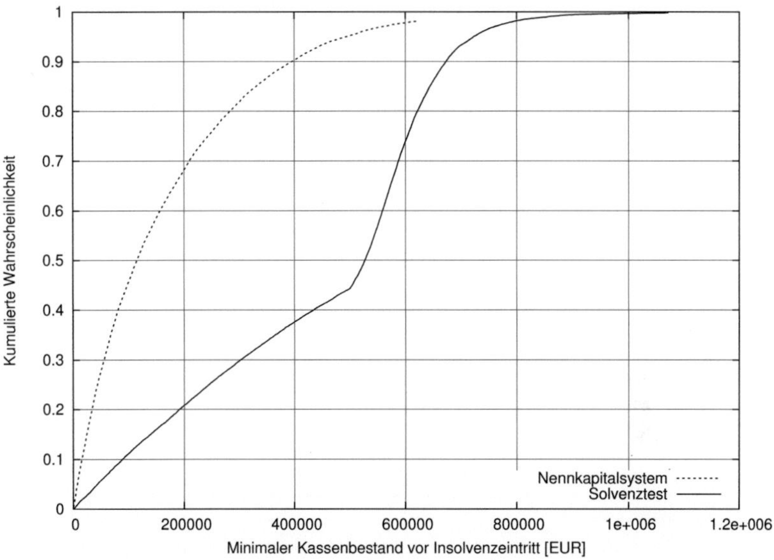

Abbildung 5.7: Kumulierte Eintrittswahrscheinlichkeiten des minimalen Kassenbestands vor Insolvenzeintritt

Wie beide Ergebnisse bestätigen, bietet das Solvenztest-Modell einen signifikant und wesentlich höheren Beitrag zur Sicherung der Zahlungsfähigkeit als das NKS-Modell. Das Insolvenzeintrittsrisiko durch (drohende) Zahlungsunfähigkeit ist somit im Falle des Solvenztest-Modells c. p. niedriger ist als im Falle des NKS-Modells.

543.26 Zwischenergebnis

Die hohe Signifkanz der Abweichungen zwischen Solvenztest- und NKS-Modell besitzt aufgrund der sehr hohen Fallzahl nur geringe Aussagekraft.[599] Als wesentlich im Sinne der zuvor definierten Wesentlichkeitsgrenze von 5 % sind lediglich der im Solvenztest-Modell gegenüber dem NKS-Modell durchschnittlich spätere Insolvenzeintritt sowie der durchschnittlich höhere minimale Kassenbestand vor Insolvenzeintritt einzustufen. Unter dem Aspekt der Wesentlichkeit können somit nur die Nullhypothesen $H1_0$ und $H5_0$ verworfen werden.

599 Siehe bereits oben Abschnitt 543.1.

Die beschriebenen quantitativen Ergebnisse der Monte-Carlo-Simulation sind in Tabelle 5.6 zusammengefasst:

NKS-Modell	**ST-Modell**	Abweichung	Sign. (p-Wert)
Zu Hypothese 1:			
Anzahl der Insolvenzfälle			
13.184	**11.989**	-9,06 %*	n/a
Zeitpunkt des Insolvenzeintritts (Mittelwert)			
7,647	**8,227**	+7,57 %*	n/a
Zu Hypothese 2:			
Mittlere Ausschüttungshöhe vor Insolvenz (Mittelwert)			
2.920.727 EUR	**2.911.576 EUR**	-0,31 %	<0,050
Barwert der vor Insolvenzeintritt erfolgten Ausschüttungen (Mittelwert)			
14.079.878 EUR	**13.897.917 EUR**	-1,29 %	<0,050
Zu Hypothese 3:			
Eigenkapitalquote bei Insolvenzeintritt (Mittelwert)			
25,12 %	**24,77 %**	-1,39 %	<0,001
Zu Hypothese 4:			
Minimale Eigenkapitalquote vor Insolvenzeintritt (Mittelwert)			
23,10 %	**22,70 %**	-1,73 %	<0,001
Zu Hypothese 5:			
Minimaler Kassenbestand vor Insolvenzeintritt (Mittelwert)			
167.216 EUR	**441.231 EUR**	163,87 %*	<0,001

Tabelle 5.6: Zusammenfassung der quantitativen Ergebnisse der Monte-Carlo-Simulation

Zusammenfassend ist damit festzuhalten: Das Solvenztest-Modell bietet gegenüber dem NKS-Modell einen höheren Schutz vor dem Insolvenzeintritt infolge überhöhter Ausschüttungen. Dieser höhere Insolvenzschutz ist darauf zurückzuführen, dass das Solvenztest-Modell einen erheblich höheren Schutz vor Zahlungsunfähigkeit bietet. Die Höhe der in beiden Modellen gewährten Ausschüttungen sowie der Beitrag des Solvenztest- und des NKS-Modells zur Sicherung der Schuldendeckung differieren nur unwesentlich.

In den folgenden Abschnitten werden die Simulationsergebnisse nun ergänzend einer Sensitivitätsanalyse unterzogen. Mit dieser soll geprüft werden, wie die zunächst frei gewählten Werte der in beide Modelle einfließenden Parameter die Simulationsergebnisse beeinflussen.[600] Folgende Modellparameter seien in die Sensitivitätsanalyse einbezogen:

600 Vgl. dazu auch oben die kritische Würdigung des Simulationsmodells in Abschnitt 542.5.

- die von den Anteilseignern geforderte Ausschüttungsquote τ,
- die Höhe des in beiden Modellen enthaltenen prozentualen restriktionsbezogenen Sicherheitspuffers κ^{NKS} bzw. κ^{ST},
- die Höhe der im Solvenztest-Modell vorzuhaltenden Mindestliquidität $\overline{L}$ sowie
- die Höhe des gezeichneten Kapitals im NKS-Modell.

Auf die Prüfung der Signifikanz der im Rahmen der Sensitivitätsanalyse neu berechneten prozentualen Abweichungen zwischen Nennkapitalsystem- und Solvenztest-Modell sei vor dem Hintergrund der bereits genannten geringen Aussagekraft der Signifikanz der ermittelten Daten verzichtet.

543.3 Sensitivitätsanalyse zum Einfluss der Restriktionsparameter auf die Simulationsergebnisse

543.31 Der Einfluss der von den Anteilseignern geforderten Ausschüttungsquote

Die von den Anteilseignern geforderte Ausschüttungsquote τ wurde gemäß Annahme 12[601] zunächst auf 0,8 gesetzt. Um den Einfluss abweichender Ausschüttungsquoten auf die Effektivität von Nennkapitalsystem- und Solvenztest-Modell zu untersuchen, wird τ alternativ auf 0,6, 0,4 und 0,2 gesetzt, während die übrigen drei genannten Parameter unverändert bleiben. Tabelle 5.7 zeigt die jeweils resultierende prozentuale Abweichung der Prognosewerte des Solvenztest-Modells gegenüber denen des NKS-Modells.[602]

601 Siehe oben Abschnitt 542.3.

602 Eine Übersicht der absoluten Prognosewerte, die im Rahmen der Sensitivitätsanalyse in beiden Modellen ermittelt wurden, findet sich in Anhang 2. Die fett gedruckte Spalte gibt als Referenzwert jeweils die Abweichungen vor Variation des jeweiligen Parameters wieder.

x(ST) / x(NKS) - 1 [in %]	Ausschüttungsquote τ			
	0,8	0,6	0,4	0,2
Anzahl Insolvenzfälle	**-9,06 %***	-3,98 %	-5,23 %*	-3,99 %
Mittlerer Insolvenzzeitpunkt	**7,57 %***	4,12 %	2,97 %	1,16 %
Mittlere durchschnittliche Ausschüttungshöhe	**-0,31 %**	-0,50 %	-1,03 %	-1,63 %
Barwert der Ausschüttungen vor Insolvenzeintritt	**-1,29 %**	-0,36 %	-1,08 %	-1,68 %
Mittlere Eigenkapitalquote bei Insolvenzeintritt	**-1,39 %**	-0,72 %	0,44 %	0,66 %
Minimale Eigenkapitalquote vor Insolvenzeintritt	**-1,73 %**	-1,38 %	-0,12 %	0,14 %
Minimaler Kassenbestand vor Insolvenzeintritt	**163,87 %***	36,13 %*	16,44 %*	6,88 %*

Tabelle 5.7: Sensitivitätsanalyse zur Ausschüttungsquote

Während im Solvenztest-Modell bei einer Ausschüttungsquote von 0,8 noch ein wesentlich höherer Insolvenzschutz gegeben war als im NKS-Modell, nimmt dieser Vorzug des Solvenztest-Modells mit abnehmender geforderter Ausschüttungsquote ab. Dies ist darauf zurückzuführen, dass bei geringerer Ausschüttungsquote von vornherein ein geringerer Betrag zur Disposition steht und die konzeptionellen Unterschiede zwischen Solvenztest- und NKS-Modell somit geringeres Gewicht haben. Dennoch bietet das Solvenztest-Modell auch bei einer Ausschüttungsquote von nur 0,2 noch einen – allerdings unwesentlich – höheren Insolvenzschutz. Die Abweichungen zwischen Solvenztest- und NKS-Modell hinsichtlich der vor Insolvenzeintritt gewährten Ausschüttungen sowie hinsichtlich des Erhaltes der Schuldendeckung liegen unterhalb der Relevanzgrenze und lassen somit keine verlässliche Aussage zur Beurteilung beider Modelle zu. Der minimale Kassenbestand vor Insolvenzeintritt ist im Solvenztest-Modell auch bei geringer Ausschüttungsquote noch wesentlich höher als im NKS-Modell, wenngleich die Abweichung des Solvenztest-Modells vom NKS-Modell aus genanntem Grund mit sinkender Ausschüttungsquote abnimmt.

543.32 Der Einfluss des prozentualen restriktionsbezogenen Sicherheitsabschlags

Der in beiden Modellen enthaltene prozentuale restriktionsbezogene Sicherheitsabschlag κ^{NKS} bzw. κ^{ST} wurde gemäß Annahme 15 zunächst auf 0 % bzw. 10 % gesetzt. κ^{NKS} wird nun alternativ auf 20 %, 40 % und 60 % gesetzt, κ^{ST} entsprechend auf 30 %, 50 % und 70 %. Die daraus jeweils resultierenden prozentualen Abweichungen der Prognosewerte des Solvenztest-Modells gegenüber denen des NKS-Modells sind in Tabelle 5.8 dargestellt.

x(ST) / x(NKS) - 1 [in %]	prozentualer restriktionsbezogener Sicherheitspuffer $\kappa^{NKS}(\kappa^{ST})$			
	0 (10) %	20 (30) %	40 (50) %	60 (70) %
Anzahl Insolvenzfälle	**-9,06 %***	-17,10 %*	-24,82 %*	-27,35 %*
Mittlerer Insolvenzzeitpunkt	**7,57 %***	13,50 %*	20,04 %*	23,24 %*
Mittlere durchschnittliche Ausschüttungshöhe	**-0,31 %**	-2,55 %	-16,25 %*	-40,66 %*
Barwert der Ausschüttungen vor Insolvenzeintritt	**-1,29 %**	-5,23 %*	-19,44 %*	-42,98 %*
Mittlere Eigenkapitalquote bei Insolvenzeintritt	**-1,39 %**	1,43 %	12,87 %*	26,23 %*
Minimale Eigenkapitalquote vor Insolvenzeintritt	**-1,73 %**	0,82 %	8,05 %*	14,00 %*
Minimaler Kassenbestand vor Insolvenzeintritt	**163,87 %***	263,52 %*	385,10 %*	420,00 %*

Tabelle 5.8: Sensitivitätsanalyse zum prozentualen restriktionsbezogenen Sicherheitspuffer

Eine Erhöhung des zunächst auf 0 % bzw. 10 % gesetzten prozentualen restriktionsbezogenen Sicherheitspuffers verstärkt die Überlegenheit des Solvenztest-Modells gegenüber dem NKS-Modell. Der prozentuale restriktionsbezogene Sicherheitspuffer entfaltet offensichtlich im Solvenztest-Modell eine wesentlich höhere Wirkung als im NKS-Modell. Während die Höhe der jeweils gewährten Ausschüttungen sowie der Beitrag beider Modelle zur Sicherung der Schuldendeckung zunächst nur unwesentlich voneinander abwichen, ist das Solvenztest-Modell dem NKS-Modell ab einem prozentualen restriktionsbezogenen Sicherheitspuffer von 40 % bzw. 50 % auch diesbezüglich wesentlich überlegen.

543.33 Der Einfluss der im Solvenztest-Modell vorzuhaltenden Mindestliquidität

Die im Solvenztest-Modell vorzuhaltende Mindestliquidität $\overline{L}$ wurde in Abschnitt 542.453. zunächst frei auf 500 TEUR gesetzt. $\overline{L}$ wird nun alternativ auf 400 TEUR, 200 TEUR und 100 TEUR reduziert. Die daraus jeweils resultierenden prozentualen Abweichungen der Prognosewerte im Solvenztest-Modell gegenüber denen im NKS-Modell sind in Tabelle 5.9 dargestellt.

x(ST) / x(NKS) - 1 [in %]	**Mindestliquidität (ST)** [in TEUR]			
	500	400	200	100
Anzahl Insolvenzfälle	**-9,06 %***	-6,32 %*	-0,93 %	0,36 %
Mittlerer Insolvenzzeitpunkt	**7,57 %***	6,05 %*	4,07 %	3,36 %
Mittlere durchschnittliche Ausschüttungshöhe	**-0,31 %**	-0,21 %	-0,42 %	-0,39 %
Barwert der Ausschüttungen vor Insolvenzeintritt	**-1,29 %**	-0,75 %	0,07 %	0,31 %
Mittlere Eigenkapitalquote bei Insolvenzeintritt	**-1,39 %**	1,43 %	1,59 %	1,59 %
Minimale Eigenkapitalquote vor Insolvenzeintritt	**-1,73 %**	-1,82 %	-1,90 %	-1,90 %
Minimaler Kassenbestand vor Insolvenzeintritt	**163,87 %***	131,67 %*	66,49 %*	42,02 %*

Tabelle 5.9: Sensitivitätsanalyse zur Mindestliquidität im Solvenztest-Modell

Die Reduktion der vorzuhaltenden Mindestliquidität im Solvenztest-Modell führt zu einer Annäherung der in beiden Modellen ermittelten Prognosewerte. Die Anzahl der Insolvenzfälle sowie der mittlere Insolvenzzeitpunkt im Solvenztest-Modell weichen bei einer vorzuhaltenden Mindestliquidität von 200 TEUR nur noch unwesentlich vom entsprechenden Wert im NKS-Modell ab. Dennoch tritt die Insolvenz im Solvenztest-Modell selbst bei einer vorzuhaltenden Mindestliquidität von nur 100 TEUR noch durchschnittlich geringfügig später ein als im NKS-Modell. Die Abweichung hinsichtlich des minimalen Kassenbestandes vor Insolvenz sinkt bei einer vorzuhaltenden Mindestliquidität von 100 TEUR von ursprünglich 163,87 % auf 42,02 %. Damit bietet das Solvenztest-Modell auch bei geringer vorzuhaltender Mindestliquidität noch einen wesentlich höheren Schutz vor Zahlungsunfähigkeit als das NKS-Modell. Unwesentlich hingegen bleiben die Abweichungen hinsichtlich der gewährten Ausschüttungen sowie hinsichtlich der Schuldendeckung.

543.34 Der Einfluss des gezeichneten Kapitals im Nennkapitalsystem-Modell

Im Nennkapitalsystem wurde das gezeichnete Kapital gemäß Annahme 6 zunächst auf 10 Mio. EUR gesetzt. Dieser Betrag wird nun alternativ auf 5 Mio. EUR, 2 Mio. EUR und 1 Mio. EUR reduziert, um zu prüfen, wie die nur im NKS-Modell maßgebende Höhe des gezeichneten Kapitals den Vergleich der Effektivität von Solvenztest- und NKS-Modell beeinflusst. Die jeweils resultierenden Abweichungen der Prognosewerte des Solvenztest-Modells gegenüber denen des NKS-Modells sind in Tabelle 5.10 dargestellt.

x(ST) / x(NKS) - 1 [in %]	**gezeichnetes Kapital (NKS)** [in TEUR]			
	10.000	5.000	2.000	1.000
Anzahl Insolvenzfälle	**-9,06 %***	-11,98 %*	-12,12 %*	-12,14 %*
Mittlerer Insolvenzzeitpunkt	**7,57 %***	7,59 %*	7,47 %*	7,45 %*
Mittlere durchschnittliche Ausschüttungshöhe	**-0,31 %**	-1,15 %	-1,17 %	-1,18 %
Barwert der Ausschüttungen vor Insolvenzeintritt	**-1,29 %**	-2,40 %	-2,47 %	-2,48 %
Mittlere Eigenkapitalquote bei Insolvenzeintritt	**-1,39 %**	0,04 %	0,20 %	0,24 %
Minimale Eigenkapitalquote vor Insolvenzeintritt	**-1,73 %**	0,27 %	0,44 %	0,44 %
Minimaler Kassenbestand vor Insolvenzeintritt	**163,87 %***	186,64 %*	187,09 %*	187,13 %*

Tabelle 5.10: Sensitivitätsanalyse zum gezeichneten Kapital im NKS-Modell

Auch die Reduktion des gezeichneten Kapitals im NKS-Modell hat keine Auswirkung auf den Effektivitätsvergleich von Solvenztest- und NKS-Modell. Weiterhin bietet das Solvenztest-Modell einen wesentlich höheren Insolvenzschutz als das NKS-Modell. Diese Abweichung resultiert weiterhin daraus, dass das Solvenztest-Modell einen erheblich höheren Schutz vor Zahlungsunfähigkeit bietet, während die Höhe der gewährten Ausschüttungen sowie der Beitrag zur Sicherung der Schuldendeckung im Solvenztest-Modell – unabhängig von der Höhe des gezeichneten Kapitals – nur unwesentlich von den entsprechenden Prognosewerten im NKS-Modell abweichen.

543.4 Zusammenfassung der Simulationsergebnisse

Unter den eng gesetzten Prämissen, mit dem im Simulationsmodell stark vereinfachten Aufbau des Solvenztests sowie unter Ausschluss möglicher Manipulationsanreize ist die durchschnittliche Ausschüttungshöhe sowie der Barwert der Ausschüttungen im Solvenztest-Modell nur unwesentlich niedriger als im NKS-Modell. Dennoch bietet das Solvenztest-Modell einen im Vergleich zum NKS-Modell höheren Schutz vor einer Erhöhung des Insolvenzeintrittsrisikos infolge überhöhter Ausschüttungen. Die Wahrscheinlichkeit des Insolvenzeintritts innerhalb der betrachteten 20 Perioden ist bei Anwendung des Solvenztest-Modells geringer als im NKS-Modell. Die Insolvenz des simulierten Unternehmens tritt im Durchschnitt aller simulierten Szenarien später ein als im NKS-Modell. Maßgebende Größen für das Insolvenzeintrittsrisiko sind die Schuldendeckung in Bezug auf den Insolvenztatbestand der Überschuldung und die Liquidität in Bezug auf den Insolvenztatbestand der Zahlungsunfähigkeit. Das Solvenztest-Modell bietet einen im Vergleich zum NKS-Modell unwesentlich schwächeren Schutz der Schuldendeckung. Diesem unwesentlichen Nachteil des Solvenztest-Modells steht der im Solvenztest-Modell wesentlich höhere Schutz vor Zahlungsunfähigkeit gegenüber. Offensichtlich bildet bei den betrachteten Bilanzrelationen das im NKS-Modell gebundene Eigenkapital eine weniger relevante Ausschüttungsrestriktion als die im Solvenztest-Modell gebundene Liquidität. Das Solvenztest-Modell bewirkt zwar keine wesentliche Reduktion oder Verzögerung der Ausschüttungen, passt jedoch deren zeitliche Folge an den Liquiditätsbedarf des Unternehmens an.

Die Ergebnisse der Sensitivitätsanalyse bestätigen dieses Ergebnis der Monte-Carlo-Simulation: Der wesentlich höhere Beitrag des Solvenztest-Modells zur Sicherung der Liquidität und damit die höhere Effektivität des Solvenztest-Modells bleibt auch unter Variation der den Modellparametern zunächst frei zugewiesenen Werten erhalten.

55 Zusammenfassung

Den Vergleich der Effektivität von Nennkapitalsystem und Solvenztest zusammenfassend sind die zu Beginn formulierten Fragen des Fragenkomplexes 4[603] wie folgt zu beantworten:

Zunächst wurde der Frage nachgegangen, weshalb es einer Objektivierung von Nennkapitalsystem und Solvenztest bedarf und wie das Erfordernis der Objektivierung die Effektivität des Nennkapitalsystems und des Solvenztests beeinflusst (Teilfrage 4a). Unter den in Abschnitt 532.1 genannten Idealbedingungen würde unter Anwendung des Nennkapitalsystems einerseits und des Solvenztests andererseits stets ein identischer maximal ausschüttungsfähiger Betrag ermittelt. Nennkapitalsystem und Solvenztest wären somit gleich effektiv. Erst die aus der Informationsasymmetrie zwischen Eigentümer und Gläubiger resultierende Randbedingung, Ausschüttungsrestriktionen zu objektivieren, schränkt die Effektivität beider Systeme auf unterschiedliche Weise ein und eröffnet dem Eigentümer Manipulationsspielräume. Nutzt der Eigentümer diese, kann er selbst dann ausschüttungsfähige Beträge generieren, wenn hierdurch das Insolvenzrisiko des Unternehmens übermäßig steigt und der Gläubiger so benachteiligt wird. Unter Berücksichtigung und Hinnahme der Manipulationsgefahr kann nur die Kombination von Nennkapitalsystem und Solvenztest den an Ausschüttungsrestriktionen gestellten Zielanforderungen gerecht werden. Ein objektiviertes Nennkapitalsystem bietet keinen hinreichenden Schutz vor Zahlungsunfähigkeit bei kurzfristig auftretenden Liquiditätsengpässen, ein objektivierter Solvenztest nur einen kurzfristigen Schutz vor Zahlungsunfähigkeit. Auch die zum Teil geforderte langfristige Kapitalbedarfsplanung als Ergänzung zum Solvenztest vermag daran nichts zu ändern, da diese entweder nicht nachprüfbar oder aber unvollständig bliebe und damit bereits die geforderten Randbedingungen nicht erfüllen würde.

Im nächsten Schritt wurden die Effektivität eines objektivierten Solvenztests und die eines objektivierten Nennkapitalsystems auf Basis einer Monte-Carlo-Simulation verglichen. Dabei wurde der Einfluss des Manipulationsspielraums des Eigentümers auf die Effektivität beider Ausschüttungsrestriktionen bewusst ausgeklammert (Teilfrage 4b). Als Ergebnis zeigte sich, dass das Solvenztest-Modell unter den getroffenen Annahmen nun – ohne den Manipulationseinfluss – einen signifikant und wesentlich höheren Beitrag zur Reduktion des Insolvenzrisikos leistet als das NKS-Modell. Dieser Gesamtunterschied ist darauf zurück-

603 Siehe oben Abschnitt 12.

zuführen, dass das Solvenztest-Modell gegenüber dem NKS-Modell einen wesentlich höheren Schutz der Zahlungsfähigkeit bei nur unwesentlich niedrigerem Schutz der Schuldendeckung bietet.

Wie ist nun die Effektivität des Nennkapitalsystems einerseits und des Solvenztests andererseits insgesamt vor dem Hintergrund der gewonnenen Erkenntnisse zu beurteilen (Teilfrage 4c)? Unter den in Abschnitt 532.1 genannten Idealbedingungen ist die Effektivität beider Ausschüttungsrestriktionen identisch. Unter Berücksichtigung und Hinnahme des unter Realbedingungen bestehenden Manipulationseinflusses differieren zwar beide Ausschüttungsrestriktionen in Art und Umfang der jeweils zu erzielenden Schutzwirkung. Welche Ausschüttungsrestriktion allerdings unter Berücksichtigung aller formulierten Zielanforderungen effektiver ist, kann nicht beantwortet werden. Unter Vernachlässigung des Manipulationseinflusses dagegen konnte zumindest im Modell unter Wahrung der Randbedingungen gezeigt werden, dass der Solvenztest den formulierten Zielanforderungen insgesamt eher gerecht wird und somit per definitionem effektiver ist als das Nennkapitalsystem.

Die Teilfrage 4d), ob es der doppelten Ausschüttungsbegrenzung mittels Nennkapitalsystem und Solvenztest bedarf, ist somit wie folgt zu beantworten: Zwar konnte mit der Monte-Carlo-Simulation gezeigt werden, dass die Effektivität des Solvenztests unter den genannten Modellprämissen, insbesondere unter starker Vereinfachung des Solvenztests, die Effektivität des Nennkapitalsystems übersteigt. Dieses für den Solvenztest sprechende Argument setzt allerdings voraus, dass Manipulationen des Eigentümers der AG zur Umgehung der Ausschüttungsrestriktionen ausgeschlossen werden können. Unter Berücksichtigung des Manipulationsrisikos dagegen kommen die konzeptionellen Unterschiede zwischen Nennkapitalsystem und Solvenztest zum Tragen. Bei Anwendung des Solvenztests kann der Eigentümer dann die maximal zulässige Ausschüttungshöhe durch die bewusste zeitliche Verlagerung von Zahlungsströmen zulasten des Gläubigers manipulieren. Bei Anwendung des Nennkapitalsystems ist die maximal zulässige Ausschüttungshöhe unabhängig von der Liquiditätssituation des Unternehmens; insbesondere der Ausschüttung von Bewertungserfolgen steht dann nichts im Wege – auch falls mit entsprechenden Einzahlungen erst langfristig oder erst bei Liquidation des Unternehmens zu rechnen ist.

Wird dem Manipulationsrisiko, welchem beide Ausschüttungsrestriktionen ausgesetzt sind, nicht auf anderem Wege begegnet, erreicht weder eine rein auf dem Solvenztest basierende Kapitalerhaltung noch eine rein auf dem Nennkapitalsystem basierende, auch vom Insolvenzrecht unbeeinflusste Kapitalerhaltung die geforderte Effektivität. Vor diesem Hintergrund sollte der Solvenztest künftig als ergänzende Ausschüttungsrestriktion zum Nennkapitalsystem hinzutreten, dieses allerdings nicht ersetzen.

6 Zusammenfassung und Ausblick

Zu Beginn der Arbeit wurde die untersuchungsleitende Frage aufgeworfen, wie das auf der Kapitalrichtlinie basierende Nennkapitalsystem des deutschen Aktienrechts und der Solvenztest insbesondere hinsichtlich der mit diesen jeweils zu erzielenden Effektivität der Kapitalerhaltung ökonomisch zu beurteilen sind. Diese Frage wurde in die Teilfragen 1a) bis 4d) aufgespaltet, welche im Laufe der Untersuchung beantwortet wurden. Um nun abschließend die untersuchungsleitende Frage zu beantworten, werden im Folgenden die in den Kapiteln 2 bis 5 gewonnenen Erkenntnisse zusammengefasst:

Das Eigenkapital der Aktiengesellschaft repräsentiert aus Kapitalsicht den Anteil des Gesellschaftsvermögen, welcher nicht durch Ansprüche von Fremdkapitalgebern belastet ist. Ausschüttungen stellen eine Vermögensverlagerung vom Gesellschaftsvermögen in das Privatvermögen des Eigentümers der Aktiengesellschaft dar und reduzieren somit das Eigenkapital der Aktiengesellschaft. Ausschüttungsrestriktionen dienen der (Eigen-)Kapitalerhaltung. Sie begrenzen die Ausschüttungshöhe mit dem Ziel, der Erhöhung des Insolvenzrisikos durch überhöhte Vermögensverlagerungen vom Gesellschaftsvermögen in das Privatvermögen des Eigentümers zu begegnen. Sie wirken dem Anreiz des Eigentümers zur Unterinvestition und der damit verbundenen Reduktion der Schuldendeckung und/oder Liquidität entgegen. Aufbauend auf diesen Grundüberlegungen wurden das Nennkapitalsystem und der Solvenztest als verschiedene Arten von Ausschüttungsrestriktionen vorgestellt und hinsichtlich der mit diesen zu erzielenden Effektivität der Kapitalerhaltung verglichen.

Das auf der Kapitalrichtlinie beruhende Nennkapitalsystem des deutschen Aktienrechts sieht zum Zwecke der Kapitalerhaltung eine Zweiteilung des Eigenkapitals vor: Das Grundkapital sowie sämtliche gebundenen Rücklagen dürfen nicht zu Ausschüttungszwecken reduziert werden. Zu den gebundenen Rücklagen zählen bei Aktiengesellschaften im Einzelnen die Kapitalrücklage gemäß § 272 Abs. 2 Nr. 1-3 HGB, die gesetzliche Rücklage, die Rücklage für Anteile an einem herrschenden oder mehrheitlich beteiligten Unternehmen sowie gegebenfalls die satzungsmäßigen Rücklagen, sofern deren Auflösung zum Zwecke der Ausschüttung per Satzung ausgeschlossen wurde. Die Kapitalrücklage gemäß

§ 272 Abs. 2 Nr. 4 HGB sowie die anderen Gewinnrücklagen dürfen zum Zwecke der Ausschüttung aufgelöst werden. Diese Rücklagen sind somit lediglich verfahrensrechtlich an den Gewinnverwendungsbeschluss der Hauptversammlung gebunden.

Im Nennkapitalsystem wird die maximal zulässige Ausschüttungshöhe ungeachtet der für Ausschüttungen verfügbaren Liquidität bestimmt. Dieser fehlende Bezug des Nennkapitalsystems zur künftigen Zahlungsfähigkeit des ausschüttenden Unternehmens ist ein wesentlicher der gegen das Nennkapitalsystem vorgebrachten Kritikpunkte, die letztlich zur Überlegung führten, das Nennkapitalsystem um einen Solvenztest zu ergänzen oder durch diesen zu ersetzen. Bei Anwendung des Solvenztests, der zweiten hier betrachteten Ausschüttungsrestriktion, wird die maximal zulässige Ausschüttungshöhe auf Basis der hierfür verfügbaren Liquidität bestimmt. Ausschüttungen sind dann nur in der Höhe zulässig, bei welcher unmittelbar sowie eine bestimmte Zeit nach der Ausschüttung voraussichtlich noch eine ausreichende Liquidität zur Erfüllung der fällig werdenden Zahlungsverpflichtungen vorhanden sein wird.

Mit dem Ziel, die Effektivität von Nennkapitalsystem und Solvenztest zu vergleichen, wurden in Kapitel 4 aus der ökonomischen Analyse heraus an Ausschüttungsrestriktionen zu stellende Anforderungen als Vergleichsmaßstab abgeleitet: Als Randbedingungen müssen Ausschüttungsrestriktionen auf einer objektivierten Datenbasis beruhen. Um zudem die Prognosen inhärente Unsicherheit zu kompensieren, ist der einzubeziehende Prognosezeitraum zu begrenzen und ist sowohl in die Ziel- als auch in die Messgröße der Ausschüttungsrestriktion ein Sicherheitspuffer zu integrieren. Basierend auf diesen Randbedingungen sollen Ausschüttungsrestriktionen dann als Zielanforderungen die Wahrscheinlichkeit des Insolvenzeintritts sowie das Insolvenzverlustrisiko dadurch reduzieren, dass sie eine bestimmte Eigenkapitalquote sowie eine bestimmte Mindestliquidität sichern.

Bei dem Vergleich der Effektivität von Nennkapitalsystem und Solvenztest wurde zwischen Idealbedingungen und Realbedingungen unterschieden. Unter Idealbedingungen ist die Effektivität von Nennkapitalsystem und Solvenztest trotz unsicherer Erwartungen identisch. Unter Realbedingungen dagegen sind Ausschüttungsrestriktionen vor dem Hintergrund des Informationsnachteils des Gläubigers gegenüber dem Eigentümer zu objektivieren. Infolgedessen bieten das Nennkapitalsystem und der Solvenztest jeweils nur noch einen partiellen Schutz. Wird das im Nennkapitalsystem maßgebende Reinvermögen aus Gründen der Objektivierung nicht mehr auf Basis der Barwerte künftiger Zahlungsströme bewertet, geht die Verknüpfung dieser Ausschüttungsrestriktion zur Zahlungsfähigkeit des Unternehmens verloren. Wird der dem Solvenztest zugrundeliegende Prognosezeitraum aus Gründen der Objektivierung begrenzt, so kann der Eigentümer den laut Solvenztest maximal ausschüttungsfähigen Betrag manipulativ erhöhen, indem er Einzahlungen in den Prognosezeitraum vorverlagert und künftige Auszahlungen auf spätere Zeitpunkte verschiebt. Der geforderte Beitrag zur Sicherung der Schuldendeckung und Zahlungsfähigkeit kann unter diesen Bedingungen nur durch eine Kombination von Nennkapitalsystem und Solvenztest erzielt werden. Fraglich bleibt dabei allerdings, ob das Erfordernis, das Nennkapitalsystem um den Solvenztest zu ergänzen, allein auf die Existenz der beschriebenen Manipulationsspielräume zurückgeführt werden kann. Wäre diese Frage mit ja zu beantworten und könnte der manipulativen Erhöhung des maximal ausschüttungsfähigen Betrages auf anderem Wege begegnet werden, könnte gegebenenfalls auf eine der beiden Ausschüttungsrestriktionen – das Nennkapitalsystem oder den Solvenztest – verzichtet werden.

Vor diesem Hintergrund wurde im Rahmen der Monte-Carlo-Simulation die Effektivität beider Ausschüttungsrestriktionen modellbezogen unter Ausschluss von Manipulationsspielräumen und ohne Berücksichtigung möglicher Ausstrahlungswirkungen des Insolvenzrechts auf die Ausschüttungshöhe verglichen. Wie gezeigt werden konnte, ist der Solvenztest unter diesen Modellbedingungen signifikant und wesentlich effektiver als das Nennkapitalsystem. Mit dem Solvenztest-Modell wurde ein wesentlich höherer Schutz der Liquidität bei nur geringfügig geringerer Schuldendeckung erzielt. Dies führte insgesamt zu einer signifikant und wesentlich geringeren Insolvenzquote im Solvenztest-Modell gegenüber dem NKS-Modell. Das Ergebnis der Monte-Carlo-Simulation legt somit den Schluss nahe, dass der Solvenztest dem Nennkapitalsystem unter Ausschluss des Manipulationseinflusses hinsichtlich der zu erzielenden Effektivität der Ausschüttungsbegrenzung überlegen ist und dass auf das Nennkapitalsystem unter diesen Bedingungen verzichtet werden könnte. Das Erfordernis einer kombinierten Ausschüttungsrestriktion, bestehend aus Solvenztest und Nennkapitalsystem, ist somit allein durch den Manipulationsspielraum des Eigentümers zu begründen. Gelänge es, den Manipulationsspielraum des Eigentümers regulativ zu begrenzen oder aufzuheben, könnte gegebenenfalls auf eine der beiden Ausschüttungsrestriktionen verzichtet werden. In weiterführenden Untersuchungen wäre dann allerdings zunächst zu klären, ob und in welchem Maße eine solche Regulierung möglich wäre. Problematisch dürfte insbesondere sein, Sachverhaltsgestaltungen zu identifizieren, die nachweislich der Manipulation der Ausschüttungshöhe dienen. Weiter wäre zu fragen, welche gegebenenfalls unerwünschten

Folgewirkungen mit einer solchen Regulierung einhergingen und ob der Solvenztest auch unter weniger restriktiven Prämissen als den hier getroffenen noch effektiver wäre als das Nennkapitalsystem.

Unabhängig von der Bedeutung des Manipulationsspielraumes sollte außerdem der faktische Einfluss des Insolvenzrechts auf das Ausschüttungsverhalten von Unternehmen untersucht werden. In der vorliegenden Untersuchung wurde angenommen, dass das Insolvenzrecht dem Gläubiger ausschließlich einen ex post-Kapitalschutz für den Fall bietet, dass die Überschuldung und/oder Zahlungsunfähigkeit des Schuldnerunternehmens bereits eingetreten ist. Es kann allerdings vermutet werden, dass das Insolvenzrecht faktisch bereits zum ex ante-Kapitalschutz beiträgt, indem es die Eigentümer diszipliniert und so überhöhten Ausschüttungen vorbeugt. Sollte dem so sein, wäre die Effektivität des Solvenztests sodann unter veränderten Prämissen mit der Effektivität des Nennkapitalsystems zu vergleichen.

Wie bereits zu Beginn der Untersuchung erwähnt, wurde die Diskussion um eine Reform der bestehenden Kapitalschutzregeln mit der Stellungnahme der Europäischen Kommission zum Ergebnis der Machbarkeitsstudie vorläufig beendet.[604] Die Diskussion um die Vor- und Nachteile des Nennkapitalsystems und des Solvenztests dauert an. Mit der vorliegenden Arbeit wurde gezeigt, dass sich beide Ausschüttungsrestriktionen gut gegenseitig ergänzen und auch ergänzen sollten. Ob, wann und mit welchem Gewicht der Solvenztest als zweite Ausschüttungsrestriktion in die Kapitalrichtlinie und das deutsche Aktienrecht Eingang finden wird, bleibt abzuwarten.

604 Vgl. EUROPÄISCHE KOMMISSION (2008), S. 2. Siehe Abschnitt 12.

Anhang

Anhang 1: Signifikanzanalyse zu den Ergebnissen der Monte-Carlo-Simulation

Anhang 2: Sensitivitätsanalyse zu den Ergebnissen der Monte-Carlo-Simulation

Anhang 1: Signifikanzanalyse zu den Ergebnissen der Monte-Carlo-Simulation (t-Test für gepaarte Stichproben)

(1) Mittlere durchschnittliche Ausschüttungshöhe vor Insolvenzeintritt (DMbI)

	Gepaarte Differenzen					
			95 % Konfidenzintervall der Differenz			
(in EUR)	Mittelwert	Standard-abweichung	untere	obere	df	p-Wert (1-seitig)
DMbI(ST) – DMbI(NKS)	-9.151	642.747	-18.059	-243	19.999	0,022

(2) Barwert der Ausschüttungen vor Insolvenzeintritt (DPVbI)

	Gepaarte Differenzen					
			95 % Konfidenzintervall der Differenz			
(in EUR)	Mittelwert	Standard-abweichung	untere	obere	df	p-Wert (1-seitig)
DPVbI(ST) – DPVbI(NKS)	-181.961	559.348	-189.713	-174.208	19.999	<0,001

(3) Mittlere Eigenkapitalquote bei Insolvenzeintritt (EMaI)

	Gepaarte Differenzen					
			95 % Konfidenzintervall der Differenz			
(in EUR)	Mittelwert	Standard-abweichung	untere	obere	df	p-Wert (1-seitig)
EMaI(ST) – EMaI(NKS)	-0,3457	4,0352	-0,4106	-0,2988	19.999	<0,001

(4) Minimale Eigenkapitalquote vor Insolvenzeintritt (EMinbI)

	Gepaarte Differenzen					
			95 % Konfidenzintervall der Differenz			
(in EUR)	Mittelwert	Standard-abweichung	untere	obere	df	p-Wert (1-seitig)
EMinbI(ST) – EMinbI(NKS)	-0,3942	2,1464	-0,4240	-0,3645	19.999	<0,001

(5) Minimaler Kassenbestand vor Insolvenzeintritt (KMinbI)

	Gepaarte Differenzen					
			95 % Konfidenzintervall der Differenz			
(in EUR)	Mittelwert	Standard-abweichung	untere	obere	df	p-Wert (1-seitig)
KMinbI(ST) – KMinbI(NKS)	274.014	228.613	270.846	277.183	19.999	<0,001

Anhang 2: Sensitivitätsanalyse zu den Ergebnissen der Monte-Carlo-Simulation

(1) Variation der beabsichtigten Ausschüttungsquote τ
($\kappa^{NKS} = 0{,}0$; $\kappa^{ST} = 0{,}1$; $\overline{L} = 500$ TEUR; gezeichnetes Kapital = 10 Mio. EUR)

Anzahl der Insolvenzfälle				
	τ			
	0,8	0,6	0,4	0,2
NKS-Modell	**13.184**	11.750	10.598	9.756
Solvenztest-Modell	**11.989**	11.282	10.044	9.367
Abweichung	**-9,06 %**	-3,98 %	-5,23 %	-3,99%

Mittlerer Insolvenzzeitpunkt				
	τ			
	0,8	0,6	0,4	0,2
NKS-Modell	**7,647**	8,230	8,928	9,805
Solvenztest-Modell	**8,227**	8,569	9,193	9,919
Abweichung	**7,57 %**	4,12 %	2,97 %	1,16 %

Mittlere durchschnittliche Ausschüttungshöhe (in EUR)				
	τ			
	0,8	0,6	0,4	0,2
NKS-Modell	**2.920.721**	2.797.628	2.263.709	1.368.365
Solvenztest-Modell	**2.911.576**	2.783.644	2.240.394	1.346.024
Abweichung	**-0,31 %**	-0,50 %	-1,03 %	-1,63 %

Barwert der Ausschüttungen vor Insolvenzeintritt (in EUR)				
		τ		
	0,8	0,6	0,4	0,2
NKS-Modell	**14.079.878**	13.323.958	10.713.187	6.495.136
Solvenztest-Modell	**13.897.917**	13.276.629	10.597.456	6.385.867
Abweichung	**-1,29 %**	-0,36 %	-1,08 %	-1,68 %

Mittlere Eigenkapitalquote bei Insolvenzeintritt				
		τ		
	0,8	0,6	0,4	0,2
NKS-Modell	**25,12 %**	26,23 %	29,80 %	34,69 %
Solvenztest-Modell	**24,77 %**	26,04 %	29,93 %	34,92 %
Abweichung	**-1,39 %**	-0,72 %	0,44 %	0,66 %

Minimale Eigenkapitalquote vor Insolvenzeintritt				
		τ		
	0,8	0,6	0,4	0,2
NKS-Modell	**23,10 %**	23,85 %	25,84 %	28,09 %
Solvenztest-Modell	**22,70 %**	23,52 %	25,81 %	28,13 %
Abweichung	**-1,73 %**	-1,38 %	-0,12 %	0,14 %

Minimaler Kassenbestand vor Insolvenzeintritt (in EUR)				
		τ		
	0,8	0,6	0,4	0,2
NKS-Modell	167.216	402.611	708.243	1.064.470
Solvenztest-Modell	441.231	548.062	824.664	1.137.701
Abweichung	163,87 %	36,13 %	16,44 %	6,88 %

(2) Variation des prozentualen Sicherheitspuffers κ
($\tau = 0{,}8$; $\overline{L} = 500$ TEUR; gezeichnetes Kapital = 10 Mio. EUR)

Anzahl der Insolvenzfälle				
	κ^{NKS} (κ^{ST})			
	0,0 (0,1)	0,2 (0,3)	0,4 (0,5)	0,6 (0,7)
NKS-Modell	**13.184**	13.098	12.960	12.692
Solvenztest-Modell	**11.989**	10.780	9.743	9.221
Abweichung	**-9,06 %**	-17,70 %	-24,82 %	-27,35 %

Mittlerer Insolvenzzeitpunkt				
	κ^{NKS} (κ^{ST})			
	0,0 (0,1)	0,2 (0,3)	0,4 (0,5)	0,6 (0,7)
NKS-Modell	**7,647**	7,661	7,694	7,933
Solvenztest-Modell	**8,227**	8,695	9,236	9,776
Abweichung	**7,57 %**	13,50 %	20,04 %	23,24 %

Mittlere durchschnittliche Ausschüttungshöhe (in EUR)				
	κ^{NKS} (κ^{ST})			
	0,0 (0,1)	0,2 (0,3)	0,4 (0,5)	0,6 (0,7)
NKS-Modell	**2.920.721**	2.910.061	2.877.560	2.743.551
Solvenztest-Modell	**2.911.576**	2.835.720	2.410.043	1.628.056
Abweichung	**-0,31 %**	-2,55 %	-16,25 %	-40,66 %

Barwert der Ausschüttungen vor Insolvenzeintritt (in EUR)				
	κ^{NKS} (κ^{ST})			
	0,0 (0,1)	0,2 (0,3)	0,4 (0,5)	0,6 (0,7)
NKS-Modell	**14.079.878**	14.033.206	13.907.039	13.305.722
Solvenztest-Modell	**13.897.917**	13.298.688	11.203.359	7.587.437
Abweichung	**-1,29 %**	-5,23 %	-19,44 %	-42,98 %

Mittlere Eigenkapitalquote bei Insolvenzeintritt				
		κ^{NKS} (κ^{ST})		
	0,0 (0,1)	0,2 (0,3)	0,4 (0,5)	0,6 (0,7)
NKS-Modell	**25,12 %**	25,25 %	25,56 %	26,50 %
Solvenztest-Modell	**24,77 %**	25,61 %	28,85 %	33,45 %
Abweichung	**-1,39 %**	1,43 %	12,87 %	26,23 %

Minimale Eigenkapitalquote vor Insolvenzeintritt				
		κ^{NKS} (κ^{ST})		
	0,0 (0,1)	0,2 (0,3)	0,4 (0,5)	0,6 (0,7)
NKS-Modell	**23,10 %**	23,23 %	23,49 %	24,28 %
Solvenztest-Modell	**22,70 %**	23,42 %	25,38 %	27,68 %
Abweichung	**-1,73 %**	0,82 %	8,05 %	14,00 %

Minimaler Kassenbestand vor Insolvenzeintritt (in EUR)				
		κ^{NKS} (κ^{ST})		
	0,0 (0,1)	0,2 (0,3)	0,4 (0,5)	0,6 (0,7)
NKS-Modell	**167.216**	169.991	178.595	209.146
Solvenztest-Modell	**441.231**	617.957	866.373	1.087.561
Abweichung	**163,87 %**	263,52 %	385,10 %	420,00 %

(3) Variation des Liquiditätspuffers im Solvenztestmodell $\overline{L}$
($\tau = 0{,}8$; $\kappa^{NKS} = 0.0$; gezeichnetes Kapital = 10 Mio. EUR)

Anzahl der Insolvenzfälle				
	$\overline{L}$ (in EUR)			
	500.000	400.000	200.000	100.000
NKS-Modell	**13.184**	13.184	13.184	13.184
Solvenztest-Modell	**11.989**	12.351	13.061	13.232
Abweichung	**-9,06 %**	-6,32 %	-0,93 %	0,36 %

Mittlerer Insolvenzzeitpunkt				
	$\overline{L}$ (in EUR)			
	500.000	400.000	200.000	100.000
NKS-Modell	**7,647**	7,647	7,647	7,647
Solvenztest-Modell	**8,227**	8,110	7,958	7,904
Abweichung	**7,57 %**	6,05 %	4,07 %	3,36 %

Mittlere durchschnittliche Ausschüttungshöhe (in EUR)				
	$\overline{L}$ (in EUR)			
	500.000	400.000	200.000	100.000
NKS-Modell	**2.920.721**	2.920.727	2.920.727	2.920.727
Solvenztest-Modell	**2.911.576**	2.914.628	2.908.406	2.909.415
Abweichung	**-0,31 %**	-0,21 %	-0,42 %	-0,39 %

Barwert der Ausschüttungen vor Insolvenzeintritt (in EUR)				
	$\overline{L}$ (in EUR)			
	500.000	400.000	200.000	100.000
NKS-Modell	**14.079.878**	14.079.878	14.079.878	14.079.878
Solvenztest-Modell	**13.897.917**	13.973.946	14.089.887	14.123.127
Abweichung	**-1,29 %**	-0,75 %	0,07 %	0,31 %

Mittlere Eigenkapitalquote bei Insolvenzeintritt				
		$\overline{L}$ (in EUR)		
	500.000	400.000	200.000	100.000
NKS-Modell	**25,12 %**	25,12 %	25,12 %	25,12 %
Solvenztest-Modell	**24,77 %**	24,76 %	24,72 %	24,72 %
Abweichung	**-1,39 %**	-1,43 %	-1,59 %	-1,59 %

Minimale Eigenkapitalquote vor Insolvenzeintritt				
		$\overline{L}$ (in EUR)		
	500.000	400.000	200.000	100.000
NKS-Modell	**23,10 %**	23,10 %	23,10 %	23,10 %
Solvenztest-Modell	**22,70 %**	22,68 %	22,66 %	22,66 %
Abweichung	**-1,73 %**	-1,82 %	-1,90 %	-1,90 %

Minimaler Kassenbestand vor Insolvenzeintritt (in EUR)				
		$\overline{L}$ (in EUR)		
	500.000	400.000	200.000	100.000
NKS-Modell	**167.216**	167.216	167.216	167.216
Solvenztest-Modell	**441.231**	387.396	278.406	237.474
Abweichung	**163,87 %**	131,67 %	66,49 %	42,02 %

(4) Variation des gezeichneten Kapitals im NKS-Modell
($\tau = 0{,}8$; $\kappa^{NKS} = 0.0$; $\overline{L} = 500$ TEUR)

Anzahl der Insolvenzfälle				
	gezeichnetes Kapital (in TEUR)			
	10.000	5.000	2.000	1.000
NKS-Modell	**13.184**	13.621	13.643	13.645
Solvenztest-Modell	**11.989**	11.989	11.989	11.989
Abweichung	**-9,06 %**	-11,98 %	-12,12 %	-12,14 %

Mittlerer Insolvenzzeitpunkt				
	gezeichnetes Kapital (in TEUR)			
	10.000	5.000	2.000	1.000
NKS-Modell	**7,647**	7,646	7,655	7,656
Solvenztest-Modell	**8,227**	8,227	8,227	8,227
Abweichung	**7,57 %**	7,59 %	7,47 %	7,45 %

Mittlere durchschnittliche Ausschüttungshöhe (in EUR)				
	gezeichnetes Kapital (in TEUR)			
	10.000	5.000	2.000	1.000
NKS-Modell	**2.920.721**	2.945.399	2.946.180	2.946.299
Solvenztest-Modell	**2.911.576**	2.911.576	2.911.576	2.911.576
Abweichung	**-0,31 %**	-1,15 %	-1,17 %	-1,18 %

Barwert der Ausschüttungen vor Insolvenzeintritt (in EUR)				
	gezeichnetes Kapital (in TEUR)			
	10.000	5.000	2.000	1.000
NKS-Modell	**14.079.878**	14.240.336	14.249.810	14.250.754
Solvenztest-Modell	**13.897.917**	13.897.917	13.897.917	13.897.917
Abweichung	**-1,29 %**	-2,40 %	-2,47 %	-2,48 %

Mittlere Eigenkapitalquote bei Insolvenzeintritt				
	gezeichnetes Kapital (in TEUR)			
	10.000	5.000	2.000	1.000
NKS-Modell	**25,12 %**	24,76 %	24,72 %	24,71 %
Solvenztest-Modell	**24,77 %**	24,77 %	24,77 %	24,77 %
Abweichung	**-1,39 %**	0,04 %	0,20 %	0,24 %

Minimale Eigenkapitalquote vor Insolvenzeintritt				
	gezeichnetes Kapital (in TEUR)			
	10.000	5.000	2.000	1.000
NKS-Modell	**23,10 %**	22,64 %	22,60 %	22,60 %
Solvenztest-Modell	**22,70 %**	22,70 %	22,70 %	22,70 %
Abweichung	**-1,73 %**	0,27 %	0,44 %	0,44 %

Minimaler Kassenbestand vor Insolvenzeintritt (in EUR)				
	gezeichnetes Kapital (in TEUR)			
	10.000	5.000	2.000	1.000
NKS-Modell	**167.216**	153.930	153.690	153.668
Solvenztest-Modell	**441.231**	441.231	441.231	441.231
Abweichung	**163,87 %**	186,64 %	187,09 %	187,13 %

Verzeichnis der Gesetzeskommentare

ADLER, HANS/DÜRING, WALTHER/SCHMALTZ, KURT (1997), Rechnungslegung und Prüfung der Unternehmen – Kommentar zum HGB, AktG, GmbHG, PublG nach den Vorschriften des Bilanzrichtlinien-Gesetzes, 6. Auflage, Stuttgart 1997.

BAETGE, JÖRG/KIRSCH, HANS-JÜRGEN/THIELE, STEFAN (HRSG.) (2002 ff.), Bilanzrecht Kommentar – Handelsrecht mit Steuerrecht und den Regelungen des IASB, 1. Auflage, Bonn 2002 ff.

GOETTE, WULF/HABERSACK, MATHIAS (HRSG.) (2008), Münchener Kommentar zum Aktiengesetz, 3. Auflage, München 2008.

HÜFFER, UWE (2008), Aktiengesetz Kommentar, 8. Auflage, München 2008.

KIRCHHOF, HANS-PETER/LWOWSKI, HANS-JÜRGEN/STÜRNER, ROLF (HRSG.) (2001), Münchener Kommentar zur Insolvenzordnung, Band 1, 1. Auflage, München 2001.

KROPFF, BRUNO/SEMLER, JOHANNES (HRSG.) (2003), Münchener Kommentar zum Aktiengesetz, 2. Auflage, München 2003.

SCHMIDT, KARSTEN/LUTTER, MARCUS (HRSG.) (2008), Aktiengesetz Kommentar, Köln 2008.

SPINDLER, GERALD/STILZ, EBERHARD (HRSG.) (2007), Kommentar zum Aktiengesetz, München 2007.

Verzeichnis der Rechtsquellen

Gesetzesverzeichnis

Aktiengesetz (AktG) vom 06.09.1965, BGBl. I 1965, S. 1089–1184, zuletzt geändert durch Gesetz vom 31.07.2009, BGBl. I 2009, S. 2509–2511.

Einführungsgesetz zur Insolvenzordnung (EGInsO) vom 05.10.1994, BGBl. I 1994, S. 2911–2953, zuletzt geändert durch Gesetz vom 23.10.2008, BGBl. I 2008, S. 2026–2047.

Gesetz betreffend die Gesellschaften mit beschränkter Haftung (GmbHG) in der Fassung der Bekanntmachung vom 20.05.1898, RGBl. 1898, S. 846, zuletzt geändert durch Gesetz vom 31.07.2009, BGBl. I 2009, S. 2509–2511.

Gesetz für kleine Aktiengesellschaften und zur Deregulierung des Aktienrechts vom 02.08.1994, BGBl. I 1994, S. 1961–1962.

Gesetz über das Kreditwesen (Kreditwesengesetz – KWG) in der Fassung der Bekanntmachung vom 09.09.1998, BGBl. I 1998, S. 2776–2819, zuletzt geändert durch Gesetz vom 19.12.2008, BGBl. I 2008, S. 2794–2845.

Gesetz zur Durchführung der Vierten, Siebenten und Achten Richtlinie des Rates der Europäischen Gemeinschaften zur Koordinierung des Gesellschaftsrechts (Bilanzrichtlinien- Gesetz – BiRiLiG) vom 19.12.1985, BGBl. I 1985, S. 2355–2433.

Gesetz zur Einführung internationaler Rechnungslegungsstandards und zur Sicherung der Qualität der Abschlussprüfung (Bilanzrechtsreformgesetz – BilReG) vom 04.12.2004, BGBl. I 2004, S. 3166–3182.

Gesetz zur Senkung der Steuersätze und zur Reform der Unternehmensbesteuerung (Steuersenkungsgesetz – StSenkG) vom 23.10.2000, BGBl. I 2000, S. 1433–1466.

Gesetz zur Umsetzung eines Maßnahmenpakets zur Stabilisierung des Finanzmarktes (Finanzmarktstabilisierungsgesetz – FMStG) vom 17.10.2008, BGBl. I 2008, S. 1982–1989.

Gesetz zur weiteren Reform des Aktien- und Bilanzrechts, zu Transparenz und Publizität (Transparenz- und Publizitätsgesetz – TransPuG) vom 19.07.2002, BGBl. I 2002, S. 2681–2687.

Handelsgesetzbuch (HGB) vom 10.05.1897, RGBl. 1897, S. 219, zuletzt geändert durch Gesetz vom 31.07.2009, BGBl. I 2009, S. 2512–2520.

Insolvenzordnung (InsO) vom 05.10.1994, BGBl. I 1994, S. 2866–2910, zuletzt geändert durch Gesetz vom 29.07.2009, BGBl. I 2009, S. 2258–2273.

Körperschaftsteuerreformgesetz vom 31.08.1976, BGBl. I 1976, S. 2597–2627.

Unternehmensteuerreformgesetz 2008 vom 14.08.2007, BGBl. I 2007, S. 1912–1938.

Zivilprozessordnung (ZPO) in der Fassung der Bekanntmachung vom 05.12.2005, BGBl. I 2005, S. 3202–3378, BGBl. I 2006, S. 431, BGBl. I 2007, S. 1781, zuletzt geändert durch Gesetz vom 24.09.2009, BGBl. I 2009, S. 3145–3149.

Verzeichnis der Gesetzesmaterialien

Europa

Zweite Richtlinie 77/91/EWG des Rates vom 13.12.1976 zur Koordinierung der Schutzbestimmungen, die in den Mitgliedstaaten den Gesellschaften im Sinne des Artikels 58 Absatz 2 des Vertrages im Interesse der Gesellschafter sowie Dritter für die Gründung der Aktiengesellschaft sowie für die Erhaltung und Änderung ihres Kapitals vorgeschrieben sind, um diese Bestimmungen gleichwertig zu gestalten, in: Amtsblatt der EG Nr. L 026 vom 31.07.1977, S. 1–13.

Vierte Richtlinie 78/660/EWG des Rates vom 25.07.1978 aufgrund von Artikel 54 Abs. 3 lit. g) des Vertrages über den Jahresabschluß von Gesellschaften bestimmter Rechtsformen, in: Amtsblatt der EG Nr. L 222 vom 14.08.1978, S. 11–31.

Richtlinie 2006/68/EG des Europäischen Parlamentes und des Rates vom 06.09.2006 zur Änderung der Richtlinie 77(91/EWG des Rates in Bezug auf die Gründung von Aktiengesellschaften und die Erhaltung und Änderung ihres Kapitals, in: Amtsblatt der EU Nr. L 264 vom 25.09.2006, S. 32–36.

Verordnung (EG) Nr. 1606/2002 des Europäischen Parlaments und des Rates vom 19.07.2002 betreffend die Anwendung internationaler Rechnungslegungsstandards, in: Amtsblatt der EG Nr. L 243 vom 11.09.2002, S. 1–4.

Deutschland

BT-Drucksache 8/1678 vom 31.03.1978: Gesetzentwurf der Bundesregierung – Entwurf eines Gesetzes zur Durchführung der Zweiten Richtlinie des Rates der Europäischen Gemeinschaften zur Koordinierung des Gesellschaftsrechts.

BT-Drucksache 10/317 vom 26.08.1983: Gesetzentwurf der Bundesregierung – Entwurf eines Gesetzes zur Durchführung der Vierten Richtlinie des Rates der Europäischen Gemeinschaften zur Koordinierung des Gesellschaftsrechts (Bilanzrichtlinie-Gesetz).

BT-Drucksache 10/4268 vom 18.11.1985: Beschlußempfehlung und Bericht des Rechtsausschusses zu dem Gesetzentwurf der Bundesregierung – Entwurf eines Gesetzes zur Durchführung der Vierten Richtlinie des Rates der Europäischen Gemeinschaften zur Koordinierung des Gesellschaftsrechts (Bilanzrichtlinie-Gesetz) vom 26.08.1983.

BT-Drucksache 12/2443 vom 15.04.1992: Gesetzentwurf der Bundesregierung – Entwurf einer Insolvenzordnung (InsO).

BT-Drucksache 12/6721 vom 01.02.1994: Gesetzentwurf der Fraktionen der CDU/CSU und F.D.P. – Entwurf eines Gesetzes für kleine Aktiengesellschaften und zur Deregulierung des Aktienrechts.

BT-Drucksache 12/7302 vom 19.04.1994: Beschlußempfehlung und Bericht des Rechtsausschusses zu dem Gesetzentwurf der Bundesregierung – Entwurf einer Insolvenzordnung (InsO) vom 15.04.1992.

BT-Drucksache 14/8769 vom 11.04.2002: Gesetzentwurf der Bundesregierung – Entwurf eines Gesetzes zur weiteren Reform des Aktien- und Bilanzrechts, zu Transparenz und Publizität (Transparenz- und Publizitätsgesetz).

BT-Drucksache 16/13927 vom 21.08.2009: Gesetzentwurf der Fraktionen der CDU/CSU und SPD – Entwurf eines Gesetzes zur Erleichterung der Sanierung von Unternehmen.

Verzeichnis der Rechtsprechung

Europäischer Gerichtshof

EuGH, Urteil vom 09.03.1999 – Rs. C-212/97, Slg. 1999, I-1459 („Centros“), zitiert nach AG 1999, S. 226–228.

EuGH, Urteil vom 30.09.2003 – Rs. C-167/01, Slg. 2003, I-10155 („Inspire Art“), zitiert nach AG 2003, S. 680–683.

Bundesgerichtshof

BGH, Urteil vom 26.03.1984 – II ZR 171/83, BGHZ Bd. 90, S. 381 („Beton- und Monierbau“), zitiert nach NJW 1984, S. 1893–1900.

BGH, Urteil vom 13.07.1992 – II ZR 269/91, BGHZ Bd. 119, S. 201, zitiert nach DB 1992, S. 2022–2025.

BGH, Urteil vom 28.10.1993 – IX ZR 21/93, BGHZ Bd. 124, S. 31, zitiert nach AG 1994, S. 81–83.

BGH, Urteil vom 21.04.1997 – II ZR 175/95, BGHZ Bd. 135, S. 244 („ARAG/Garmenbeck“), zitiert nach DB 1997, S. 1068–1071.

BGH, Urteil vom 24.05.2005 – IX ZR 123/04, BGHZ Bd. 163, S. 134, zitiert nach DB 2005, S. 1787–1791.

Oberlandesgerichte

OLG Frankfurt/M., Urteil vom 30.01.1992 – 16 U 120/90 („Hornblower Fischer AG“), zitiert nach AG 1992, S. 194–197.

OLG Frankfurt/M., Urteil vom 30.11.1995 – 6 U 192/91 („Küppersbusch/AEG“), zitiert nach AG 1996, S. 324–327.

Reichsgericht

RG, Urteil vom 19.10.1934 – II 85/34, RGZ Bd. 146, S. 84.

Literaturverzeichnis

ADAMS, MICHAEL (1991), Eigentum, Kontrolle und Beschränkte Haftung, Baden-Baden 1991.

AK BILANZRECHT DER HOCHSCHULLEHRER RECHTSWISSENSCHAFT (2002), Zur Fortentwicklung des deutschen Bilanzrechts, in: BB 2002, S. 2372–2381.

AK EXTERNE UND INTERNE ÜBERWACHUNG DER UNTERNEHMUNG DER SG (2003), Probleme der Prognoseprüfung, in: DB 2003, S. 105–111.

AKERLOF, GEORGE A. (1970), The Market for "Lemons": Quality Uncertainty and the Market Mechanism, in: Quarterly Journal of Economics 1970, S. 488–500.

ALTMEPPEN, HOLGER (1995), Rücklage für eigene Anteile: Irreführender Genitiv in Paragraph 272 Abs. 4 Satz 4 HGB, in: DB 1995, S. 1678.

ARMOUR, JOHN (2000), Share Capital and Creditor Protection: Efficient Rules for a Modern Company Law?, in: Modern Law Review 2000, S. 355–380.

ARNOLD, ARND (2007), Zur ökonomischen Theorie des Solvenztests, in: Der Konzern 2007, S. 118–125.

ARROW, KENNETH J. (1985), The Economics of Agency, in: PRATT, JOHN W./ ZECKHAUSER, RICHARD J. (Hrsg.): Principal and Agents: The Structure of Business, Boston, S. 37–51.

BAETGE, JÖRG (1970), Möglichkeiten der Objektivierung des Jahreserfolges, Düsseldorf 1970.

BAETGE, JÖRG (1975), Kapital und Vermögen, in: GROCHLA, ERWIN/ WITTMANN, WALDEMAR (Hrsg.): Handwörterbuch der Betriebswirtschaft, Bd. 2, 4. Auflage, Stuttgart 1975, Sp. 2089–2096.

BAETGE, JÖRG (1993), Harmonisierung der Rechnungslegung – haben die deutschen Rechnungslegungsvorschriften noch eine Chance?, in: SCHMALENBACH-GESELLSCHAFT – DEUTSCHE GESELLSCHAFT FÜR BETRIEBSWIRTSCHAFT E. V. (Hrsg.): Internationalisierung der Wirtschaft, Stuttgart 1993, S. 109–127.

BAETGE, JÖRG/KIRSCH, HANS-JÜRGEN/THIELE, STEFAN (2009a), Bilanzen, 10. Auflage, Düsseldorf 2009.

BAETGE, JÖRG/KIRSCH, HANS-JÜRGEN/THIELE, STEFAN (2009b), Konzernbilanzen, 8. Auflage, Düsseldorf 2009.

BALLWIESER, WOLFGANG (1996), Zum Nutzen handelsrechtlicher Rechnungslegung, in: BALLWIESER, WOLFGANG/MOXTER, ADOLF/NONNENMACHER, ROLF (Hrsg.): Rechnungslegung – warum und wie, Festschrift für Hermann Clemm zum 70. Geburtstag, München 1996, S. 1–25.

BAUER, MARKUS (1995), Gläubigerschutz durch eine formelle Nennkapitalziffer – kapitalgesellschaftsrechtliche Notwendigkeit oder überholtes Konzept? – Eine rechtsvergleichende Untersuchung der Gläubigerschutzkonzepte des amerikanischen und deutschenKapitalgesellschaftsrechts, Frankfurt am Main 1995.

BAUKNECHT, KURT/KOHLAS, JÜRG/ZEHNDER, CARL A. (1976), Simulationstechnik: Entwurf und Simulation von Systemen auf digitalen Rechenautomaten, Berlin/Heidelberg/New York 1976.

BÖCKING, HANS-JOACHIM/DUTZI, ANDREAS (2006), Gläubigerschutz durch IFRS-Rechnungslegung im Jahresabschluss und ergänzender Solvenztest, in: ZfB 2006, Special Issue 6, S. 1–22.

BÖCKING, HANS-JOACHIM/DUTZI, ANDREAS (2007), Zur Notwendigkeit eines zusätzlichen Solvenztests, in: Der Konzern 2007, S. 435–441.

BEZZENBERGER, TILMAN (2002), Erwerb eigener Aktien durch die AG, Köln 2002.

BEZZENBERGER, TILMAN (2005), Das Kapital der Aktiengesellschaft – Kapitalerhaltung, Vermögensbindung, Konzernrecht, Köln 2005.

BIEKER, MARCUS (2006), Ökonomische Analyse des Fair Value Accounting, Frankfurt am Main 2005.

BIENER, HERBERT/BERNEKE, WILHELM (1986), Bilanzrichtlinien-Gesetz – Textausgabe des Bilanzrichtlinien-Gesetzes vom 19.12.1985 (BGBl. I 1985, S. 2355), Düsseldorf 1986.

BITZ, MICHAEL/HEMMERDE, WILHELM/RAUSCH, WERNER (1986), Gesetzliche Regelungen und Reformvorschläge zum Gläubigerschutz - Eine ökonomische Analyse, Berlin u. a. 1986.

BLACK, FISCHER (1976), The Dividend Puzzle, in: Journal of Portfolio Management 1976, S. 5–8.

BOSCHMA, H. E./LENNARTS, M. L./SCHUTTE-VEENSTRA, J. N. (2005), Alternative Systems for Capital Protection – Final Report dated 18 August 2005, abrufbar unter http://www.justitie.nl/images/WODC_final_report_English_tcm74-102578_tcm34-12632.pdf (Abruf am 01.09.2009), Groningen 2005.

BREALEY, RICHARD A./MYERS, STEWART C./ALLEN, FRANKLIN (2008), Principles of Corporate Finance, 9. Auflage, Boston u. a. 2008.

CAHN, ANDREAS (1998), Kapitalerhaltung im Konzern, Köln u. a. 1998.

CARONI, LUCIANO (1973), Budgetsimulation, Bern 1973.

COENENBERG, ADOLF G./HALLER, AXEL/SCHULTZE, WOLFGANG (2009), Jahresabschluss und Jahresabschlussanalyse – Betriebswirtschaftliche, handelsrechtliche, steuerrechtliche und internationale Grundsätze – HGB, IFRS, US-GAAP, 21. Auflage, Stuttgart 2009.

COENENBERG, ALEXANDRA (2007), Solvenztest statt Mindestkapital – Zukunft des bilanziellen Kapitalschutzes, in: PiR 2007, S. 275–280.

COLBE, WALTHER BUSSE VON (2002), Die deutsche Rechnungslegung vor einem Paradigmenwechsel, in: zfbf 2002, S. 159–172.

CRASSELT, NILS (2007), Ausschüttungsbemessung anhand der IFRS: Ist ein zusätzlicher Liquiditätstest notwendig?, unveröffentlichter Vortrag.

DEUTSCHE BUNDESBANK (2006), Hochgerechnete Angaben aus Jahresabschlüssen deutscher Unternehmen von 1994 bis 2003 (Statistische Sonderveröffentlichung Nr. 5), Frankfurt am Main 2006.

DEUTSCHE BUNDESBANK (2007), Verhältniszahlen aus Jahresabschlüssen deutscher Unternehmen von 2003 bis 2004 (Statistische Sonderveröffentlichung Nr. 6), Frankfurt am Main 2007.

DRINKUTH, HENRIK (1998), Die Kapitalrichtlinie – Mindest- oder Höchstnorm?, Köln 1998.

DRUKARCZYK, JOCHEN (1993), Theorie und Politik der Finanzierung, 2. Auflage, München 1993.

DRYGALA, TIM (2006), Haftung der Geschäftsleiter in den Mitgliedstaaten der Europäischen Union, in: LUTTER, MARCUS (Hrsg.): Das Kapital der Aktiengesellschaft in Europa (ZGR Sonderheft 17), Berlin 2006, S. 277–300.

EASTERBROOK, FRANK H./FISCHEL, DANIEL R. (1985), Limited Liabillty and the Corporation, in: University of Chicago Law Review 1985, S. 89–117.

EGNER, HENNING/WOLFF, GERHARDT (1978), Zur Unbrauchbarkeit des Überschuldungstatsbestands als gläubigerschützendes Instrument, in: AG 1978, S. 99–106.

EIDENMÜLLER, HORST/ENGERT, ANDREAS (2005), Die angemessene Höhe des Grundkapitals der Aktiengesellschaft, in: AG 2005, S. 97–108.

EIDENMÜLLER, HORST/GRUNEWALD, BARBARA/NOACK, ULRICH (2006), Das Mindestkapital im System des festen Kapitals, in: LUTTER, MARCUS (Hrsg.): Das Kapital der Aktiengesellschaft in Europa (ZGR Sonderheft 17), Berlin 2006, S. 17–41.

ENGERT, ANDREAS (2006), Solvenzanforderungen als gesetzliche Ausschüttungssperre bei Kapitalgesellschaften, in: ZHR 2006, S. 296–335.

ENRIQUES, LUCA/MACEY, JONATHAN (2001), Creditors Versus Capital Formation: The Case against the European Legal Capital Rules, in: Cornell Law Review 2001, S. 1165–1204.

ESCHER-WEINGART, CHRISTINA (2001), Reform durch Deregulierung im Kapitalgesellschaftsrecht – Eine Analyse der Reformmöglichkeiten unter besonderer Berücksichtigung des Gläubiger- und Anlegerschutzes, Tübingen 2001.

EUROPÄISCHE KOMMISSION (2008), Results of the external study on the feasibility of an alternative to the Capital Maintenance Regime of the Second Company Law Directive and the impact of the adoption of IFRS on profit distribution, abrufbar unter http://ec.europa.eu/internal_market/company/index_de.htm > Modernisierung des Gesellschafsrechts und Verbesserung der Corporate Governance > Gesellschaftskapital (Abruf am 19.10.2009), Brüssel 2008, S. 1–12.

EWERT, RALF (1986), Rechnungslegung, Gläubigerschutz und Agency-Probleme, Wiesbaden 1986.

FÉDÉRATION DES EXPERTS COMPTABLES EUROPÉENS (2007), FEE Discussion Paper on Alternatives to Capital Maintenance Regimes, abrufbar unter http://www.fee.be > Publications (Abruf am 19.10.2009), Brüssel 2007.

FLEISCHER, HOLGER (2004), Erweiterte Außenhaftung der Organmitglieder im Europäischen Gesellschafts- und Kapitalmarktrecht – Insolvenzverschleppung, fehlerhafte Kapitalmarktinformation, Tätigkeitsverbote, in: ZGR 2004, S. 437–479.

FRANKE, GÜNTER/HAX, HERBERT (2004), Finanzwirtschaft des Unternehmens und Kapitalmarkt, 5. Auflage, Berlin u. a. 2004.

FUCHS, MARKUS (2007), Solvenztests als Grundlage der Ausschüttungsbemessung – Anforderungen und betriebswirtschaftliche Gestaltungsmöglichkeiten, in: BB 2007, Beilage 5, S. 19–24.

FUCHS, MARKUS/STIBI, BERND (2007a), Reform des Gläubigerschutzes durch Kapitalerhaltung? Problembereiche eines Systemswandels der Ausschüttungsbemessung, in: BB 2007, S. 93–98.

FUCHS, MARKUS/STIBI, BERND (2007b), Solvenztests als Grundlage der Ausschüttungsbemessung – Anforderungen und betriebswirtschaftliche Gestaltungsmöglichkeiten, in: BB 2007, Beilage 5, S. 19–24.

GAVISH, BEZALEL/KALAY, AVNER (1983), On the Asset Substitution Problem, in: Journal of Financial and Quantitative Analysis 1983, S. 21–30.

GÖBEL, ELISABETH (2002), Neue Institutionenökonomik, Stuttgart 2002.

GROSSFELD, BERNHARD (1968), Aktiengesellschaft, Unternehmenskonzentration und Kleinaktionär, Tübingen 1968.

GROTTKE, MARKUS (2009), Der Solvenztest: (k)eine sinnvolle Alternative zur Kapitalerhaltung? Eine kritische Analyse – Gläubigerschutz durch Ausschüttungsbemessung II –, in: KoR 2009, S. 353–362.

HAAS, ULRICH (2006), Reform des gesellschaftsrechtlichen Gläubigerschutzes, Gutachten E für den 66. Deutschen Juristentag, in: DEUTSCHEN JURISTENTAGES, STÄNDIGE DEPUTATION DES (Hrsg.): Verhandlungen des sechsundsechszigstens Deutschen Juristentages, Band I, München 2006, S. E 1–E 155.

HABERSACK, MATTHIAS (2003), Europäisches Gesellschafsrecht, 2. Auflage, München 2003.

HALLER, AXEL (1987), Probleme bei der Bilanzierung der Rücklagen und des Bilanzergebnisses einer Aktiengesellschaft nach neuem Bilanzrecht, in: DB 1987, S. 645–652.

HARTMANN-WENDELS, THOMAS (1991), Rechnungslegung der Unternehmen und Kapitalmarkt aus informationsökonomischer Sicht, Heidelberg 1991.

HARTMANN-WENDELS, THOMAS (1992), Agency-Theorie und Publizitätspflicht nichtbörsennotierter Kapitalgesellschaften, in: BFuP 1992, S. 412–425.

HEATON, JOHN B. (2007), Solvency Tests, in: The Business Lawyer 2007, S. 983–1006.

HEMMERDE, WILHELM (1985), Insolvenzrisiko und Gläubigerschutz – Eine ökonomische Analyse gesetzlicher Normen zur Kapitalaufbringung und Kapitalerhaltung, Frankfurt am Main 1985.

HENNRICHS, JOACHIM (2008a), IFRS – Eignung für Ausschüttungszwecke?, in: BFuP 2008, S. 415–432.

HENNRICHS, JOACHIM (2008b), Zur Zukunft der Kapitalerhaltung: Bilanztest – Solvenztest – oder beides?, in: Der Konzern 2008, S. 42–50.

HERTIG, GERARD/KANDA, HIDEKI (2004), Creditor Protection, in: HANSMANN, HENRY/KRAAKMAN, REINIER H. (Hrsg.): The Anatomy of Corporate Law – A Comparative and Functional Approach, Oxford u. a. 2004, S. 71–99.

HIGH LEVEL GROUP (2002), Bericht der Hochrangigen Gruppe von Experten auf dem Gebiet des Gesellschafsrechts über moderne gesellschaftsrechtliche Rahmenbedingungen in Europa, abrufbar unter http://ec.europa.eu/internal_market/company/docs/modern/report_de.pdf (Abruf am 19.10.2009). Brüssel 2002.

HIRTE, HERIBERT (2006), Kapitalgesellschaftsrecht, 5. Auflage, Köln 2006.

HOMMEL, MICHAEL (1998), Überschuldungsmessung nach neuem Insolvenzrecht: Probleme und Lösungsmöglichkeiten, in: ZfB 1998, S. 297–322.

IDW (1996), Stellungnahme FAR 1/1996: Empfehlungen zur Überschuldungsprüfung bei Unternehmen, in: FN-IDW 1996, S. 523–527.

IDW (1999), IDW Prüfungsstandard: Empfehlungen zur Prüfung eingetretener oder drohender Zahlungsunfähigkeit bei Unternehmen (IDW PS 800; Stand: 22.1.1999), in: WPg 1999, S. 250–253.

IDW (2002), IDW Stellungnahme: EU-Verordnung zur Anwendung internationaler Rechnungslegungsstandards; Vorschlag für eine Richtlinie zur Änderung der EU-Bilanzrichtlinien; Empfehlungen der EU-Kommission zur Unabhängigkeit des Abschlussprüfers, in: WPg 2002, S. 983–990.

IDW (2006), Vorschläge des IDW zur Neukonzeption der Kapitalerhaltung und zur Ausschüttungsbemessung (Pressemitteilung 8/06 v. 11.09.2006), in: FN-IDW 2006, S. 677–679.

JACKSON, THOMAS H. (2001), The Logic and Limits of Bankruptcy Law, Cambridge, Mass. u. a. 2001.

JENSEN, MICHAEL C./MECKLING, WILLIAM H. (1976), Theory of the Firm: Managerial Behavior, Agency Costs and Ownership Structure, in: Journal of Financial Economics 1976, S. 305–360.

JUNGMANN, CARSTEN (2006), Solvenztest- vs. Kapitalschutzregeln – Zwei Systeme im Spannungsfeld von Gläubigerschutz und Finanzierungsfreiheit der Kapitalgesellschaft, in: ZGR 2006, S. 638–682.

KAHLE, HOLGER (2002), Bilanzieller Gläubigerschutz und internationale Rechnungslegungsstandards, in: ZfB 2002, S. 695–711.

KÜBLER, FRIEDRICH (1995), Vorsichtsprinzip versus Kapitalmarktinformation - Bilanzprobleme aus der Perspektive der Gesellschaftsrechtsvergleichung, in: GERHART, FÖRSCHLE/KAISER, KLAUS/MOXTER, ADOLF (Hrsg.): Rechenschaftslegung im Wandel, Festschrift für Wolfgang Dieter Budde, München 1995, S. 361–375.

KÜBLER, FRIEDRICH/ASSMANN, HEINZ-DIETER (2006), Gesellschaftsrecht – Die privatwirtschaftlichen Ordnungsstrukturen und Regelungsprobleme von Verbänden und Unternehmen, 6. Auflage, Heidelberg 2006.

KÖHLER, ANNETTE G./MARTEN, KAI-UWE/SCHLERETH, DIETER (2007), Gläubigerschutz durch bilanzielle Kapitalerhaltung – Empirische Studie zur Bedeutung aktueller Maßnahmen und Entwicklungen vor dem Hintergrund gegenwärtiger Gesetzesinitiativen –, in: DB 2007, S. 2729–2732.

KLEINDIEK, DETLEF (2007), Perspektiven des Kapitalschutzes – Themen und Meinungen in der nationalen Diskussion, in: BB 2007, Beilage 5, S. 2–7.

KNIRSCH, DEBORAH (2007), Lohnt sich eine detaillierte Steuerplanung für Unternehmen?, in: zfbf 2007, S. 487–507.

KOCH, HELMUT (1957), Die Problematik des Niederstwertprinzips, in: WPg 1957, S. 1–7, 31–35 und 60–63.

KOXHOLT, ROLF (1967), Die Simulation, ein Hilfsmittel der Unternehmensforschung, München/Wien 1967.

KPMG (2008a), Feasability study on an alternative to the capital maintenance system established by the Second Company Law Directive 77/91/EEC of 13 December 1976 and an examination of the impact on profit distribution of the new EU-accounting regime – Main Report, abrufbar unter http://ec.europa.eu/internal_market/company/index_de.htm > Modernisierung des Gesellschafsrechts und Verbesserung der Corporate Governance > Gesellschaftskapital (Abruf am 19.10.2009), Berlin 2008.

KPMG (2008b), Pressemitteilung: IFRS mit Solvenztest für Ausschüttungszwecke geeignet – KPMG-Studie im Auftrag der EU-Kommission zur Kapitalerhaltung, Berlin 2008.

KROPFF, BRUNO (HRSG.) (1965), Aktiengesetz, Düsseldorf 1965.

KUHNER, CHRISTOPH (2005), Zur Zukunft der Kapitalerhaltung durch bilanzielle Ausschüttungssperren im Gesellschaftsrecht der Staaten Europas, in: ZGR 2005, S. 573–787.

LANFERMANN, GEORG/RÖHRICHT, VICTORIA (2007), Stand der europäischen Diskussion zur Kapitalerhaltung, in: BB 2007, Beilage 5, S. 8–13.

LAW, AVERILL M. (2007), Simulation Modeling and Analysis, Band 4. Aufl., Boston u.a. 2007: McGraw-Hill.

LEFFSON, ULRICH (1987), Die Grundsätze ordnungsmäßiger Buchführung, 7. Auflage, Düsseldorf 1987.

LEINEKUGEL, MAGDALENA (2001), Die Sachdividende im deutschen und europäischen Aktienrecht, Köln u. a. 2001.

LIENAU, ACHIM (2008), Gläubigerschutz durch Solvency Tests auf der Basis eines IFRS-Abschlusses, in: KoR 2008, S. 79–88.

LIN, LAURA (1993), Shift of Fiduciary Duty upon Corporate Insolvency: Proper Scope of Directors´Duty to Creditors, in: Vanderbilt Law Review 1993, S. 1485–1524.

LUDEWIG, JOHANNES (1975), Simulationsmodelle ganzer Unternehmungen, Wiesbaden 1975.

LUTTER, MARCUS (1994), Das neue Gesetz für kleine Aktiengesellschaften und zur Deregulierung des Aktienrechts, in: AG 1994, S. 429–447.

LUTTER, MARCUS (1998), Gesetzliches Garantiekapital als Problem europäischer und deutscher Rechtspolitik, in: AG 1998, S. 375–377.

LUTTER, MARCUS (2006), Das (feste Grund-)Kapital der Aktiengesellschaft in Europa – Zusammenfassung der Überlegungen des Arbeitskreises "Kapital in

Europa", in: LUTTER, MARCUS (Hrsg.): Das Kapital der Aktiengesellschaft in Europa (ZGR Sonderheft 17), Berlin 2006, S. 1–14.

MANNING, BAYLESS/HANKS, JAMES J. JR. (1990), Legal Capital, 3. Auflage, New York 1990.

MARX, PHILIP (2006), Der Solvenztest als Alternative zur Kapitalerhaltung in der Aktiengesellschaft, Baden-Baden 2006.

MAUL, SILJA (2003), Vorschläge der Expertengruppe zur Reform des EU-Gesellschaftsrechts, in: DB 2003, S. 27–31.

MERKT, HANNO (2004), Der Kapitalschutz in Europa – ein rocher de bronze? in: ZGR 2004, S. 305–323.

MERSCHMEYER, MARC (2005), Die Kapitalschutzfunktion des Jahresabschlusses und Übernahme der IAS/IFRS für die Einzelbilanz, Frankfurt am Main 2005.

MERTENS, PETER (1969), Simulation, Stuttgart 1969.

MEYER, JUSTUS (2000), Haftungsbeschränkung im Recht der Handelsgesellschaften, Berlin u. a. 2000.

MÜLBERT, PETER O. (2004), Zukunft der Kapitalaufbringung/Kapitalerhaltung, in: Der Konzern 2004, S. 151–162.

MÜLBERT, PETER O./BIRKE, MAX (2002), Legal Capital – Is There a Case against the European Legal Capital Rules?, in: EBOR 2002, S. 695–732.

MÜLHENS, JÖRG (2006), Der sogenannte Haftungsdurchgriff im deutschen und englischen Recht – Unterkapitalisierung und Vermögensentzug, Tübingen 2006.

MÜLLER, WELF (1978), Zum Entwurf eines Gesetzes zur Durchführung der Zweiten Richtlinie des Rates der Europäischen Gemeinschaften zur Koordinierung des Gesellschafsrechts (Kapitalschutzrichtlinie), in: WPg 1978, S. 565–574.

MOXTER, ADOLF (1962), Der Einfluß von Publizitätsvorschriften auf das unternehmerische Verhalten, Köln u. a. 1962.

MOXTER, ADOLF (1984), Bilanzlehre, Band I: Einführung in die Bilanztheorie, 3. Auflage, Wiesbaden 1984.

MOXTER, ADOLF (2003), Grundsätze ordnungsgemäßer Rechnungslegung, Düsseldorf 2003.

MYERS, STEWART C. (1977), Determinants of Corporate Borrowing, in: Journal of Financial Economics 1977, S. 147–175.

NAUMANN, KLAUS-PETER (2007), Fortentwicklung der handelsrechtlichen Rechnungslegung und Konsequenzen für die Kapitalerhaltung, in: Der Konzern 2007, S. 422–427.

NEUS, WERNER (2001), Einführung in die Betriebswirtschaftslehre aus institutionenökonomischer Sicht, 2. Auflage, Tübingen 2001.

NIEDERNHUBER, GÜNTER (1988), Ausschüttungsregelungen für Aktiengesellschaften – Eine ökonomische Analyse, Hamburg 1988.

NIENHAUS, JULIA (2002), Kapitalschutz in der Aktiengesellschaft mit atypischer Zwecksetzung, Köln u. a. 2002.

NIKOLEYCZIK, TOBIAS (2007), Gläubigerschutz zwischen Gesetz und Vertrag, Köln 2007.

OEHLER, ANDREAS/UNSER, MATTHIAS (2002), Finanzwirtschaftliches Risikomanagement, 2. Auflage, Berlin 2002.

OSBAHR, WILHELM (1923), Die Bilanz vom Standpunkt der Unternehmung – Die bisherige und zukünftige Gestaltung der Grundfragen des Bilanzproblems, 3. Auflage, Berlin/Leipzig 1923.

PELLENS, BERNARD/CRASSELT, NILS/SELLHORN, THORSTEN (2007), Solvenztest zur Ausschüttungsbemessung – Berücksichtigung unsicherer Zukunftserwartungen, in: zfbf 2007, S. 264–283.

PELLENS, BERNHARD/BRANDT, EVA/RICHARD, MARC (2006), Kapitalschutz in Kalifornien – Vorbild für die europäische Gesellschaftsrechtsreform? in: DB 2006, S. 2021–2027.

PELLENS, BERNHARD/JÖDICKE, DIRK/RICHARD, MARC (2005), Solvenztests als Alternative zur bilanziellen Kapitalerhaltung?, in: DB 2005, S. 1393–1401.

PELLENS, BERNHARD/JÖDICKE, DIRK/SCHMIDT, ANDRÉ (2007), Reformbestrebungen zum Gläubigerschutz, in: Der Konzern 2007, S. 427–435.

PELLENS, BERNHARD/KEMPER, THOMAS/SCHMIDT, ANDRÉ (2008), Geplante Reformen im Recht der GmbH: Konsequenzen für den Gläubigerschutz, in: ZGR 2008, S. 381–430.

PELLENS, BERNHARD/SELLHORN, THORSTEN (2006), Zukunft des bilanziellen Kapitalschutzes, in: LUTTER, MARCUS (Hrsg.): Das Kapital der Aktiengesellschaft in Europa (ZGR Sonderheft 17), Berlin 2006, S. 451–487.

PENTZ, ANDREAS/PRIESTER, HANS-JOACHIM/SCHWANNA, ANDRÉ (2006), Bar- und Sachkapitalaufbringung bei Gründung und Kapitalerhöhung, in: LUTTER, MARCUS (Hrsg.): Das Kapital der Aktiengesellschaft in Europa (ZGR Sonderheft 17), Berlin 2006, S. 42–90.

PERRIDON, LOUIS/STEINER, MANFRED (2007), Finanzwirtschaft der Unternehmung, 14. Auflage, München 2007.

POPPER, KARL (1994), Logik der Forschung, 10. Auflage, Tübingen 1994.

RAMMERT, STEFAN (2008), Der Solvenztest – eine unausgereifte Alternative zur Kapitalerhaltung, in: BALLWIESER, WOLFGANG/GREWE, WOLFGANG (Hrsg.): Wirtschaftsprüfung im Wandel – Herausforderungen an Wirtschaftsprüfung, Steuerberatung, Consulting und Corporate Finance, Festschrift 100 Jahre Südtreu/Deloitte 1907 bis 2007, München 2008, S. 429–449.

REUTER, DIETER (1984), Welche Maßnahmen empfehlen sich, insbesondere im Gesellschafts- und Kapitalmarktsrecht, um die Eigenkapitalausstattung der Unternehmen langfristig zu verbessern? – Gutachten B für den 55. Deutschen Juristentag, in: DEUTSCHER JURISTENTAG (Hrsg.): Gutachten zum 55. Deutschen Juristentag, Berlin 1984.

RÖHRICHT, VOLKER (2005), Insolvenzrechtliche Aspekte im Gesellschaftsrecht, in: ZIP 2005, S. 505–516.

RICHARD, MARC (2007), Kapitalschutz der Aktiengesellschaft – Eine rechtsvergleichende und ökonomische Analyse deutscher und US-amerikanischer Kapitalschutzsysteme, Frankfurt am Main 2007.

RICHTER, RUDOF/FURUBOTN, EIRIK G. (2003), Neue Institutionenökonomik, 3. Auflage, Tübingen 2003.

RICKFORD, JONATHAN (HRSG.) (2004), Reforming Capital – Report of the Interdisciplinary Group on Capital Maintenance, in: European Business Law Review 2004, S. 919–1027.

ROGUSCH, MICHAEL (1979), Mindesteigenkapital, Haftungsbeschränkung und Gläubigerschutz bei der GmbH – Zur Problematik einer betriebswirtschaftlich begründeten Eigenkapitaluntergrenze einer GmbH als Anknüpfungspunkt für gläubigerschützende und die Haftung der GmbH-Gesellschafter erweiternde Maßnahmen, Frankfurt am Main u. a. 1979.

ROSS, STEPHEN A. (1973), The Economic Theory of Agency: The Principal's Problem, in: AER 1973, S. 134–139.

ROTH, GÜNTER H. (1986), Zur economic analysis der beschränkten Haftung, in: ZGR 1986, S. 370–382.

SCHILDBACH, THOMAS (2008), Der handelsrechtliche Jahresabschluss, 8. Auflage, Herne 2008.

SCHMIDT, KARSTEN (1978), Konkursgründe und präventiver Gläubigerschutz – ein Beitrag zur Diskussion um den Konkursgrund der Überschuldung, in: AG 1978, S. 334–340.

SCHMIDT, KARSTEN (2006a), Insolvenzgründe und Haftung für Insolvenzverschleppung – Notwendige Ergänzung des Kapitalschutzes, in: LUTTER, MARCUS (Hrsg.): Das Kapital der Aktiengesellschaft in Europa (ZGR Sonderheft 17), Berlin 2006, S. 188–206.

SCHMIDT, KLAUS M. (2006b), The Economics of Covenants as a Means of Efficient Creditor Protection, in: European Business Organization Law Review 2006 Nr. 7, S. 89–94.

SCHMIDT, REINHARD H. (1981), Grundformen der Finanzierung – Eine Anwendung des neo-institutionalistischen Ansatzes der Finanzierungstheorie, in: Kredit und Kapital 1981, S. 186–221.

SCHMIDT, REINHARD H./TERBERGER, EVA (1999), Grundzüge der Investitions- und Finanzierungstheorie, 4. Auflage, Wiesbaden 1999.

SCHÖN, WOLFGANG (2001), Internationalisierung der Rechnungslegung und Gläubigerschutz, in: WPg-Sonderheft 2001, S. S74–S79.

SCHÖN, WOLFGANG (2004), Die Zukunft der Kapitalaufbringung/-erhaltung, in: Der Konzern 2004, S. 162–170.

SCHÖN, WOLFGANG (2006), Balance Sheet Tests or Solvency Tests – or Both?, in: European Business Organization Law Review 2006, S. 181–198.

SCHNEIDER, DIETER (1987), Mindestnormen zur Eigenkapitalausstattung als Beispiele unbegründeter Kapitalmarktregulierung?, in: SCHNEIDER, DIETER (Hrsg.): Jahrestagung des Vereins für Socialpolitik Gesellschaft für Wirtschafts- und Sozialwissenschaften in München vom 15.-17. September 1986, Berlin 1987, S. 86–108.

SCHOLZ, ALEXANDRA (2008), Kapitalerhaltung durch Solvenztests – Eine ökonomische und experimentelle Analyse, 1. Auflage, Wiesbaden 2008.

SÜCHTING, JOACHIM (1995), Finanzmanagement, 6. Auflage, Wiesbaden 1995.

SCHUG, CHRISTOPH (1980), Integrierte finanzielle Unternehmensplanung: Simultane Bilanz-, Erfolgs- und Finanzplanung auf der Grundlage eines Simulationsmodells, Frankfurt am Main/Bern/Cirencester 1980.

SCHULZE-OSTERLOH, JOACHIM (1995), Fortentwicklung der Rechnungslegung auf Kosten gesellschaftsrechtlicher Kapitalschutzmechanismen?, in: INSTITUT DER WIRTSCHAFTSPRÜFER IN DEUTSCHLAND (IDW) (Hrsg.): Bericht über die Fachtagung 1994 des Instituts der Wirtschaftsprüfer in Deutschland e. V.: Neuorientierung der Rechenschaftslegung – Eine Herausforderung für Unternehmer und Wirtschaftsprüfer –, Düsseldorf 1995, S. 123–139.

SIEGEL, THEODOR (1997), Mangelnde Ernsthaftigkeit des Gläubigerschutzes als offene Flanke der deutschen Rechnungslegungsvorschriften, in: FISCHER, THOMAS R./HÖMBERG, REINHOLD (Hrsg.): Jahresabschluß und Jahresabschlußprüfung, Festschrift für Jörg Baetge, Düsseldorf 1997, S. 117–149.

SLIM (1999), Recommendations by the Company Law SLIM Working Group on the Simplification of the First and Second Company Law Directives, o. O. 1999.

SPREMANN, KLAUS (1990), Asymmetrische Informationen, in: ZfB 1990, S. 561–586.

STIGLER, GEORGE J. (1961), The Economics of Information, in: Journal of Political Economy 1961, S. 213–225.

SWOBODA, PETER JOSEF (1994), Betriebliche Finanzierung, 3. Auflage, Heidelberg 1994.

THIELE, STEFAN (1998), Das Eigenkapital im handelsrechtlichen Jahresabschluß, Düsseldorf 1998.

THOMAS, CLAYTON J./DEEMER, WALTER L., JR. (1957), The Role of Operational Gaming in Operations Research, in: Operations Research 1957, S. 1–27.

VEIL, RÜDIGER (2006), Kapitalerhaltung – Das System der Kapitalrichtlinie versus situative Ausschüttungssperren, in: LUTTER, MARCUS (Hrsg.): Das Kapital der Aktiengesellschaft in Europa (ZGR Sonderheft 17), Berlin 2006, S. 91–113.

VELTE, PATRICK/KÖSTER, MAX (2008), Bilanzielle Kapitalerhaltung in der EU vor einer Neuausrichtung? – Machbarkeitsstudie zur möglichen Einführung von Solvency Tests, in: Der Schweizer Treuhänder 2008, S. 444–448.

VELTE, PATRICK/KÖSTER, MAX (2009), Auswirkungen des BilMoG auf das bilanzielle Kapitalschutzsystem bei Aktiengesellschaften – das Einfallstor für Solvenztests?,, in: FREIDANK, CARL-CHRISTIAN/ALTES, PETER (Hrsg.): Das Gesetz zur Modernisierung des Bilanzrechts (BilMoG), Berlin 2009, S. 185–221.

WAGENHOFER, ALFRED (1993), Agency Probleme bei Haftungsbeschränkungen, in: SEICHT, GERHARD (Hrsg.): Gläubigerschutz, Betriebswirtschaftslehre und Recht, Festgabe für Otmar Koren zum 75. Geburtstag, Wien 1993, S. 239–256.

WAGENHOFER, ALFRED (2001), Rechnungslegung, in: JOST, PETER-JÜRGEN (Hrsg.): Die Prinzipal-Agenten-Theorie in der Betriebswirtschaftslehre, Stuttgart 2001, S. 439–486.

WAGENHOFER, ALFRED/EWERT, RALF (2003), Externe Unternehmensrechnung, Berlin u. a. 2003.

WAGENHOFER, ALFRED/EWERT, RALF (2007), Externe Unternehmensrechnung, 2. Auflage, Heidelberg 2007.

WALTER, BERNHARD (1998), Gesetzliches Garantiekapital und Kreditentscheidung der Banken, in: AG 1998, S. 370–372.

WATRIN, CHRISTOPH (2001a), Internationale Rechnungslegung und Regulierungstheorie, Wiesbaden 2001.

WATRIN, CHRISTOPH (2001b), Sieben Thesen zur künftigen Regulierung der Rechnungslegung – Anmerkungen zu den Vorschlägen des Arbeitskreises Externe Unternehmensrechnung der Schmalenbach-Gesellschaft, in: DB 2001, S. 933–938.

WATTS, ROSS LESLIE/ZIMMERMAN, JEROLD L. (1986), Positive Accounting Theory, 2. Auflage, New York u. a. 1966.

WÖHE, GÜNTER/DÖRING, ULRICH (2005), Einführung in die Allgemeine Betriebswirtschaftslehre, 22. Auflage, München 2005.

WIEDEMANN, HERBERT (1980), Gesellschaftsrecht, Band 1: Grundlagen, München 1980.

WIEGARD, WOLFGANG (2007), Abgeltungsteuer: Achilles' Ferse der Unternehmensteuerreform, in: FR 2007, S. 1011–1014.